污染地块修复工程环境监理实务

Environmental Management in Contaminated Site Restoration Project

上海环境保护有限公司　组织编写

侯　玭　主编

洪祖喜　王建翔　审定

華東理工大學出版社
EAST CHINA UNIVERSITY OF SCIENCE AND TECHNOLOGY PRESS
·上海·

图书在版编目(CIP)数据

污染地块修复工程环境监理实务/上海环境保护有限公司组织编写;侯玭主编. —上海:华东理工大学出版社,2023.6

ISBN 978-7-5628-7027-2

Ⅰ.①污… Ⅱ.①上… ②侯… Ⅲ.①土壤污染一修复一环境监理 Ⅳ.①X53

中国国家版本馆 CIP 数据核字(2023)第 067604 号

项目统筹 / 杨剑明　马夫娇
责任编辑 / 马夫娇
责任校对 / 张　波
装帧设计 / 徐　蓉
出版发行 / 华东理工大学出版社有限公司
地址:上海市梅陇路 130 号,200237
电话:021-64250306
网址:www.ecustpress.cn
邮箱:zongbianban@ ecustpress.cn
印　　刷 / 上海中华商务联合印刷有限公司
开　　本 / 710 mm×1000 mm　1/16
印　　张 / 20.5
字　　数 / 342 千字
版　　次 / 2023 年 6 月第 1 版
印　　次 / 2023 年 6 月第 1 次
定　　价 / 128.00 元

污染地块修复工程环境监理实务
编写组

组　　长　侯　玭

副 组 长　叶兴凯　邱志浩

编写人员（按姓氏笔画排序）

叶兴凯　苏　超　吴炳海　邱志浩

范正杰　侯　玭　殷　瑞　常　龙

审定人员　洪祖喜　王建翔

序

preface

2016年3月16日"十三五"规划出台，首次将加强生态文明建设、美丽中国写入五年规划，以及2016年5月28日《土壤污染防治行动计划》（以下简称"土十条"）的发布，是党和国家推进生态文明建设，坚决向污染宣战的一项重大举措，是系统开展污染治理的重要战略部署；2018年6月16日中共中央、国务院发布《关于全面加强生态环境保护坚决打好污染防治攻坚战的意见》，以及2018年8月31日全国人大常委会通过《中华人民共和国土壤污染防治法》（以下简称《土壤法》），土壤污染防治工作上升至法律层面，土壤和地下水污染问题越来越受到公众和社会的关注。近年来，《土壤法》的颁布推动了相关配套法规政策的陆续出台，同时促进了污染地块修复工程行业的可持续发展。

污染地块修复工程是当前环境领域的热点和难点，不同于其他工程建设项目，其处置对象主要是含有危害超过人体健康可接受水平污染物的土壤和地下水，其涉及的领域广泛且复杂，涵盖环境科学、土壤学、化学、生物学等多个学科的知识，具有专业性强、技术复杂多样、风险性高等特点。污染地块修复过程中会因施工不规范、环保意识淡薄、环境监管不严等原因造成修复质量不达标。如不进行合理有效的监控，甚至可能会出现污染范围蔓延、污染浓度增加等二次污染事件。所以，环境监理人员在污染地块修复工程中起着至关重要的作用。传统的工程监理及建设项目环境监理缺乏污染地块修复相关的理论知识储备，且现有标准体系未能有效指导污染地块修复工程环境监理的具体操作。因此，迫切需要总结现有经验和教训，推动污染地块环境监理体系的有效实施。

本书总结了多年来污染地块修复工程领域实践和研究的成果，从污染地块修复工程环境监理角度出发，全面介绍了土壤与地下水污染概况、修复技术、修复工程质量控制、二次污染控制、进度控制、投资控制、职业健康与安全生产管理、环境监测、文件资料管理等方面内容，深入浅出地讲述了环境监理人员在工作中需要掌握的理论知识和实际操作技巧，力求将复杂的理论知识转化为直观且易于理解的内容，剖析环境监理的核心技术。本书涵盖了污染地块修复工程全过程的监理工作，并结合大量工程实际照片进行阐述，在保证学术性和严谨性的同时，兼具很强的实用性和操作性。

我们始终坚信以科学的方法来治理和修复环境，是为了改善我们生活的环境质量，是为了人类的健康和幸福。环境监理人员作为一个职业群体，也应当具备高度的使命感和责任心，用专业的知识和技能保障修复工程安全、高效、规范地实施。

我衷心希望《污染地块修复工程环境监理实务》这本书能够为广大读者提供有益的借鉴和帮助，也希望能够提高污染地块修复人员的工作能力和技术水平，能够激发相关从业者在环境修复领域进一步创新和发展的热情。最后，愿我们广大环境监理人员能够继续学习贯彻党的二十大精神，在环境监理基层的岗位上坚守初心，为“深入推进污染防治，提升生态系统多样性、稳定性、持续性，促进人与自然和谐共生，建设美丽中国”做出应有的贡献。

黄沈发

2023 年 5 月

前 言

foreword

土壤与地下水生态环境保护关系“米袋子”“菜篮子”“水缸子”安全，是推进生态文明建设、建设美丽中国的重要基础。“十四五”时期是开启全面建设社会主义现代化国家新征程、向第二个百年奋斗目标进军的第一个五年，要深入打好污染防治攻坚战，切实加强土壤与地下水生态环境保护工作。近年来，随着城市用地功能调整，大量重污染企业搬迁，遗留场地土壤与地下水污染问题突出，建设用地土壤污染风险较大，涉及的污染地块修复工程项目呈现显著上升态势，土地开发安全利用存在一定隐患，污染地块亟须管控和修复。为贯彻《中华人民共和国环境保护法》，保护生态环境，保障人体健康，加强污染地块环境保护监督管理，2014 年 2 月，原环境保护部发布了《污染场地术语》(HJ 682 - 2014)、《污染场地土壤修复技术导则》(HJ 25.4 - 2014)等五项标准，将它们作为国家环境保护标准，首次提出了修复工程监理概念。污染地块修复工程环境监理是受建设单位委托，根据有关环保法律法规、技术规范文件和环境监理合同等，对污染地块修复过程中各项生态环境保护要求的落实情况进行全过程监督管理，其中修复工程二次污染控制、质量控制、进度控制和职业健康安全管理是环境监理的关键环节。

为推进土壤污染防治立法、建立健全相关法律法规与标准体系，国家发布了《土壤污染防治行动计划》《污染地块土壤环境管理办法(试行)》《中华人民共和国土壤污染防治法》，强化治理与修复工程监管，强调土壤污染防治应当坚持预防为主、保护优先、分类管理、风险管控、污染担责、公众参与的原则。污染地块修复过程中可能存在操作不规范、监管不力、把关不严等问题，易对周边环境造成二次污染，污染地块修复工程环境监理是控制修复工程二次污染的有效管理措施,同时也是污染地块修复工程环境保护事中监管的重要手段,是提高我国污染地块治理体系和治理能力现代化水平的有效途径。当前我国污染地块修复工程环境监理的标准规范仍处于不断探索与持续完善的过程中。北京、上海、广东、江苏、重庆、武汉等地结合污染地块修复工程环境管理要求,开展了污染地块修复工程环境监理工作,并陆续出台了一些地方性环境监理技术导则或规范。2015 年 6 月,原上海市环境保护局发布了《上海市污染场地修复工程环境监理技术规范(试行)》;2015 年 12 月,北京市质量技术监督局发布了《污染场地修复工程环境监理技术导则》(DB 11/T 1279 - 2015);2016 年 12 月,重庆市质量技术监督局发布了《污染场地治理修复环境监理技术导则》(DB 50/T 722 - 2016);2019 年 12 月,中国环境保护产业协会发布了《污染地块修复工程环境监理技术指南》(T/CAEPI 22 - 2019);2020 年 11 月,广东省生态环境厅发布了《广东省建设用地土壤污染修复工程环境监理技术指南(试行)》(粤环办〔2020〕75 号);2020 年 12 月,江苏省市场监督管理局发布了《江苏省建设用地土壤污染修复工程环境监理规范》(DB 32/T 3943 - 2020);2020 年 12 月,武汉市市场监督管理局发布了《武汉市污染地块修复工程环境监理技术规范》(DB 4201/T 637 - 2020)。

为进一步加强污染地块修复工程的全过程监督管理,提高修复工程质量,控制修复过程二次污染,降低安全隐患,保障人体健康,保护生态环境,推进和规范污染地块修复工程环境监理工作,加强行业自律,推动环境监理市场健康发展;同时为了帮助污染地块修复工程环境监理从业工作者更直接、更方便、更全面地了解污染地块修复工程环境监理工作程序、工作方法和工作内容,提高从业工作者专业能力和技术管理水平,更具实操性,上海环境保护有限公司环境合规管理部污染地块修复工程环境监理团队,结合所承担的多个重大污染地块修复工程环境监理项目实践和管理经验,以污染地块修复工程环境监理实务操作为核心,编制了本书。全书共分为三篇十章。第一篇为污染地块修复工程环境监理概念篇,第 1 章:土壤与地下水污染概述,第 2 章:污染地块修复工程概述,第 3 章:环境监理概述。第二篇为污染地块修复工程环境监理控制篇,第 4 章:质量控制,第 5 章:二次污染控制,第 6 章:进度控制,

第7章：投资控制，第8章：职业健康与安全生产管理，第9章：环境监测。第三篇为污染地块修复工程环境监理文件管理篇，第10章：文件资料管理。

本书可作为污染地块修复工程环境监理单位、工程监理单位、建设单位、勘察设计单位、施工单位、效果评估单位以及生态环境行政主管部门等相关工作人员的参考书，相信本书可以为污染地块修复工程广大从业者与管理者提供帮助。另外向参与审核工作的各位专家、同行表示衷心的感谢！

由于水平有限，书中不足之处在所难免，敬请广大读者批评指正。

编　者

2023年5月

目 录

contents

第三篇　污染地块修复工程环境监理文件管理篇

绪　论

近年来，随着我国城市升级转型、产业结构调整进一步深化，城市中有色金属冶炼、石油加工、化工、焦化、电镀、制革等行业的工业企业关闭、搬迁遗留了较多疑似污染地块，污染地块存在较大的环境风险隐患，直接对生态环境和人体健康构成威胁。经风险评估超过健康风险可接受水平的污染地块，需要开展风险管控或修复治理。

美国、英国、德国、加拿大、荷兰、日本等发达国家较早进入工业大发展时期，经济持续增长，城市化进程不断加快，越来越多的城市地块污染问题暴露出来，如美国的拉夫运河废物污染事件（Love Canal 事件）、荷兰的 Lekkerker 事件以及英国的 Loscoe 事件等。为了应对并解决城市地块污染问题，自 20 世纪 70 年代以来，欧美等发达国家已对污染地块的调查、风险评估、风险管控、修复治理和环境管理等进行了大量研究和实践工作，逐步将污染地块问题纳入国家环境管理体系中，并制定了适用于各国国情的环境管理计划、导则等系列技术文件，形成了较为完善的污染地块风险管控和修复工程环境管理制度。例如：美国环保署先后出台了《环境应对、赔偿和责任综合法案》（通常被称为《超级基金法》）、《超级基金增补与再授权法案》《棕色地块法》《国家优先控制场地名录》《场地治理调查和可行性分析指南》《超级基金和 RCRA 场地上识别、评估和筛选制度控制的场地管理者指南》等，形成了一整套包含法律法规、技术规范和环境管理制度在内的污染地块风险管控和修复环境管理体系，以应对 20 世纪 70 年代末严重的化学物质泄漏等突发环境污染事件对人体健康和公共环境安全带来的影响；英国于 1990 年出台的《城镇和乡村规划法案》《环境保护法案》和 1995 年出台的《环境法案》等法律文件以及《土地修复：地面覆盖系统、地下阻隔系统、挖掘和填埋》等污染地块风险管控技术指南，主要用于控制和管理污染地块重新开发和修复治理过程中的风险，形成了场地识别、场地调查、风险评估、咨询治理方案、公告治理要求、场地治理、土地监管的修复模式；德国于1999年开始实施了《联邦土壤保护法》和《联邦土壤保护和污染场地条例》，建立了较为完善的污染地块管理制度，主要包括污染地块识别、风险评估、治理修复和监测，各阶段管理要求明确，具有较强的实践性与可操作性；加拿大出台了《国家污染场地修复计划》《加拿大环境保护法》和《污染场地土壤质量修复目标值导则》等，对污染地块的标准规范研究、调查评估、修复技术等提供人力和资金支持，基于人体健康建立风险管理体系，依据风险评估结果指导治理修复；荷兰先后出台了《土壤修复法》《土壤保护法》《环境质量法令》等，建立了相对完善的土壤质量标准框架，进行全过程管理，包括预防土壤污染、土地利用管理、污染地块修复及环境监管等；日本以《环境基本法》为基础，针对农用地和城市用地，于1970年和2002年分别制定了《农用地土壤污染防治法》和《土壤污染对策法》，对农用地土壤和城市用地土壤污染采取具体防治措施，从而保障人体健康和环境安全。国外的污染地块修复工程环境管理主要通过环境影响评价或许可证制度，识别修复工程水、气、噪声、固体废物等主要环境因素，重点关注修复工程质量、二次污染及人员健康危害防护，严格落实环境管理计划的保障措施。

分析国外污染地块风险管控和修复治理相关法律体系和工程管理经验，可为完善我国污染地块环境监督管理体系提供有益借鉴。我国日益重视污染地块修复的环境管理问题，但仍处于初步发展阶段。1995年7月，原国家环境保护局发布了《土壤环境质量标准》(GB 15618－1995)，规定了土壤中污染物的最高允许浓度指标值及相应的监测方法，适用于农田、蔬菜地、菜园、果园、牧场、林地、自然保护区等地的土壤，在土壤环境保护过程中起到了重要的基础性作用。党的十八大以来，我国持续强化土壤污染管控和修复工作，坚决打赢土壤污染防治攻坚战，成为生态文明和美丽中国建设的重要内容和保障措施。2014年11月，原国家环境保护部发布《工业企业场地环境调查评估与修复工作指南(试行)》，规定对于开展治理修复的场地，场地责任主体应委托专业机构对治理修复工程实施环境监理。2016年5月，国务院印发了《土壤污染防治行动计划》，要求强化治理与修复工程监管。2016年12月，原国家环境保护部公布了《污染地块土壤环境管理办法（试行）》，结合污染地块开发利用计划，对暂不开发利用的污染地块，实施以防止污染扩散为目的的风险管控，对经风险评估确认需要治理与修复的，应采取防止对地块及其周边环境造成二次污染的措施。2018 年以来，中华人民共和国生态环境部陆续发布了《土壤环境质量 农用地土壤污染风险管控标准（试行）》（GB 15618－2018）、《土壤环境质量 建设用地土壤污染风险管控标准（试行）》（GB 36600－2018）、《污染地块风险管控与土壤修复效果评估技术导则（试行）》（HJ25.5－2018）、《污染地块地下水修复和风险管控技术导则（HJ 25.6－2019）》等标准与规范文件，土壤环境保护已经转变成生态环境保护，从污染物达标判断转向土壤环境风险分级、分类和管控，形成以国际可持续发展为目标、风险管理理念为导向的全生命周期风险管控和修复策略，强调源头预防是根本、过程控制是重点、科学治理是关键、智慧管理是保障。

北京、上海、广东、江苏、重庆、武汉等地结合国家和地方污染地块风险管控和修复工程环境管理要求，借鉴国际修复工程环境管理相关工作经验，开展了污染地块修复工程环境监理工作，并编制了地方性环境监理技术导则或规范。为进一步完善污染地块修复工程环境管理技术体系，支撑修复工程环境监理工作，2015 年出版的《污染场地修复工程环境监理》一书，对污染场地修复工程的环境监理理论基础进行了详细阐述，对于刚从事污染地块修复环境监理工作的人员具有一定指导性。但从 2018 年以来，国家及地方已更新并出台了污染地块风险管控和修复工程相关法规、标准和技术规范等政策文件，在风险管控和修复工程中相关管理制度、环境监理关注要点等内容需进行更新及扩充。另外，污染地块修复过程中可能存在操作不规范、监管不力、把关不严等问题，易对周边环境造成二次污染，当前我国污染地块修复工程环境监理的标准规范还处于不断完善的过程中。为进一步加强污染地块修复工程的全过程监督管理，提高修复工程质量，防止修复过程产生二次污染，推进和规范污染地块修复工程环境监理工作，加强行业自律，同时为了帮助污染地块修复工程环境监理从业工作者更直接、更方便、更全面地了解污染地块风险管控和修复工程环境监理工作，提高从业工作者专业能力和技术管理水平，使环境监理工作流程更加完善也更具实操性，迫切需要编制操作性更强、内容涵盖风险管控和修复工程全过程的环境监理实务。本书编制过程中充分查阅和调研了国内外环境管理经验，完善并细化了风险管控工程技术中的环境监理工作和修复治理工程技术中的环境监理工作，弥补了现有参考书籍缺口，具有一定的先进性与创新性。本书对环境监理基础知识以及主要的管理与控制环节（包括质量控制、二次污染控制、进度与投资控制、职业健康与安全管理、环境监测）进行了详细阐述，并在每一个关键节点或控制环节中配上工艺流程图、现场照片、环节监理要点解析等内容，以图文并茂的形式展现出来，更有实用性、可操作性。本书对环境监理文件资料进行分类管理，并结合工程实践经验建立了涵盖风险管控和修复体系的全过程记录表单，为迅速提高和规范我国污染地块全过程环境监理实务水平提供强有力的支撑。

第一篇　污染地块修复工程环境监理概念篇

第 1 章　土壤与地下水污染概述

随着我国经济进入高质量发展阶段，人们对生态环境保护越发关注，在深入推进生态文明建设和打好污染防治攻坚战中，土壤与地下水污染防治是重要的一环。我国目前需要解决大量的历史遗留土地污染问题，而且新的土壤与地下水环境污染问题不断涌现。造成土壤与地下水环境污染的直接原因是化肥农药的不合理使用、工矿企业“三废”的不合理排放、尾矿渣和危险废物等各类固体废物不合理的堆放以及汽车尾气的排放等。大量污染物质可通过地表水或因人类活动直接进入土壤，在土壤中不断累积，并会通过渗透等方式进入地下水体，地下水体中的污染物质还可通过地下水质的波动进入土壤。污染物质长期处于土壤与地下水中，影响土壤与地下水的正常功能，威胁周边环境，甚至会借助水源、植物等进入食物链系统，最终进入人体，引发各种疾病，严重损害人们的身心健康。

目前，我国土壤与地下水污染由点及面、由浅到深、由城市到农村不断扩展，污染程度日益严重。为进一步了解土壤与地下水污染情况，本章主要从土壤与地下水的污染现状、污染成因、污染物种类和污染特点等四个方面进行介绍。

1.1　土壤与地下水的污染现状

土壤与地下水生态环境保护形势依然严峻，局部区域土壤和地下水污染问题较为突出，土壤和地下水污染源头预防压力较大。主要体现在以下几个方面：(1) 安全利用类和严格管控类耕地面积总体较大，受污染耕地精准实施安全利用技术水平不高；(2) 部分县级及以上地下水型饮用水水源水质不达标,部分水源补给区仍存在污染风险;(3) 涉重金属行业企业废气、废水镉排放量较大,历史遗留涉重金属废渣量大面广,一些地区因大气重金属沉降、污水灌溉等导致土壤重金属持续累积;(4) 部分企业有毒有害物质跑冒滴漏、事故泄漏等污染土壤和地下水的隐患没有根本消除,污染隐患排查、自行监测等法定义务落实不到位;(5) 部分污染源周边地下水存在特征污染物超标,污染扩散趋势未得到有效控制,周边地下水环境质量存在恶化风险。

原环境保护部和原国土资源部已经发布《全国土壤污染状况调查公报》,明确全国土壤总的超标率为 16.1%,污染类型以无机型为主,有机型次之,复合型污染比重较小,无机污染物超标点位数占全部超标点位的 82.8%。南方土壤污染重于北方;长江三角洲、珠江三角洲、东北老工业基地等部分区域土壤污染问题较为突出,西南、中南地区土壤重金属超标范围较大。2020 年生态环境部发布《中国生态环境状况公报》,全国农用地土壤环境状况总体稳定,影响农用地土壤环境质量的主要污染物是重金属,其中镉为首要污染物。原环境保护部发布《全国地下水污染防治规划(2011—2020 年)》,全国地下水资源符合Ⅰ类—Ⅲ类水质标准的占 63%,符合Ⅳ类—Ⅴ类水质标准的占 37%。南方大部分地区水质较好,符合Ⅰ类—Ⅲ类水质标准的面积占地下水分布面积的 90%以上,但部分平原地区的浅层地下水污染严重,水质较差。北方地区的丘陵山区及山前平原地区水质较好,中部平原区水质较差,滨海地区水质最差。京津冀、长江三角洲、珠江三角洲、淮河流域平原区等地区主要城市及近郊地区地下水中普遍检测出有毒微量有机污染指标。

为进一步了解我国土壤与地下水污染状况,基于我国 30 余个省级行政区污染排放数据,下文对我国农业用地污染、工业用地污染和矿业用地污染分布情况分别进行介绍。

1. 农业用地污染分布

农业用地污染首要来源是农业面源污染。农业面源污染是指农业生产过程中由于化肥、农药、地膜等化学投入品不合理使用,以及畜禽水产养殖废弃物、农作物秸秆等处理不及时或不当,所产生的氮、磷、有机质等营养物质,在降雨和地形的共同驱动下,以地表、地下径流和土壤侵蚀为载体,在土壤中过量累积或进入受纳水体,对生态环境造成的污染。

基于 2016 年《中国统计年鉴》《中国农村统计年鉴》数据，选取农业生产经营活动中最主要的两个农业面源污染类型化肥施用和畜禽养殖进行农业面源污染产排研究，分析我国农业面源污染国内各省市分布情况（未涉及西藏、香港、澳门、台湾），农业面源污染排放量最多的是四川省，其排放量为 171 448.4 吨，排放量最少的是北京市，其排放量为 3 127.94 吨。国内农业面源污染排放量较高的地区分别是四川、云南、湖南、湖北、河南、广西、山东七省，排放量较低的地区为宁夏、陕西、山西、北京、天津、上海、海南、新疆、青海、甘肃、黑龙江、吉林、辽宁、浙江、福建等十五个省、市、自治区。农业面源污染较严重的区域主要集中在中东部地区，较轻的区域主要集中在西部区域和东北地区，分析主要原因是西部地区地广人稀，单位面积农业面源污染排放强度较小，对生态环境的压力较为缓和，而对于中东部地区而言，畜禽养殖规模虽然较小，但种植业规模较大，且由于地区人口密度大，畜禽消费需求量较高，导致农业面源污染的排放强度较高。

2. 工业用地污染分布

工业用地污染是指工业企业在生产过程中，对包括人在内的生物赖以生存和繁衍的自然环境的侵害，主要来源于工业废水、工业废气和工业固体废物。基于 2020 年《中国统计年鉴》数据，选取工业生产经营活动中废水、废气的主要污染物排放量以及固体废物产生量进行工业用地污染产排研究（未涉及香港、澳门、台湾），分析我国各省级行政区工业用地污染分布情况。国内工业污染排放量较高的地区分别是湖北、山东、广东、四川、河北、内蒙古、江苏、辽宁、贵州、湖南，排放量较低的地区分别为北京、海南、天津、西藏、宁夏、上海、青海、重庆、甘肃、吉林。工业污染出现地区上的差异，主要与各个地区的工业结构和发展水平有关，如北方省份的工业结构以重型工业、原料开采工业所占的比重相对较大，而南方省份的工业结构相对轻型，并且以加工工业为主。

3. 矿业用地污染分布

矿业用地污染主要来源于矿产资源的开采及矿石加工活动过程中排放的废气、废水、废渣以及大量未经治理而无法使用的矿业废弃地。矿产资源分布与土壤、地下水污染密切相关，一般矿山资源分布区也是土壤、地下水污染分布区。通过介绍我国矿产资源主要空间分布，进一步反映我国矿业用地污染分布情况。

2021 年自然资源部发布《中国矿产资源报告》，明确截至 2020 年年底，我国已发现矿产 173 种，其中，能源矿产 13 种，金属矿产 59 种，非金属矿产 95 种，水气矿产 6 种。石油主要分布在新疆、甘肃、黑龙江、陕西、河北等，天然气主要分布在四川、陕西、新疆、内蒙古等。铁矿主要分布在东北、华北、西南，其中东北区域铁矿主要分布在辽宁省鞍山矿区；华北区域铁矿主要分布在河北、内蒙古和山西；西南地区铁矿主要分布在四川、云南、贵州等地。铜矿主要分布在西南、西北、华东，其中西南地区铜矿主要分布在西藏；西北地区铜矿主要分布在青海、新疆；华东地区铜矿主要分布在江西、安徽。铅锌矿遍布全国，主要集中在云南、内蒙古、甘肃、广东、湖南和广西。钨、锡、钼、锑、稀土矿、磷主要分布在华南、华北，其中钨矿资源主要分布在湖南、江西、河南、广西、福建、广东、甘肃、云南；锡矿资源主要分布在云南、广西、广东、内蒙古和江西；钼矿资源主要分布在河南、陕西、吉林、山东、河北、辽宁、内蒙古；锑矿资源主要分布在湖南、贵州、广西、甘肃和陕西；稀土矿主要分布在内蒙古、江西、广东、福建和四川；磷矿以华南为主，主要分布在云南、贵州、四川和湖北。

1.2 土壤与地下水的污染成因

1.2.1 农业面源污染

农业面源污染具有分散性、不确定性、滞后性等特点，具体表现为农业面源污染来源分散、多样，无明确排污口，其位置及边界难以判别，不利于开展监测工作；受自然地理条件、水文气候特征等因素影响，农业面源污染物向土壤和受纳水体运移过程中呈现时间上的随机性和空间上的不确定性；在生物地球化学转化及水文传输过程的共同影响下，农业生产残留的氮磷等营养元素会在土壤中累积，并缓慢地向外环境释放，对受纳水体环境质量的影响存在滞后性。

农村径流及分散式生活污水不合理排放、化肥农药大量流失、畜禽养殖不规范排污等行为，是造成农业面源污染的直接原因。具体体现在以下三个方面：

1. 由农村径流及分散式生活污水排放导致的污染

农村污水未经处理直接排放是引发农业面源污染的直接原因之一。农村污水包括农村生活污水（如粪尿污水、洗衣废水、厨余废水等）和农村生产废水（由散户畜禽养殖、小作坊等排放）。现阶段，我国农村居住人口众多，生活方式仍以一家一户一院为主，由于缺乏管理和规划，大部分农村地区缺少污水和生活垃圾收集及处理系统，这种分散式的农村污水和垃圾渗滤液直接进入河流及农田生态系统中，势必造成大规模、低浓度的农业面源污染负荷。

2. 由化肥、农药导致的污染

化肥和农药的盲目、过量使用是造成农业面源污染的直接原因之一。现阶段，我国农业生产离不开化肥和农药的使用，由于我国农民农业科技素养普遍较低，对化肥和农药的认知低下，不能科学合理使用化肥和农药。化肥的过量使用导致其利用率较低，未经作物吸收的 N、P 等元素通过径流、淋溶、反硝化、吸附和侵蚀等方式进入土壤与地下水中，造成农业生态环境破坏。目前农药在施用时普遍使用喷雾方式进行，部分农药直接进入土壤经吸附残留在土壤中，一般来讲，农药在土壤中的淋溶较弱，所以残留于土壤中的农药大多聚集于表层土壤，但部分水溶性较大的农药利于淋溶，可随土壤水分直接进入水体，进而造成土壤与地下水污染。

3. 由畜禽养殖排放导致的污染

大量畜禽粪便及养殖污水不合理排放成为农业面源污染的直接原因之一。现阶段，我国畜禽养殖业普遍存在重发展、轻环保的现象，随着我国农村畜禽养殖业规模化程度不断提高，在人力受限和经济效益等因素驱动下，采取水冲粪、水泡粪等清粪工艺的养殖场越来越多，缺少粪污收集贮存、干清粪工艺等过程阻控减污处理，缺乏粪便资源化利用和污水处理等末端治理手段，大量畜禽粪便及养殖污水难以得到有效处理和利用，加剧了畜禽养殖对农业环境的污染。

除此以外，我国农业生态环境污染防治政策机制不够完善，监督监察机制尚不健全，治理能力依然薄弱以及农业技术落后，具体体现在：(1) 相关法律法规制度及标准体系尚不健全,如肥料管理等对农业面源污染问题有重大影响的法律法规不够完善,缺少制修订;(2) 标准体系不够完善,如地方农业面源污染监测、畜禽养殖污染防治、地方农村生活污水和生活垃圾处理处置标准等相关技术规范体系有待健全;(3) 农村环保"以奖促治"政策有待深化,如化肥农药减量、有机肥产品生产销售、有机肥替代化肥等补贴及税收减免政策等尚未全覆盖;(4) 农村环境监管能力严重不足,部分乡镇缺少环保技术支撑及配套监管人员,无法对农村环境保护进行有效监管。

1.2.2 工业污染

工业企业不合理排放废气、废水和固体废弃物的行为是导致工业地块土壤与地下水污染的直接原因。相对于其他环境污染,土壤与地下水污染的累积时间更长,污染成因更复杂。究其深层次原因,一方面是历史企业因自身管理水平较低、工艺技术陈旧和未设置环保设施或环保设施落后等问题导致其"三废"的肆意排放,且在关停或搬迁后未对周边受污染的土壤与地下水进行及时、有效治理,遗留至今;另一方面是现阶段土壤与地下水环境保护法律法规及相关政策日益完善,但地方政府和工业企业环保理念未得到根本性转变,对国家环保政策忽视,导致监管力度不够,企业心存侥幸心理严重,使得在产的工业企业仍不合理排放"三废",对其周边的土壤与地下水造成污染。

2003 年,国务院发布《中国 21 世纪初可持续发展行动纲要》,明确我国用于生态建设、环境治理的投入明显增加,重点江河水域的水污染综合治理得到加强,大气污染防治有所突破,资源综合利用水平明显提高。但该行动纲要尚未提及土壤与地下水污染防治相关内容,且 21 世纪初土壤与地下水环境保护相关法律法规缺失。尽管当时在环保方面已有相关立法,但执法不严、以罚代法十分严重,无论是环境立法还是执法,没有使企业真正意识到环境保护的重要性,未对企业形成强有力的约束。由于当时环境法治观念淡薄,大多工业企业存在"重经济效益、轻环境保护,甚至以牺牲环境换取自身利益"的倾向,同时,工业企业自身存在技术陈旧、生产工艺落后、管理水平低下等诸多问题,导致其生产经营活动产生的"三废"随意排放,对土壤和地下水环境造成严重的污染，遗留至今。

从 2003 年环境影响评价工作的开展到 2015 年企业排污许可的推行，到 2018 年《工矿用地土壤环境管理办法（试行）》和《企业拆除活动污染防治技术规定（试行）》的施行，到 2019 年《中华人民共和国土壤污染防治法》的施行，到 2021 年《重点监管单位土壤污染隐患排查指南（试行）》和《地下水管理条例》的施行，到 2022 年《危险废物转移管理办法》的施行等，我国土壤与地下水相关法律法规不断完善，对工业企业新建、改建、扩建、生产运营和拆除搬迁全过程在环境影响评价、污染防治设施的建设及运行管理、污染隐患排查、环境监测和风险评估、污染应急等各方面都有了比较全面的相关规定，国家一系列的法律法规等政策文件，力图将生态文明建设融入政治、经济、文化发展中，实现经济与生态环境保护协同发展。

但近几年，环境污染问题引发的社会冲突事件仍然频繁发生，如 2015 年的常州学校污染事件，环境污染问题不仅严重阻碍地方经济的可持续发展，也加大了地方政府环境治理的难度，同时地方环境治理效果难以达到预期。为扭转地方环境治理失灵的困境，中央环保督察试点于 2015 年年底在河北展开，通过第一轮和第二轮为期五年左右的环保督察，解决了群众身边大量的生态环境问题，同时核实了多地不作为、慢作为，不担当、不碰硬，甚至敷衍应对、弄虚作假等形式主义、官僚主义问题。生态环境污染问题仍然突出、频发，如宁夏吴忠盐池县工业园无序发展、违法排污多发，贵州安顺夏云工业园区污水处理厂深度处理改造滞后，部分企业直排偷排生产废水，导致园区污水处理厂成为部分企业稀释排放工业废水的通道等，造成其周边土壤与地下水环境污染。

1.2.3　矿业污染

矿产资源开采和生产加工排放的废气、废水、废渣以及大量未修复而无法使用的矿业废弃地是造成矿业污染的直接原因。分析其深层次原因，是由于生产企业本身生态环境法律意识淡薄，生态环境保护主体责任落实不到位，推动生态修复和问题整改仍心存侥幸，以及有关部门监督检查缺位，甚至对采矿企业长期存在的违法行为默许纵容，对矿山生态修复工作畏难不前，对生态破坏问题视若无睹等。

矿产资源开采对矿山表层植被及土壤的破坏，导致矿山本身存在的化学元素与雨水、空气等发生化学反应，污染物随雨水渗透、淋滤直接进入土壤与地下水环境造成污染；矿石提炼过程中使用的化学药剂、与金属矿石研磨过程中所产生的废渣、废浆未经处理直接进入土壤与地下水环境造成污染；矿山开发区域携带污染物的地下、地表水系流动造成流经地区的土壤与地下水污染；携带污染物的大气颗粒，在下风向区域扩散，沉降进入土壤与地下水环境造成污染。

近几年，矿山开采导致的生态环境破坏问题仍然突出。例如，中国黄金集团下属部分企业在矿山开采过程中存在矿区范围与国家级自然保护区重叠、违法违规侵占草原、生态修复严重滞后、生态破坏严重等问题；再如，板石矿业矿区 13 个露天矿坑无一完成修复治理，矿山未得到及时修复，使得周边土壤与地下水环境进一步恶化。

1.3 土壤与地下水的污染物种类

土壤与地下水的污染物按性质可分为有机污染物、无机污染物和微生物污染物。

1. 有机污染物

2018 年，生态环境部与国家市场监督管理总局联合发布《土壤环境质量 建设用地土壤污染风险管控标准(试行)(GB36600－2018)》，该标准列出有机污染物有挥发性有机污染物、半挥发性有机污染物、有机农药类、多氯联苯、多溴联苯和二噁英类以及石油烃类等，其有机污染物种类见表 1－1。其中常见的挥发性有机污染物有苯、甲苯、二甲苯、乙苯、三氯乙烯等，主要来自石油炼制与石油化工、交通运输设备制造、有机化工原料储运、燃料不完全燃烧等行业和领域；有机磷农药、有机氯农药、石油、多环芳烃及多氯联苯等都是土壤中常见的半挥发性有机污染物，有机磷农药和有机氯农药主要来源于化学农药的生产与使用，石油、多环芳烃、多氯联苯等主要来源于石油、化工、制药、油漆、染料等工业排出的“三废”。

表 1-1　有机污染物种类

污染物种类	污 染 物 项 目
挥发性有机污染物	四氯化碳、氯仿、氯甲烷、1,1-二氯乙烷、1,2-二氯乙烷、1,1-二氯乙烯、顺-1,2-二氯乙烯、反-1,2-二氯乙烯、二氯甲烷、1,2-二氯丙烷、1,1,1,2-四氯乙烷、1,1,2,2-四氯乙烷、四氯乙烯、1,1,1-三氯乙烷、1,1,2-三氯乙烷、三氯乙烯、1,2,3-三氯丙烷、氯乙烯、苯、氯苯、1,2-二氯苯、1,4-二氯苯、乙苯、苯乙烯、甲苯、间-二甲苯+对-二甲苯、邻二甲苯、一溴二氯甲烷、溴仿、二溴氯甲烷、1,2-二溴乙烷
半挥发性有机污染物	硝基苯、苯胺、2-氯酚、苯并(*a*)蒽、苯并(*a*)芘、苯并(*b*)荧蒽、苯并(*k*)荧蒽、䓛、二苯并(*a*,*h*)蒽、茚并(1,2,3-*cd*)芘、萘、六氯环戊二烯、2,4-二硝基甲苯、2,4-二氯酚、2,4,6-三氯酚、2,4-二硝基酚、五氯酚、邻苯二甲酸二(2-乙基己酯)、邻苯二甲酸丁基苄酯、邻苯二甲酸二正辛酯、3,3′-二氯联苯胺
有机农药	阿特拉津、氯丹、*p*,*p*′-滴滴滴、*p*,*p*′-滴滴伊、滴滴涕、敌敌畏、乐果、流丹、七氯、α-六六六、β-六六六、γ-六六六、六氯苯、灭蚁灵

注：参考《土壤环境质量 建设用地土壤污染风险管控标准(试行)(GB 36600-2018)》。

2. 无机污染物

无机污染是各种有害的金属、盐类、酸性物质、碱性物质及无机悬浮物等造成的污染，无机污染物包括可能对生物有危害的元素和化合物，主要包含重金属、放射性物质、营养物质和其他无机物质。重金属元素主要有汞、镉、铬、铅、砷、锌、铜、钴、镍、锡、锑、钡等；放射性元素主要有硒、铀、锶等；营养物质主要有氮、磷、硫、硼等；其他物质包括氟、酸、碱、盐等。常见的重金属污染物主要有汞、铜、锌、铬、镍、钴、砷、铅、镉等，其主要来自钢铁冶炼企业、电子厂、尾矿以及化工行业等。盐类和酸、碱性物质污染主要来自化工、印染及金属冶炼厂等。

3. 微生物污染物

微生物污染包括细菌、病毒和真菌及其毒素的污染。这些污染物可以通过一定机制侵染动物、植物和其他微生物，使其生病或死亡。土壤与地下水中的微生物污染物来源较多，主要包括农业中的污水灌溉和粪肥、生活中的生活污水和生活垃圾、工业中的工业废水和工业废弃物以及医疗废水和医疗废弃物等。粪肥和垃圾中可能携带大量病原微生物和寄生虫卵,生活污水含有大量细菌,工业废水和医疗废水富含各种病原体。

1.4　土壤与地下水的污染特点

自然条件下的土壤、地下水环境为多介质、多界面、多组分混杂而成的复杂体系,表现出明显的非均质性和各向异性,这使得土壤、地下水环境污染不同于大气、地表水等其他类型的污染,土壤与地下水的污染具有以下特点。

1. 隐蔽性

大气和地表水污染特征相对较明显,一旦出现污染,可通过简单的监测设备和人体感官发现,但受污染的土壤需要通过取样检测分析,甚至通过人畜健康状况的分析才能确认污染情况,并且受污染的地下水存在于地层空隙中,样品的获取难度大、分析检测要求的技术水平高、污染源识别较困难。

2. 累计性和不可逆性

人类的生产经营活动产生的大量污染物渗入土壤与地下水中,在一定的污染范围内时,可通过自我净化能力进行环境恢复,污染物大量累积并超出土壤与地下水自身所具备的净化能力将使其丧失自我恢复功能,进而导致土壤与地下水污染几乎变为一个不可逆转的过程。

3. 长期性和难修复性

土壤与地下水污染存在污染类型极其复杂的情况,当污染土壤中存在难以降解的污染物时,其几乎不可能以稀释或自我净化方式进行消除,如土壤中有机、无机胶体及其两者的复合胶体,对重金属离子具有较强的吸附及螯合能力,这会使得污染土壤难以修复。污染地下水中的污染物不仅存在于水中,同时会吸附、残留于含水层介质,并且不断缓慢地向水中释放,导致单独修复地下水难以恢复水质。另外,因含水层介质类型、结构和岩性复杂,地下水流动极其缓慢,这也导致地下水修复难度大于地表水。

4. 复杂性

土壤与地下水紧密联系,其中一方受到污染,将造成土壤与地下水双重污染。例如,污染土壤中的总石油烃与地下水中的总石油烃呈显著的相关性;地下水中的污染物通过地下水位的波动或毛细作用进入土壤,进而引发土壤与地下水双重污染。

第 2 章　污染地块修复工程概述

污染地块的合理界定是污染地块修复立法和相关制度构建的重要一步，定义较宽易导致财力耗费在没有污染的地块上，定义较窄易造成受污染的地块被遗漏未进行修复。发达国家较早地进入工业社会并受到环境问题的困扰，各国较早地在相关法律中对污染地块进行了界定，但界定也不尽相同。美国 1980 年颁布的《超级基金法》规定，“棕色地块”是指一些不动产存在现实或潜在的有害物质和污染物而使得其不能得到扩建、发展和重新利用。英国 1990 年颁布的《环境保护法》规定，污染场地其实是要得到当地政府的认定，主要包括以下两种：一种是可能导致发生严重危害；另外一种则是已经或者可能导致水体发生污染。德国 1998 年颁布的《联邦土壤保护法》规定，污染地块可划分为可疑污染地块和真正污染地块，可疑污染地块是指当公众有理由怀疑土地发生损害时，该场地就会被确认为可疑污染地块，可疑污染地块转化为真正污染地块需要经过法定评估，当评估结果呈现出对人和环境都存在风险时，此可疑地块才会被最终确定为污染地。日本 2002 年颁布的《土壤污染对策法》对指定污染区进行规定，如果调查发现该土地上集中的某有毒物质超过限量或不符合土壤质量标准，则就把该土地指定为污染区，并登记在指定污染区登记簿中。

我国在《污染场地术语（HJ 682 - 2014）》中明确，污染场地是对潜在污染场地进行调查和风险评估后，确认污染危害超过人体健康或生态环境可接受风险水平的场地，又称污染地块。《污染地块土壤环境管理办法（试行）》（2017 年 7 月 1 日起施行）进一步对污染地块进行定义，污染地块是指按照国家技术规范确认超过有关土壤环境标准的疑似污染地块，其中疑似污染地块是指从事过有色金属冶炼、石油加工、化工、焦化、电镀、制革等行业生产经营活动，以及从事过危险废物贮存、利用、处置活动的用地。

随着《土壤污染防治法》的实施,国家层面关于土壤与地下水修复相关的法律规范不断完善,同时地方也紧随国家政策出台了一系列地方性的政策法规。这些政策法规的出台,推动了各个省市污染地块修复的发展,规范了污染地块合理有效修复的行为,促进了污染地块安全开发利用。污染地块修复工程具有较强的专业性、修复技术多样、过程复杂、高环境风险等特点,污染源大多涉及有毒有害物质,处理对象多是具有健康危害的污染物。为进一步加强对污染地块修复工程的认识,本章对我国污染地块修复行业发展现状和常用修复技术等方面进行介绍。

2.1 我国污染地块修复行业发展现状

在国家"863"计划项目等支持下,土壤修复行业起步于"十五",经历了"十一五""十二五""十三五",进入"十四五"阶段,近20年的发展,带动了土壤修复技术应用和绿色修复产业化发展,在修复技术、装备及规模化应用上我国与发达国家的差距在逐步缩小,初步建立了土壤修复技术体系。以下具体分析我国污染地块修复行业的发展现状。

1. 标准体系逐渐完善但仍不健全

随着国家和地方土壤污染防治法律法规政策的出台,污染地块修复责任主体、承担责任的方式及违反义务主体应当受到的惩罚等相关事项更加明确,在国家重视生态文明建设的政策指导下,在各省市污染地块修复实践的推动下,污染地块管理水平得到进一步提高,污染地块安全利用率全面提升。

以下对我国2019—2021年土壤与地下水修复领域出台的重要法律法规及相关政策进行了分析及梳理,详见表2-1。

一系列管理政策和技术指导文件的发布,使土壤与地下水污染防治工作迈上了新台阶,但已有的标准体系仍存在不健全的问题。主要体现在以下几方面:(1)土壤与地下水污染修复治理协同性差。《土壤污染防治行动计划》《水污染防治行动计划》等与土壤和地下水相关的行动计划、修复导则,对土壤和地下水修复工作进行了规范,但修复工程实施过程中普遍存在水土分离的现象,浪费了大量的财力、物力、人力。(2)部分标准过于原则,可操作性较弱。如工程变更程序不清、变更程序时间长等。

表 2-1　我国 2019—2021 年土壤与地下水修复领域出台的重要法律法规及相关政策

名　　称	施行/印发时间	相　关　内　容
《土壤污染防治法》	2019 年 1 月 1 日起施行	该法是我国首次制定的土壤污染防治领域专门法律，完善了我国生态环境保护、污染防治的法律制度体系。该法就土壤污染防治的基本原则、基本制度、预防保护、管控修复、经济措施、监督检查和法律责任等重要内容作出了明确规定
《地下水污染防治实施方案》环土壤〔2019〕25 号	2019 年 3 月 28 日印发	对地下水污染防治工作提出了具体要求。该方案的出台是我国生态环境保护领域的一项重要举措，进一步加快推进了地下水污染防治各项工作
《污染地块地下水修复和风险管控技术导则》(HJ 25.6 - 2019)	2019 年 6 月 18 日起施行	规定了污染地块地下水修复和风险管控的基本原则、工作程序和技术要求，适用于污染地块地下水修复和风险管控项目的技术方案制定、工程设计及施工、工程运行及监测、效果评估和后期环境监管
《建设用地土壤污染状况调查、风险评估、风险管控及修复效果评估报告评审指南》环办土壤〔2019〕63 号	2019 年 12 月 18 日印发	作为指导和规范建设用地土壤污染状况调查报告、风险评估报告、效果评估报告评审活动的主要依据
《建设用地土壤污染状况调查技术导则》(HJ 25.1 - 2019)《建设用地土壤污染风险管控和修复监测技术导则》(HJ 25.2 - 2019)《建设用地土壤污染风险评估技术导则》(HJ 25.3 - 2019)《建设用地土壤修复技术导则》(HJ 25.4 - 2019)《建设用地土壤污染风险管控和修复术语》(HJ 682 - 2019)	2019 年 12 月 5 日起施行	这几项为国家环境保护标准，为污染地块治理提供技术指导和支持。加强了建设用地环境保护监督管理，规范了建设用地土壤污染状况调查、土壤污染风险评估、风险管控、修复等相关工作

续　表

名　　称	施行/印发时间	相　关　内　容
《建设项目环境影响评价分类管理名录(2021年版)》	2021年1月1日起施行	明确了土壤修复项目将不再要求做环境影响评价,有助于土壤修复项目的快速推进
《重点监管单位土壤污染隐患排查指南(试行)》	2021年1月5日印发	指导和规范土壤污染重点监管单位建立土壤污染隐患排查制度,及时发现土壤污染隐患并采取措施消除或者降低隐患
《建设用地土壤污染责任人认定暂行办法》环土壤〔2021〕12号	2021年5月1日起施行	为规范建设用地土壤污染责任人的认定提供了依据
《农用地土壤污染责任人认定暂行办法》环土壤〔2021〕13号	2021年5月1日起施行	为规范农用地土壤污染责任人的认定提供了依据
《建设用地土壤污染风险管控和修复从业单位和个人执业情况信用记录管理办法(试行)》环土壤〔2021〕53号	2021年9月1日起施行	规范和加强建设用地土壤污染风险管控和修复从业单位和个人执业情况的信用记录管理,提高从业单位和个人诚信自律意识和信用水平,营造公平诚信的市场环境和社会环境
《地下水管理条例》国令748号	2021年12月1日起施行	从调查与规划、节约与保护、超采治理、污染防治、监督管理等方面作出规定,对加强地下水管理具有深远意义
《建设用地土壤污染风险管控和修复名录及修复施工相关信息公开工作指南》	2021年12月22日印发	用于规范和指导建设用地土壤污染风险管控和修复名录,以及土壤污染修复施工期间相关情况和环境保护措施等公开工作,进一步规范了信息公开工作
《"十四五"土壤、地下水和农村生态环境保护规划》环土壤〔2021〕120号	2021年12月31日印发	到2025年,全国土壤和地下水环境质量总体保持稳定,受污染耕地和重点建设用地安全利用得到巩固提升;到2035年,全国土壤和地下水环境质量稳中向好,农用地和重点建设用地土壤环境安全得到有效保障,土壤环境风险得到全面管控

2. 市场规模持续增长但鱼龙混杂

受 2016 年出台的《土壤污染防治行动计划》影响，我国土壤环境修复市场快速发展，市场规模的增加速度明显加快。市场规模数据显示，2017—2021 年我国土壤修复行业公开招投标项目数量分别为 800 个、1 468 个、1 698 个、3 521 个、3 626 个，项目总金额分别为 86.9 亿元、141.6 亿元、118.4 亿元、142.8 亿元、156.9 亿元，土壤环境修复项目数量逐年增长，项目金额上 2021 年达到了最高值，首次超过了 150 亿元，具体统计数据见表 2－2。

表 2－2　2017—2021 年土壤修复行业市场规模统计

年　份	咨询类项目		工程类项目		合　　计	
	金额/亿元	项目数量/个	金额/亿元	项目数量/个	金额/亿元	项目数量/个
2017	7.5	479	79.4	321	86.9	800
2018	18.2	1 010	123.4	458	141.6	1 468
2019	23.3	1 344	95.1	354	118.4	1 698
2020	39.8	2 853	103	668	142.8	3 521
2021	35.3	3123	121.6	503	156.9	3 626

为进一步了解我国各省级行政区土壤和地下水市场规模，对 2020 年和 2021 年启动的土壤和地下水修复项目进行了对比。从项目数量来看，2021 年广东省公开招投标的项目数量最多，达到 509 个，排在前 1～5 名的为广东、江苏、山东、浙江、上海；而 2020 年山东省公开招投标的项目数量最多，为 440 个，排在前 1～5 名的为山东、江苏、广东、浙江、江西，全国 30 个省级行政区 2020 年和 2021 年修复项目数量如图 2－1 所示。从项目金额来看，2021 年重庆市公开招投标的项目金额最高，高达 24.93 亿元，排在前 1～5 名的为重庆、江苏、浙江、广东、山东；而 2020 年江苏省开招投标的项目金额最高，为 14.33 亿元，排在前 1～5 名的为江苏、河北、浙江、湖南、广东，全国 30 个省级行政区 2020 年和 2021 年修复项目金额如图 2－2 所示。

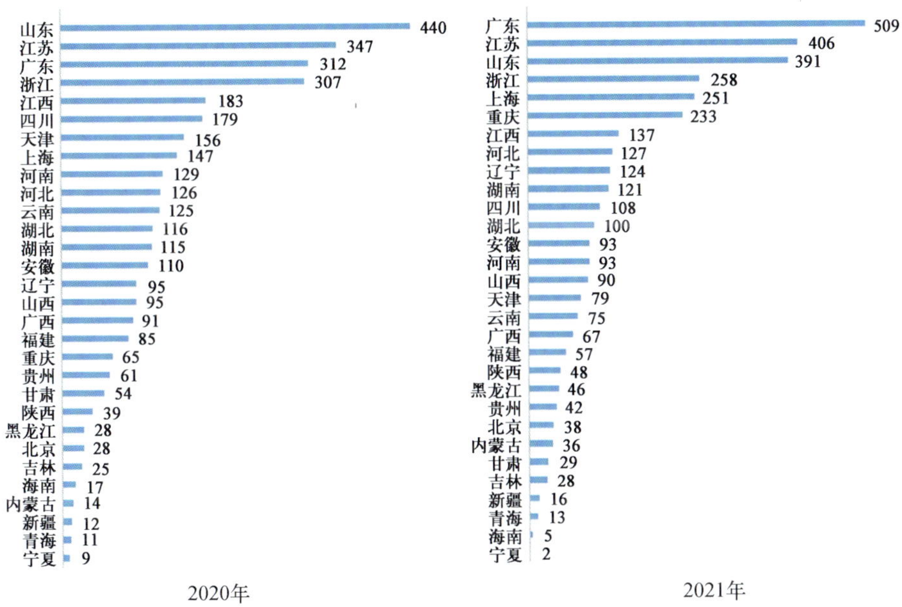

图 2-1 我国 2020 年与 2021 年 30 个省级行政区修复产业市场项目数量对比

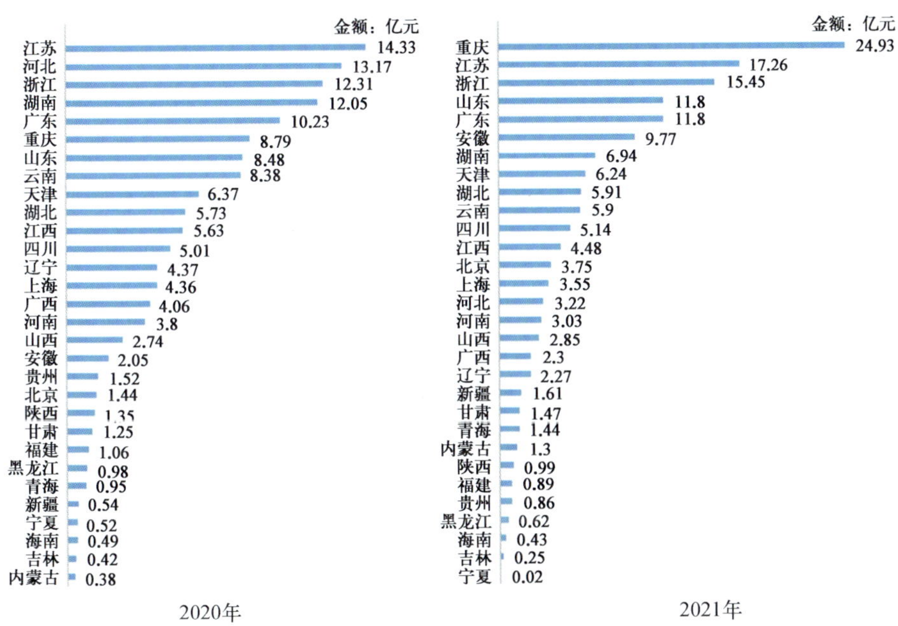

图 2-2 我国 2020 年与 2021 年 30 个省级行政区修复产业项目金额对比

根据《2021年土壤环境修复行业市场分析报告》，全国共启动503个修复工程项目，分别由379家单位承担，但中标项目金额排名前10位的修复工程从业单位市场份额总和占全国总金额的55.3%，这反映出我国土壤修复行业从业单位较多但市场集聚度较为明显的问题，市场竞争激烈。但近年来，由于修复项目实施引起一系列公众事件，暴露出行业存在诸多问题，如有些技术实力不够、缺乏经验与责任感的从业单位进入市场，出现工程转包、恶意压价和低价中标现象；相当一部分从业单位专业度不够，无法根据项目实际情况编制报告。这些现象反映了我国修复市场目前鱼龙混杂，不利于行业持续健康的发展。

3. 修复技术发展迅速但研发投入不足

“十三五”期间，修复技术的自主研发和引进迅速发展，土壤热修复、固化/稳定化、原位化学/氧化、土壤淋洗、多相抽提等工艺纷纷得到验证和推广。随着项目实施的不断增加，各种修复技术愈发成熟，现阶段我国修复工程仍以上述修复技术为主。同时，我国存在修复后地块开发需求大、修复后土壤再利用限制多等问题，使得水泥窑协同处置、污染土壤烧砖/制陶粒等处置方式在现阶段有较大幅度提高，但这种土壤热修复方式是高能耗、高效率、高投入、高碳排放技术，不满足降碳减排与污染物协同治理的需求。

目前，土壤修复技术和设备的研发主体仍然是高校和研究院所，但研究成果对工程项目的实施指导性较低，如电动技术、微生物燃料电池等修复技术的研究已较为成熟，但考虑到土壤性质、污染因子类别、污染分布、修复周期和修复成本等众多因素，相关修复技术不能投入修复工程实践中。部分从业单位对土壤修复技术和设备的研发热情不高，用于修复工程的设备仍主要依赖进口，关键设备明显不足，与国外相比仍存在较大差距。

2.2 污染地块修复工程常用修复技术

修复技术的筛选是污染地块修复方案制定的前提，也是影响污染地块治理修复效果的关键因素。修复技术的选择是一个决策过程，需在分析前期污染状况调查和风险评估资料的基础上，根据地块特征条件、目标污染物、修复目标、修复范围和修复时间确定合适的修复模式，再根据地块的具体情况，采用实验室小试和现场中试方式进行可行性评估，从技术的成熟度、适用条件、对地块修复的效果、成本、时间和环境安全性等方面进行综合比较，确定合适的修复技术。

为推进土壤和地下水污染防治技术普及，引导污染地块修复产业健康发展，2014 年原环境保护部发布《污染场地修复技术名录（第一批）》；为推动固体废物和土壤污染防治领域技术进步，满足污染治理对先进技术的需求，2021 年生态环境部发布《2020 年〈国家先进污染防治技术目录（固体废物和土壤污染防治领域）〉》。根据国家发布的相关技术名录及技术规范，结合污染地块修复工程项目经验，本节对污染地块修复工程常用技术进行介绍。

2.2.1　阻隔技术

阻隔技术是指通过铺设阻隔层阻断土壤介质中污染物迁移扩散的途径，使污染介质与周围环境隔离，避免污染物与人体接触和随降水或地下水迁移进而对人体和周围环境造成危害的技术。阻隔系统主要有以下几方面的功能：(1) 阻断污染土壤与人体的直接接触；(2) 阻止受污染地下水迁移扩散；(3) 阻断污染土壤或污染地下水挥发出的气体扩散。阻隔技术可有效缩短治理修复周期，可阻隔污染并保护邻近区域，但该方式为非处理方式，设置费用高，有潜在渗漏及污染扩散的风险。在污染地块修复工程中，常用的阻隔技术主要为水平阻隔技术和垂直阻隔技术。

1. 水平阻隔技术

水平阻隔技术的阻隔层采用水平布置的形式设置于地下，阻断污染介质向周边环境迁移输送。水平阻隔包括混凝土水平阻隔、黏土水平阻隔、柔性水平阻隔等，一般由表面覆盖层、排水层、防渗阻隔层、气体导排层和基础构建层等五个基本层组成，层数与地块特征有关。水平阻隔系统示意如图 2－3 所示。

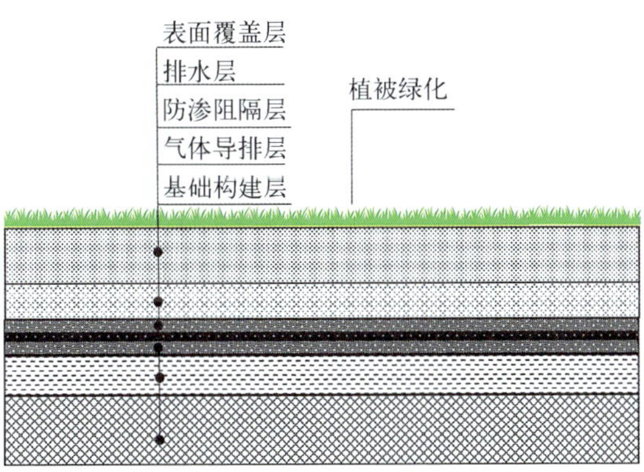

图 2－3　水平阻隔系统示意

2. 垂直阻隔技术

垂直阻隔技术的阻隔层采用竖向布置的形式，在污染源周围构筑低渗透屏障来隔离污染物，同时调控地下水的流场，达到控制污染水平迁移的目的。为了阻止污染物扩散迁移，要求垂直阻隔墙具有低渗透性，一般渗透系数不大于 10^{-7} cm/s，同时阻隔墙要有良好的连续性和耐久性，阻隔材料要有较好的稳定性和耐腐蚀性。垂直阻隔按阻隔墙类型可分为泥浆阻隔墙、注浆阻隔墙、原位土壤搅拌阻隔墙、土工膜复合阻隔墙和板桩阻隔墙，其中泥浆阻隔墙包括土壤-膨润土阻隔墙和水泥-膨润土阻隔墙，注浆阻隔墙包括高压喷射阻隔墙和渗透压力阻隔墙。垂直阻隔按服役寿命分为临时阻隔和长期阻隔，按是否嵌入低渗透性土层分为嵌入式阻隔和悬挂式阻隔。垂直阻隔墙施工简单，成本较低，污染控制效果显著。这种技术可用于处理小范围的剧毒、难降解污染场地，作为一种永久性的封闭方法；也可以应用于地下水污染初期的应急控制方法以及作为复杂污染地块的修复方法。泥浆阻隔墙结构示意如图 2-4 所示。

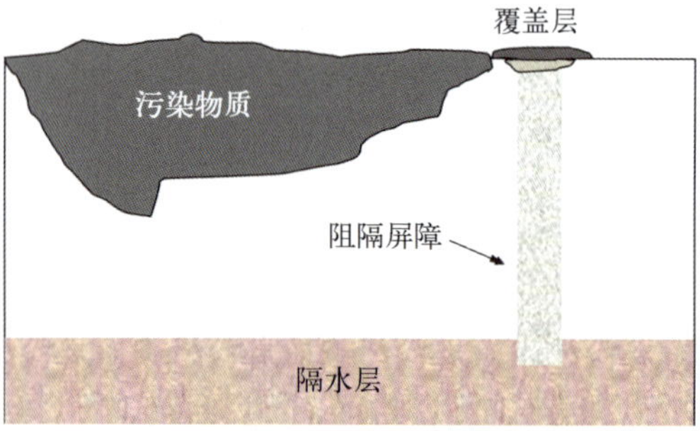

图 2-4 泥浆阻隔墙结构示意

2.2.2 可渗透反应墙技术

可渗透反应墙是在受污染地下水流经的方向建造由反应材料组成的反应墙，通过反应材料的吸附、沉淀、化学降解或生物降解等作用去除地下水中的污染物，即在被污染的地下水流动方向建一个选择性的透过“屏障”，使得地下水在通过这个“屏障”时，水中的污染物被反应墙内的填充介质吸附、氧化还原或者降解。可渗透反应墙技术适用于污染地下水的修复处置，但该技术不适用于承压含水层，不宜用于含水层深度超过 10 m 的非承压含水层，且该技术对反应墙中沉淀和反应介质的更换、维护、监测要求较高。影响可渗透反应墙技术修复效果的因素主要有地块地质情况、地下水化学特性、污染物类型及浓度、反应墙的渗透系数、活性材料的选择及其配比等。可渗透反应墙技术具有扰动小的优点，并且反应介质消耗缓慢，运行费用低，但技术本身仍存在一些缺陷和问题，如地下反应墙填充介质容量有限，不可能无限制地对污染物进行去除，此外，填充介质作用有可能导致物质的沉淀，使地下水在反应墙和其附近的流场发生变化，填充介质的堵塞会导致可渗透反应墙的失效。可渗透性反应墙示意如图 2－5 所示。

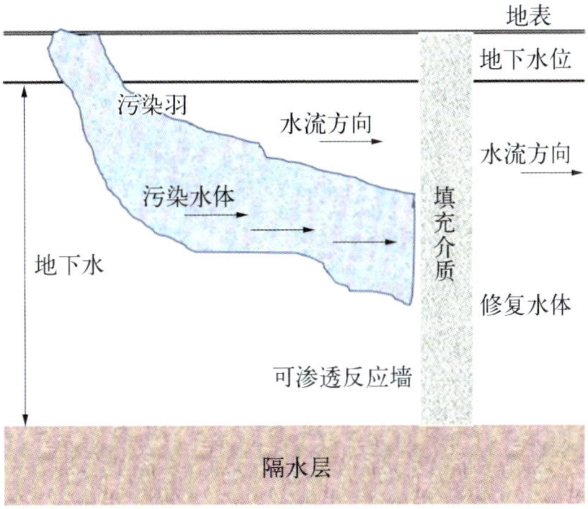

图 2－5　可渗透反应墙示意

2.2.3　固化/稳定化技术

固化/稳定化技术是通过加入固化剂或稳定化剂，使土壤中污染物得以固化或稳定化，从而阻滞和减缓土壤中污染物释放的技术。这种技术通常不能毁灭污染物，但可以把污染物的浸出水平降低，达到环境和人体健康可接受的安全水平。固化是向土壤中加入胶凝材料等固化剂把污染土壤转化成难以渗透、稳定的固化块的过程；稳定化是向土壤中加入稳定化药剂，使其与污染物产生化学反应将污染物转化成难以溶解和浸出形式的过程。固化处理的目的在于改变污染土壤的工程特性，即增加土壤的机械强度，减少土壤的可压缩性和渗透性，从而降低污染土壤处置和再利用过程中的环境与健康风险。稳定化处理的目的在于降低污染土壤中有毒有害组分的毒性、溶解性和迁移性，即将污染物固定于支持介质或添加剂上，以此降低污染土壤处置和再利用过程中的环境与健康风险。固化和稳定化技术在工作原理和作用特点上各有不同，但在实践中经常搭配使用。固化/稳定化技术适用于污染土壤中重金属、半挥发性有机物和其他无机物的治理。影响固化/稳定化技术修复效果的因素主要有土壤物理与化学性质、污染物类型及浓度、胶凝材料和添加剂的种类及用量、土壤与药剂的混匀程度和养护条件等。根据修复模式和实际操作的差异，固化/稳定化可分为原位与异位两种。

1. 原位固化/稳定化

原位固化/稳定化利用开凿或钻孔机械将固化/稳定化药剂与受污染土壤原地直接混合,使其与污染介质、污染物发生作用。原位固化/稳定化适用于不宜进行土壤挖掘、缺乏储存和作业空间或污染区域无开发、利用和施工的地块,一般用于深层污染土壤的处理,尤其是含有地下水层的污染土壤。其系统主要由机械翻动系统、试剂调配及输料系统、气体收集系统、取样监测系统以及稳定性监测系统组成,该技术对环境造成二次污染的风险较小,可显著降低污染土壤的治理与修复成本,但局限性在于难以有效治理黏稠度较大的土壤,容易受到地下障碍物(如碎石瓦砾等)和地层结构变化的影响,操作过程对地面承载力和地块面积有一定的要求。原位固化/稳定化示意如图 2-6 所示。

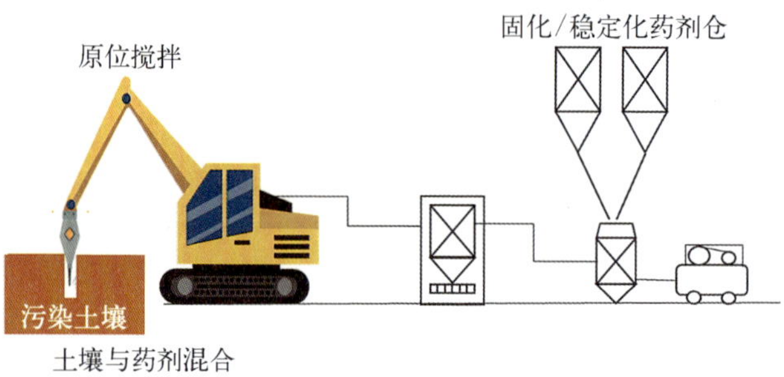

图 2-6 原位固化/稳定化示意

2. 异位固化/稳定化

异位固化/稳定化是将污染土壤挖出后,在修复区域使用混合搅拌装置对污染土壤与修复物质进行混合反应处理。异位固化/稳定化适用于固化/稳定化质量控制要求高或污染区域需要开发、利用或施工的地块,一般用于浅层污染(<5 m)土壤的处理。其系统主要由土壤预处理系统、固化/稳定剂添加系统、土壤与固化/稳定剂混合搅拌系统组成,该技术能较好地控制黏合剂的添加和混合质量,修复效果往往较为理想,但该技术需要对污染土壤进行开挖、暂存、转运和筛分前处理,这些过程可能会产生扬尘、噪声以及挥发性有机污染物,对环境造成影响。异位固化/稳定化示意如图 2-7 所示。

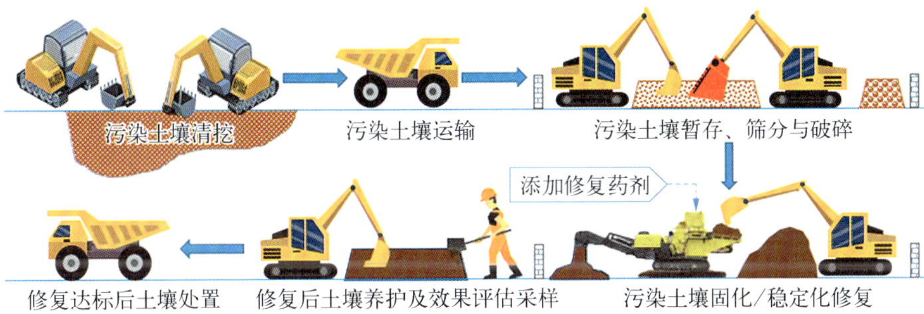

图 2－7　异位固化/稳定化示意

固化/稳定化技术具有操作简单、费用相对较低且修复材料环境安全性好等优点，但该技术没有减少土壤中污染物的总含量，反而增加了污染土壤的总体积，且固化后土壤的再利用受到一定限制。生态环境部发布《污染地块风险管控与土壤修复效果评估技术导则（试行）》（HJ 25.5－2018），明确固化/稳定化属于风险管控措施，且进行风险管控的项目需在工程设施完工 1 年内对工程措施的有效性进行评估，使得固化/稳定化技术的修复周期增长，加之固化后的土壤难以寻找安全可靠的处置利用途径，导致固化/稳定化技术的应用在部分区域受到限制。

2.2.4　化学氧化/还原技术

化学氧化/还原技术是指向含污染物的介质中添加氧化剂或还原剂，使药剂与污染物发生反应，将污染物转化为无毒或相对毒性较小的物质。化学氧化/还原技术反应速度快、修复时间短，但该技术在实际应用过程中，氧化或还原剂会与污染物反应产生中间产物，存在造成二次污染的风险，并且该修复技术会导致土壤肥力下降。根据修复模式和实际操作的差异，化学氧化/还原技术可分为原位和异位两种。

1. 原位化学氧化/还原

原位化学氧化/还原是借用一定的设备将化学药剂或生物药剂等物质注入地下水或土壤中，降低污染物质的浓度，减轻或消除其对环境的影响。原位化学氧化/还原主要由药剂制备/储备系统、药剂注入井、药剂注入系统和监控系统等组成。该技术适用于污染土壤与地下水修复，影响原位化学氧化/还原修复效果的因素主要有土壤物理与化学性质、污染物类型与浓度、药剂种类及投加比、地下水位和污染区域地下基础情况等。原位化学氧化/还原在应用时,限制条件较多,如土壤中存在的腐殖酸、还原性金属等物质会消耗大量氧化剂;在渗透性较差的区域影响药剂传输速率;化学氧化/还原过程可能存在产热、产气等情况影响其修复效果。原位化学氧化示意如图 2-8 所示。

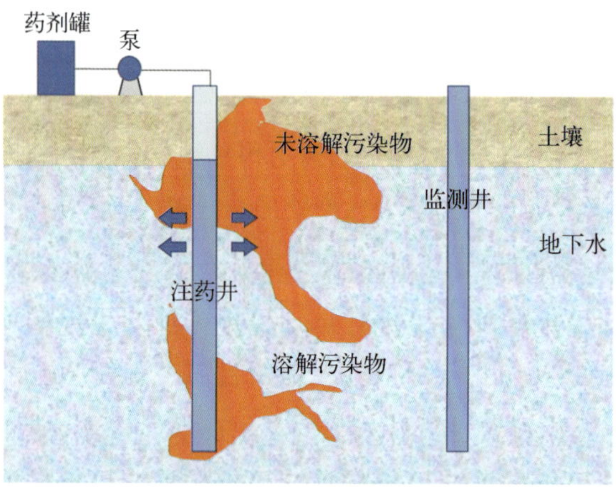

图 2-8 原位化学氧化/还原示意

2. 异位化学氧化/还原

1) 污染土壤异位化学氧化/还原

污染土壤异位化学氧化/还原修复系统主要由土壤预处理系统、药剂混合系统和防渗系统组成。异位化学氧化/还原可处理大部分有机污染物,但对重金属污染土壤的处理效果较差,影响污染土壤异位化学氧化/还原修复效果的因素主要有土壤物理与化学性质、污染物的类型与浓度、药剂种类及投加比、土壤混匀程度和养护条件等。污染土壤异位化学氧化/还原示意如图 2-9 所示。

2) 污染地下水抽出-化学氧化/还原处理

污染地下水抽出-化学氧化/还原处理是根据地下水污染范围,在污染区域布设一定数量的抽提井,根据污染物类型采用单项或多项抽提的方式,将地下水抽提至地面处理设备进行处理。污染地下水抽出-化学氧化/还原处理系统主要由地下水抽提系统、地下水处理系统和地下水监测系统组成。影响污染地下水抽出-化学氧化/还原处理修复效果的因素主要有地块地质情况、地

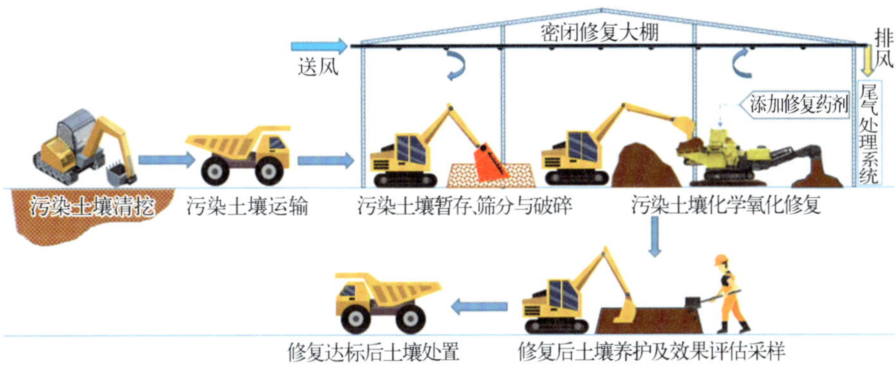

图 2-9　污染土壤异位化学氧化/还原示意

下水化学特性、污染物类型及浓度、药剂种类及投加比、渗透系数、含水层厚度、井间距、井群数量、井群布局和抽出速率等。污染地下水抽出-化学氧化/还原处理示意如图 2-10 所示。

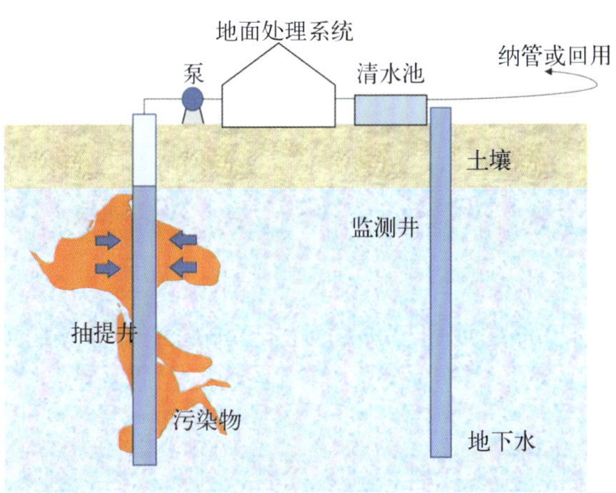

图 2-10　污染地下水抽出-化学氧化/还原处理示意

2.2.5　化学淋洗技术

化学淋洗技术是指利用淋洗液或化学助剂与土壤中的污染物结合，并通过淋洗液的解吸、螯合、溶解或固定等化学作用，使吸附或固定在土壤颗粒上的污染物脱附、溶解而去除的技术。化学淋洗技术适用于多孔、易渗透的土壤，能够处理地下水位以上较深层次的重金属污染土壤，也可用于处理有机污染土壤,该技术具有稳定、修复效果好、快捷的优点,但化学淋洗技术也存在一定的局限性,该技术会破坏土壤理化性质,使大量土壤养分流失。根据修复模式和实际操作的差异,化学淋洗技术可分为原位和异位两种。

1. 原位化学淋洗

原位化学淋洗是指使用能促进污染土壤中污染物质溶解或迁移的溶剂,在重力或外力的作用下注入受污染的区域,然后把含有污染物的液体从地下水中抽提出来,进行处理和分离。原位化学淋洗由阻隔系统、清洗液投加系统、淋出液收集系统和淋出液处理系统组成。影响原位化学淋洗修复效果的因素主要有土壤物理与化学性质、污染物类型与浓度、淋洗剂种类及添加比例、污染区域地下基础设施情况。该技术对于多孔隙、均质、易渗透的土壤污染物具有较好的去除效果,工程量较小,但对于土壤黏度要求较高,且存在污染地下水的风险,去除效果受地块地质情况影响。原位化学淋洗示意如图 2-11 所示。

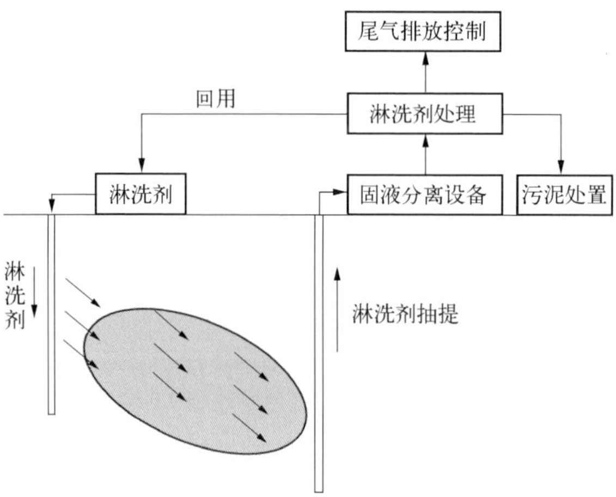

图 2-11　原位化学淋洗示意

2. 异位化学淋洗

异位化学淋洗是指把污染土壤挖掘出来,通过筛分去除大的组分并把土壤分为粗料和细料,然后利用淋洗液或化学助剂与土壤中的污染物进行反应,达到修复污染土壤的目的。异位化学淋洗系统一般由土壤预处理系统、物理分离系统、淋洗系统、废水处理及回用系统和挥发性气体控制系统组成。影响异位化学淋洗修复效果的因素主要有土壤物理与化学性质、污染物类型与浓度、淋洗剂种类及添加比例、水土比、土壤进料量、泥浆脱水药剂类型及添加量和废水处理工艺等,异位化学淋洗所用设备维护相对简单,对污染物去除效率高,但该技术会破坏土壤结构。异位化学淋洗示意如图 2-12 所示。

图 2－12　异位化学淋洗示意

2.2.6　多相抽提技术

多相抽提技术是通过真空提取手段，抽取地下污染区域的土壤气体、地下水和浮油层到地面进行分离及处理，以控制和修复土壤与地下水中的有机污染物。多相抽提技术系统由多相抽提、多相分离、污染物处理三个部分构成，影响多相抽提技术修复效果的因素主要有污染物类型及浓度、污染区域地下基础情况、井头真空度、抽提速率、气液分离流量及温度、废水废气排放流量等。多相抽提技术具有高效、低成本和对环境危害小的优点，但该技术不适用于渗透性差或者地下水位变动较大的地块。多相抽提示意如图 2－13 所示。

2.2.7　热解吸技术

热解吸技术是在特定的设备中加热，把有机污染物从固相土壤中转移到气相并使其挥发出来，气相污染物再通过燃烧或冷凝吸附的方式处理，达标后排放。根据加热温度的差异，热解吸技术可分为常温解吸、低温热解吸和高温热解吸，当处理温度为室温或稍高于室温时，称作常温解吸技术；当加热温度为 150～315℃时，称作低温热解吸技术；当加热温度为 315～540℃时，称作高温热解吸技术。对于低浓度、易挥发的有机污染物一般使用常温解吸技术，对于高浓度、难挥发的有机污染物根据情况选择低温热解吸技术或高温热解吸技术，低温热解吸可处理苯、二氯乙烷等低沸点有机物，高温热解吸则主要用于处理高沸点有机物，如多环芳烃（PAHs）和多氯联苯（PCBs）。

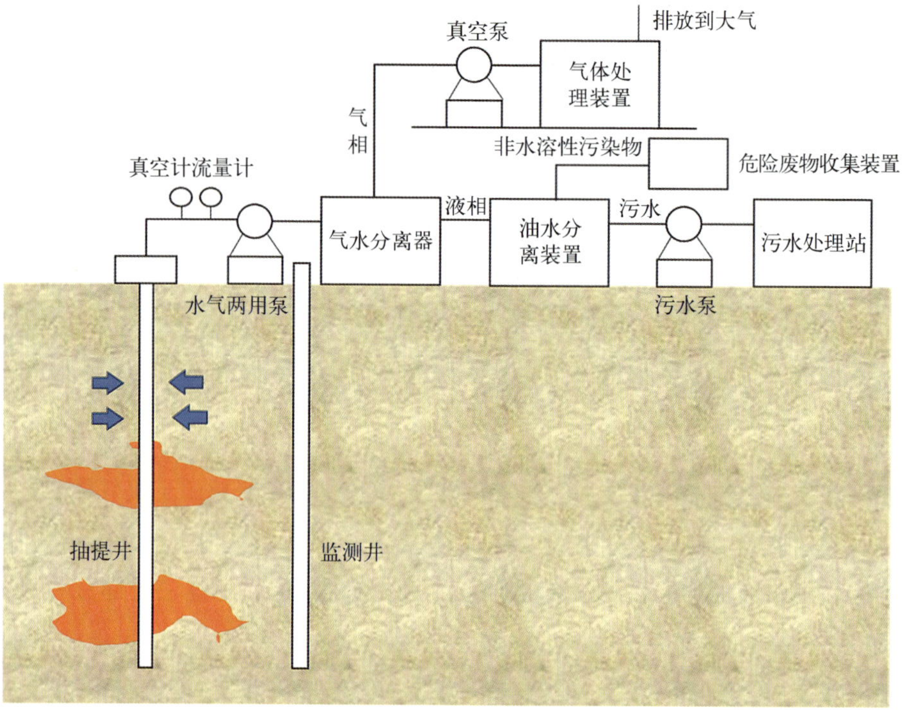

图 2－13　多相抽提示意

热解吸技术具有污染物处理范围宽、处理速率高、修复后土壤可再利用等优点，特别是对于 PCBs 这类含氯有机物，非氧化燃烧的处理方式可以显著减少二噁英的生成，但是该技术存在设备投资成本高、设备适用性不强、运行费用昂贵等问题。影响热解吸技术修复效果的因素主要有土壤物理与化学性质、污染物类型与浓度、加热温度、停留时间、载气气氛和流速、污染物沸点范围等。

热解吸技术因修复地点、加热方式及进料方式的不同可分为多种类别：根据修复地点的不同，可分为原位热解吸和异位热解吸；根据热源与污染土壤接触方式的不同，可分为直接热解吸和间接热解吸，两者的区别为热源直接与土壤接触加热以及热源通过介质对污染土壤进行加热。但无论是何种热解吸方式，修复效果取决于加热温度和土壤本身特性。原位热解吸示意如图 2－14 所示。异位热解吸示意如图 2－15 所示。

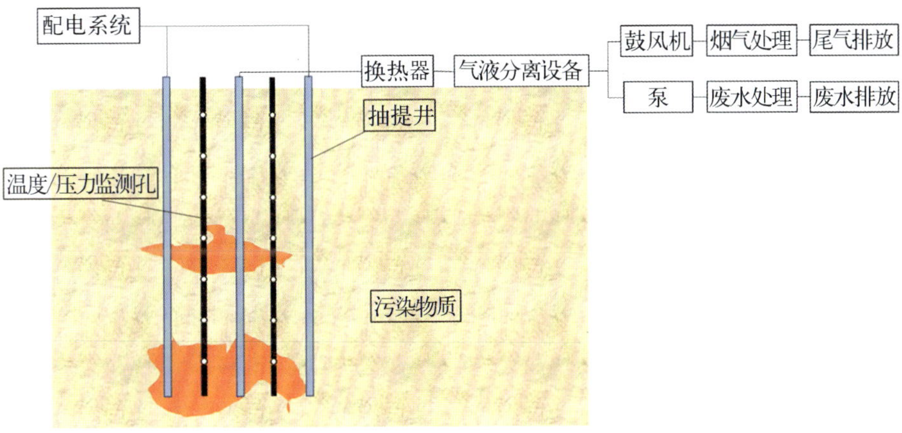

图 2－14　原位热解吸示意

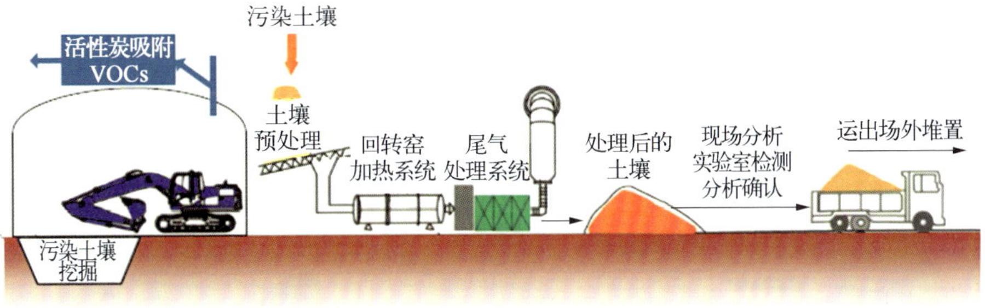

图 2－15　异位热解吸示意

2.2.8　水泥窑修复技术

水泥窑修复技术利用水泥回转窑内的高温、气体长时间停留、热容量大、热稳定性好、碱性环境、无废渣排放等特点，在生产水泥熟料的同时，焚烧固化处理污染土壤。水泥窑修复技术系统主要由土壤预处理系统、上料系统、水泥回转窑及配套系统、监测系统组成。影响水泥窑修复技术修复效果的因素主要有土壤物理与化学性质、污染物质类型及浓度、污染土壤中氯氟硫元素含量、污染土壤添加量和水泥回转窑系统配置等，该技术可处理有机污染及重金属污染土壤，但不宜用于汞、砷、铅等重金属污染较重的土壤。对于有机污染土壤的处理，污染土壤从窑尾烟气室进入水泥回转窑，土壤中的有机污染物经过水泥窑高温煅烧彻底分解，高温气流与碱性物料充分接触，有效地抑制硫和氯等酸性物质的排放，转化成无机盐类固定下来；重金属污染土壤从生料配料系统进入水泥窑，使重金属固定在水泥熟料中。水泥窑修复技术能够彻底分解有毒有害物质，有毒有害气体排放较少且修复成本较低，但该技术处置污染土壤能力和种类受水泥窑系统限制，且水泥窑系统处置能力和稳定性不高。水泥窑修复示意如图 2－16 所示。

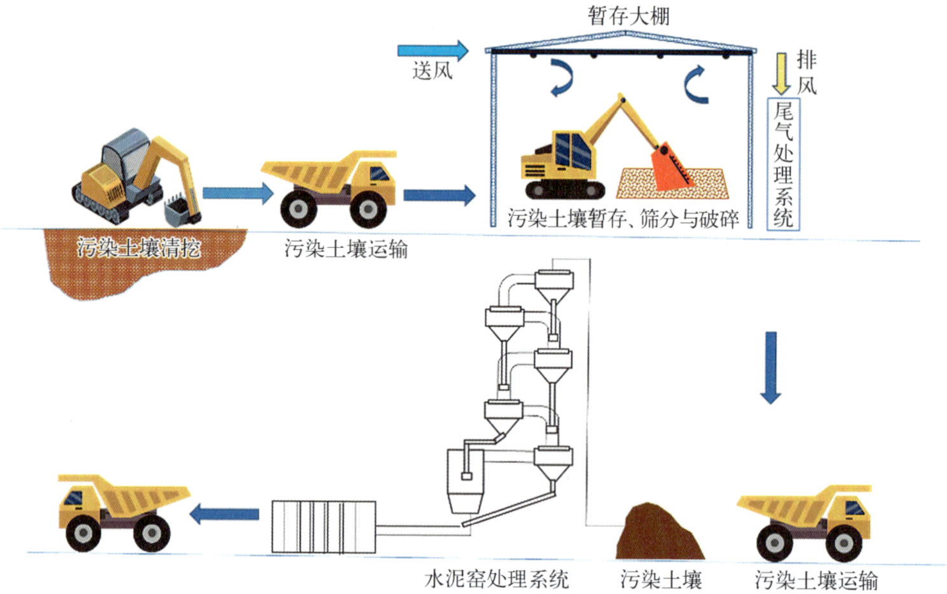

图 2－16　水泥窑修复示意

2.2.9　生物修复技术

生物修复技术是利用特定的生物吸收、转化、清除或降解污染土壤或地下水中污染物。在污染地块修复工程中，常用的生物修复技术有微生物修复和植物修复，使用不同的生物对污染介质进行修复时，其适用性、影响因素和受限条件不尽相同。

1. 微生物修复

微生物修复是指利用天然存在或所培养的功能微生物群，在适宜环境条件下，促进或强化微生物代谢功能，从而达到降低有毒污染物活性或将污染物降解成无毒物质的目的。常用的微生物修复技术有生物堆技术和原位生物通风技术，影响微生物修复效果的因素主要有土壤物理与化学性质、污染物的浓度、污染物的生物可降解性、土壤营养物质含量和土壤微生物数量等，微生物修复技术对土壤和地下水扰动较小，对环境的毒害较小、不会产生二次污染，运行费用低，但该技术对环境要求较高，修复周期较长，且不适宜高浓度污染土壤的修复。

2. 植物修复

植物修复是利用植物及其根际圈微生物体系的吸收、挥发和转化、降解的作用机理来清除环境中的污染物质。针对特定的污染物选择合适的植物是关键，应用于植物修复的植物应具备容易成活、根性发达、生长迅速、生物量大和污染物抗性强的特点，影响植物修复效果的因素主要有土壤物理与化学性质、污染物类型、污染物初始浓度、气候条件和植物品种等。植物修复有景观作用，能增强土壤肥力，成本低、易于操作，但该技术修复周期较长，受气候的影响较大，并且某个地块中的污染物往往以复合污染的形式出现，使得筛选高效的植物进行修复难以实现，限制了植物修复的广泛应用。

以下对污染地块修复工程技术的优缺点、影响因素和适用性进行了对比，详见表 2－3。

表 2－3　污染地块修复工程技术对比

技术名称	优　点	缺　点	影响因素	适用性
阻隔技术	可有效缩短治理修复周期，可阻隔污染并保护邻近区域	为非处理方式，设置费用高，有潜在渗漏及污染扩散风险	阻隔材料的性能、阻隔系统深度、土壤覆盖层厚度等	适用于土壤，可对重金属、有机物及重金属有机物复合污染土壤进行阻隔
可渗透反应墙技术	工艺简单，处理效率高，运行费用低，对地下水扰动小	存在二次污染风险，反应填料需要适时更换，反应材料阻塞失活会降低处理能力	地块地质情况、地下水化学特性、污染物类型及浓度、反应墙渗透系数、活性材料选择及其配比等	适用于地下水，可处理碳氢化合物、石油烃、氯代芳香烃、金属、非金属、硝酸盐、硫酸盐等物质

续 表

技术名称	优 点	缺 点	影响因素	适用性
固化/稳定化技术	费用低、修复时间短、易操作、适用范围较广	并未除去污染物,需长期管理,存在二次污染的风险,固化后的土壤难以再次利用	土壤物理与化学性质、污染物类型及浓度、胶凝材料和添加剂的种类及用量、土壤与药剂的混匀程度和养护条件等	适用于污染土壤,可处理污染土壤中重金属、半挥发性有机物和其他无机物的治理
化学氧化/还原技术	修复效果稳定、彻底、周期短,效率高	产生的中间产物可能造成二次污染,降低土壤肥力	土壤物理与化学性质、污染物类型与浓度、药剂种类及投加比、地下水位和养护条件等	适用于污染土壤和地下水,可处理石油烃、多环芳烃、含氯有机溶剂、多环芳烃、重金属类、氯代有机物
化学淋洗技术	具有稳定、快捷、修复效果好的特点	会破坏土壤理化性质,使大量土壤养分流失	土壤物理与化学性质、污染物类型与浓度、淋洗剂种类及添加比例、水土比等	适用于污染土壤,可处理多环芳烃、石油烃、重金属
多相抽提技术	高效、低成本和对环境危害小	对低渗透性土壤和非均质介质的处理效果不确定	污染物类型及浓度、污染区域地下基础情况、井头真空度、抽提速率、气液分离流量及温度、废水废气排放流量等	适用于污染土壤和地下水,可处理易挥发、易流动的非水相液体,如汽油、柴油、有机溶剂等
热解吸技术	处理范围宽、处理速率高,修复后土壤可再利用	设备投资成本高、设备适用性不强、运行费用昂贵等	土壤物理与化学性质、污染物类型与浓度、加热温度、停留时间、载气气氛和流速、污染物沸点范围等	适用于污染土壤,可处理汞和挥发及半挥发性有机污染物,如石油烃、农药、多氯联苯

续 表

技术名称	优点	缺点	影响因素	适用性
水泥窑修复技术	彻底分解有毒有害成分，排放有害气体较少，不易造成二次污染，成本较低	处置污染土壤能力和种类受水泥窑系统限制，且水泥窑系统处置能力和稳定性不高	土壤物理与化学性质、污染物质类型及浓度、污染土壤中氯氟硫元素含量、污染土壤添加量和水泥回转窑系统配置	适用于污染土壤，可处理有机污染物及重金属
生物修复技术	对土壤和地下水扰动较小，对环境的毒害较小、不会产生二次污染，运行费用低	对环境要求较高，修复周期较长，且不适宜对高浓度污染土壤的修复	土壤物理与化学性质、污染物类型、污染物初始浓度、气候条件、生物种类等	适用于污染土壤，可处理重金属以及有机污染物

第3章　环境监理概述

污染地块修复工程环境监理是受业主单位委托，根据有关环保法律法规、技术规范文件和环境监理合同等，对污染地块修复过程中各项生态环境保护要求的落实情况进行全过程监督管理，统筹处理好修复工程质量、二次污染防治、进度、投资、职业健康与安全生产各环节。

随着我国污染地块治理修复市场规模的快速发展，相关标准体系逐渐完善，环境监理在污染地块治理修复工程中的作用愈发重要。为保障污染地块科学地修复施工，加强对污染地块修复施工的管理，各地方政府因地制宜编制了相关的地方规范性文件，如北京、上海、广东、江苏、重庆等地结合污染地块修复工程环境管理要求，陆续出台了一些地方性环境监理技术导则或规范。这些导则和规范的出台提高了各地区污染地块修复工程环境监理工作的专业性和规范性，但缺乏统一的规范流程，导致不同地区污染地块修复工程的环境监理工作开展效果差异明显。为帮助环境监理单位以及相关从事污染地块环境监理人员更科学、专业、规范地开展现场环境监理工作，本章从污染地块修复工程环境监理的基本原则、工作职责、工作依据、工作程序、工作内容、工作方法和工作制度等方面，对污染地块治理修复工程环境监理进行详细介绍。

3.1　环境监理基本原则

环境监理单位受业主单位委托，对污染地块修复工程实施环境监理时，应遵循以下原则：

（1）科学性原则　采用科学的方法，综合考虑污染地块修复工程施工准备阶段、工程实施阶段和效果评估阶段的环境监理需求，以科学的态度开展修复工程的全过程环境监理。

（2）公正性原则　修复工程的全过程环境监理必须坚持保护环境的原则，时刻牢记作为业主单位在修复工程环境保护方面的代表，应公平、公正、客观，秉持良好的职业操守，按环境标准和技术要求开展工作。

（3）适时性原则　鉴于修复工程实施过程中受各种因素影响，可能导致实施方案、施工时序、施工设计的变更，环境监理单位应根据工作需要，适时调整环境监理相关工作内容。

3.2　环境监理工作职责

环境监理单位依据有关环境保护法律法规、技术规范和合同等，监督、协助、指导业主单位、施工单位全面落实修复工程施工过程中的环境保护措施、风险防范措施以及受工程影响的外部环境保护等相关事项，并开展专业化环境保护咨询和技术服务。环境监理单位在环境监理合同签订后，应结合修复工程特点、规模、技术复杂程度、地块环境以及环境保护要求等因素综合考虑并确定项目环境监理机构的组织形式、人员构成，并将环境监理机构人员及对环境监理总监的任命书面通知业主单位。环境监理单位派驻监理机构的环境监理人员应包括环境监理总监、环境监理工程师和环境监理员，且专业配套，数量满足修复工程项目环境监理工作的需要，必要时可设环境监理总监代表。当环境监理总监需要调整时，环境监理单位应征得业主单位同意；当环境监理工程师需要调整时，环境监理总监应书面通知业主单位和施工单位。修复工程现场环境监理工作全部完成或环境监理合同终止时，环境监理机构可撤离工程现场。环境监理机构人员应按以下规定履行工作职责。

1. 环境监理总监职责

环境监理总监由环境监理单位法定代表人书面任命，负责履行修复工程环境监理合同、主持项目环境监理机构工作。环境监理总监职责如下：

（1）确定环境监理机构人员及其岗位职责；

（2）组织编制环境监理方案，审批环境监理实施细则；

（3）根据修复工程进展及环境监理工作情况调配环境监理人员，检查环境监理人员工作；

（4）组织召开环境监理例会，签发环境监理机构的相关文件和指令；

（5）组织审核施工单位提交的开工报审、施工组织设计（方案）、进度计划等文件；

（6）组织检查修复施工单位环境保护管理体系的建立及运行情况；

（7）组织审核和处理修复工程变更；

（8）审核修复施工单位的效果评估申请，参与修复工程效果评估；

（9）参加或配合环境污染事故的调查和处理；

（10）组织编写环境监理定期报告、阶段报告、专题报告和环境监理总结报告；

（11）组织整理修复工程的环境监理资料。

2. 环境监理技术审核人职责

经环境监理单位法定代表人同意，环境监理技术审核人负责污染地块修复工程中环境监理技术文件审核及环境监理人员培训工作。环境监理技术审核人职责如下：

（1）负责修复工程中环境监理技术文件的审核；

（2）负责环境监理人员的技术培训；

（3）现场检查环境监理项目部工作；

（4）负责协调施工中出现的技术性问题；

（5）审核环境监理定期报告、阶段报告、专题报告和环境监理总结报告。

3. 环境监理工程师职责

环境监理工程师由环境监理总监授权，负责实施修复工程的环境监理工作，有相应环境监理文件签发权。环境监理工程师职责如下：

（1）在环境监理总监领导下，执行具体环境监理任务；

（2）参与编制环境监理方案，负责编制环境监理实施细则；

（3）负责环境监理工作的具体实施；

（4）审查施工单位提交的涉及修复工程的计划、方案、申请，并向环境监理总监报告；

（5）定期向环境监理总监提交环境监理实施情况报告，对重大问题及时向环境监理总监汇报和请示；

(6) 根据环境监理工作实施情况做好环境监理日志;

(7) 负责环境监理资料的收集、汇总及整理,参与编写环境监理定期报告、阶段报告、专题报告和环境监理总结报告。

4. 环境监理员职责

环境监理员应具有土壤污染状况调查与风险评估、土壤及地下水修复、修复工程环境监理、修复效果评估等相关从业经验。环境监理员也可由环境监理工程师担任。环境监理员职责如下:

(1) 在环境监理工程师的指导下开展现场环境监理工作;

(2) 检查施工单位投入修复工程的人力、材料、主要设备及其使用运行情况,并做好检查记录;

(3) 复核或从施工现场直接获取修复工程计量的有关数据并签署原始凭证;

(4) 对施工单位的修复工程工艺过程或施工工序进行检查和记录;

(5) 担任旁站工作,发现问题及时指出并向环境监理工程师报告;

(6) 做好有关环境监理记录。

3.3　环境监理工作依据

1. 法律法规

《中华人民共和国环境保护法》(自 2015 年 1 月 1 日起施行)

《中华人民共和国水法》(2016 年 7 月 2 日第二次修正)

《中华人民共和国水污染防治法》(2017 年 6 月 27 日第二次修正)

《中华人民共和国大气污染防治法》(2018 年 10 月 26 日第二次修正)

《中华人民共和国噪声污染防治法》(自 2022 年 6 月 5 日起施行)

《中华人民共和国固体废物污染环境防治法》(自 2020 年 9 月 1 日起施行)

《中华人民共和国土壤污染防治法》(自 2019 年 1 月 1 日起施行)

《中华人民共和国土地管理法》(2019 年 8 月 26 日第三次修正)

《中华人民共和国安全生产法》(自 2021 年 9 月 1 日起施行)

《土壤污染防治行动计划》(国发〔2016〕31 号)

《农用地土壤环境管理办法(试行)》(自 2017 年 11 月 1 日起施行)

《工矿用地土壤环境管理办法(试行)》(自2018年8月1日起施行)

《污染地块土壤环境管理办法(试行)》(自2017年7月1日起施行)

《国家危险废物名录(2021年版)》(自2021年1月1日起施行)

《中华人民共和国土地管理法实施条例》(自2021年9月1日起施行)

《建设用地土壤污染风险管控和修复从业单位和个人执业情况信用记录管理办法(试行)》(环土壤〔2021〕53号)

《建设用地土壤污染责任人认定暂行办法》(环土壤〔2021〕12号)

《农用地土壤污染责任人认定暂行办法》(环土壤〔2021〕13号)

《地下水管理条例》(自2021年12月1日起施行)

《危险化学品安全管理条例》(2013年12月7日第二次修正)

《城镇排水与污水处理条例》(自2014年1月1日起施行)

《关于全面加强生态环境保护坚决打好污染防治攻坚战的意见》(自2018年6月16日起实施)

《关于保障工业企业场地再开发利用环境安全的通知》(环发〔2012〕140号)

《关于加强工业企业关停、搬迁及原址场地再开发利用过程中污染防治工作的通知》(环发〔2014〕66号)

《上海市环境保护条例》(2021年11月25日第六次修正)

《上海市建设工程文明施工管理规定》(自2019年12月1日起施行)

《上海市排水与污水处理条例》(自2020年5月1日起施行)

《上海市大气污染防治条例》(2018年12月20日第二次修正)

《上海市生活垃圾管理条例》(自2019年7月1日起施行)

《上海市建筑工地生活垃圾分类导则》(自2019年7月1日起施行)

《关于保障工业企业及市政场地再开发利用环境安全的管理办法》(沪环保防〔2014〕188号)

《上海市环境保护局关于加强污染地块环境保护监督管理的通知》(沪环保防〔2017〕311号)

《上海市生态环境局关于印发〈上海市建设用地土壤污染状况调查、风险评估、风险管控与修复方案编制、风险管控与修复效果评估工作的补充规定(试行)〉的通知》(沪环土〔2020〕62号)

《上海市生态环境局关于加强建设用地土壤污染调查报告评审及修复方案备案管理工作的通知》(沪环土〔2020〕232 号)

《上海市生态环境局关于印发〈上海市非道路移动机械申报登记和标志管理办法〉的通知》(沪环规〔2021〕3 号)

《上海市生态环境局、上海市规划和自然资源局关于印发〈上海市建设用地土壤污染状况调查、风险评估、风险管控和修复、效果评估等工作的若干规定〉的通知》(沪环规〔2021〕4 号)

《关于印发〈上海市建设用地土壤污染风险管控和修复施工过程环境管理技术要求(试行)〉的通知》(沪环土〔2021〕166 号)

2. 标准规范

《工业企业场地环境调查评估与修复工作指南(试行)》(环保部〔2014〕78 号)

《污染地块修复工程环境监理技术指南》(T/CAEPI 22 - 2019)

《建设工程监理规范》(GB 50319 - 2013)

《上海市污染场地修复工程环境监理技术规范(试行)》(2015 年 6 月)

《建设用地土壤污染状况调查技术导则》(HJ 25.1 - 2019)

《建设用地土壤污染风险管控和修复监测技术导则》(HJ 25.2 - 2019)

《建设用地土壤污染风险评估技术导则》(HJ 25.3 - 2019)

《建设用地土壤修复技术导则》(HJ 25.4 - 2019)

《污染地块风险管控与土壤修复效果评估技术导则(试行)》(HJ 25.5 - 2018)

《污染地块地下水修复和风险管控技术导则》(HJ 25.6 - 2019)

《建设用地土壤污染风险管控和修复术语》(HJ 682 - 2019)

《建设用地土壤污染状况调查、风险评估、风险管控及修复效果评估报告评审指南》(环办土壤〔2019〕63 号)

《上海市建设用地地块土壤污染调查评估、风险管控和修复工作指南(试行)》(沪环土〔2019〕144 号)

《土壤环境监测技术规范》(HJ/T 166 - 2004)

《地下水环境监测技术规范》(HJ/T 164 - 2020)

《污水监测技术规范》(HJ 91.1 - 2019)

《大气污染物无组织排放监测技术导则》(HJ/T 55 - 2000)

《固定污染源排气中颗粒物测定与气态污染物采样方法》(GB/T 16157－1996)

《固定源废气监测技术规范》(HJ/T 397－2007)

《环境空气质量手工监测技术规范》(HJ/T 194－2005)

《恶臭污染环境监测技术规范》(HJ 905－2017)

《功能区声环境质量自动监测技术规范(HJ 906－2017)》

《环境噪声自动监测系统技术要求》(HJ 907－2017)

《环境噪声监测技术规范 城市声环境常规监测(HJ 640－2012)》

《环境噪声监测技术规范 噪声测量值修正(HJ 706－2014)》

《环境噪声与振动控制工程技术导则》(HJ 2034－2013)

《生活垃圾卫生填埋场防渗系统工程技术规范》(CJJ 113－2007)

《环境保护图形标志——排放口(源)》(GB 15562.1－1995)

《环境保护图形标志 固体废物贮存(处置)场》(GB 15562.2－1995)

《建筑施工安全技术统一规范》(GB 50870－2013)

《个体防护装备选用规范》(GB/T 11651－2008)

《个体防护装备配备基本要求》(GB/T 29510－2013)

《安全标志及其使用导则》(GB 2894－2008)

《消防安全标志 第1部分：标志》(GB 13495.1－2015)

《建筑灭火器配置设计规范》(GB 50140－2005)

《建筑设计防火规范》(GB 50016－2014)

《化学品作业场所安全警示标志规范》(AQ 3047－2013)

《污水综合排放标准》(GB 8978－1996)

《上海市污水综合排放标准》(DB 31/199－2018)

《污水排入城镇下水道水质标准》(GB/T 31962－2015)

《地表水环境质量标准》(GB 3838－2002)

《地下水质量标准》(GB/T 14848－2017)

《大气污染物综合排放标准》(GB 16297－1996)

《上海市大气污染物综合排放标准》(DB 31/933－2015)

《环境空气质量标准》(GB 3095－2012)

《室内空气质量标准》(GB/T 18883－2002)

《恶臭污染物排放标准》(GB 14554－93)

《上海市恶臭(异味)污染物排放标准》(DB 31/1025－2016)

《中华人民共和国声环境质量标准》(GB 3096－2008)

《建筑施工场界环境噪声排放标准》(GB 12523－2011)

《土壤环境质量 建设用地土壤污染风险管控标准(试行)》(GB 36600－2018)

《土壤环境质量 农用地土壤污染风险管控标准(试行)》(GB 15618－2018)

《固体废物鉴别标准 通则》(GB 34330－2017)

《危险废物贮存污染控制标准》(GB 18597－2023)

《危险废物填埋污染控制标准》(GB 18598－2019)

《一般工业固体废物贮存和填埋污染控制标准》(GB 18599－2020)

《一般固体废物分类与代码》(GB/T 39198－2020)

《土工合成材料短纤针刺非织造土工布》(GB/T 17638－2017)

《土工合成材料长丝纺粘针刺非织造土工布》(GB/T 17639－2008)

《土工合成材料非织造布复合土工膜》(GB/T 17642－2008)

《土工合成材料聚乙烯土工膜》(GB/T 17643－2011)

《土工合成材料应用技术规范》(GB/T 50290－2014)

《混凝土强度检验评定标准》(GB/T 50107－2010)

《混凝土结构工程施工质量验收规范》(GB 50204－2015)

《普通混凝土长期性能和耐久性能试验方法标准》(GB/T 50082－2009)

《混凝土耐久性检验评定标准》(JGJ/T 193－2009)

《混凝土物理力学性能试验方法标准》(GB/T 50081－2019)

3.4 环境监理工作程序

污染地块修复工程环境监理工作程序包括施工准备阶段环境监理、施工阶段环境监理和效果评估阶段环境监理。本节对修复工程实施过程中涉及的关键工作节点编制相应工作流程，具体包括：总体工作流程、施工组织设计(方案)审核工作流程、开工申请工作流程、停工/复工处理工作流程、整改处理工作流程、修复材料报备工作流程、工程变更工作流程、突发环境污染事件处理流程。

1. 总体工作流程

污染地块修复工程环境监理总体工作流程如图 3－1 所示。

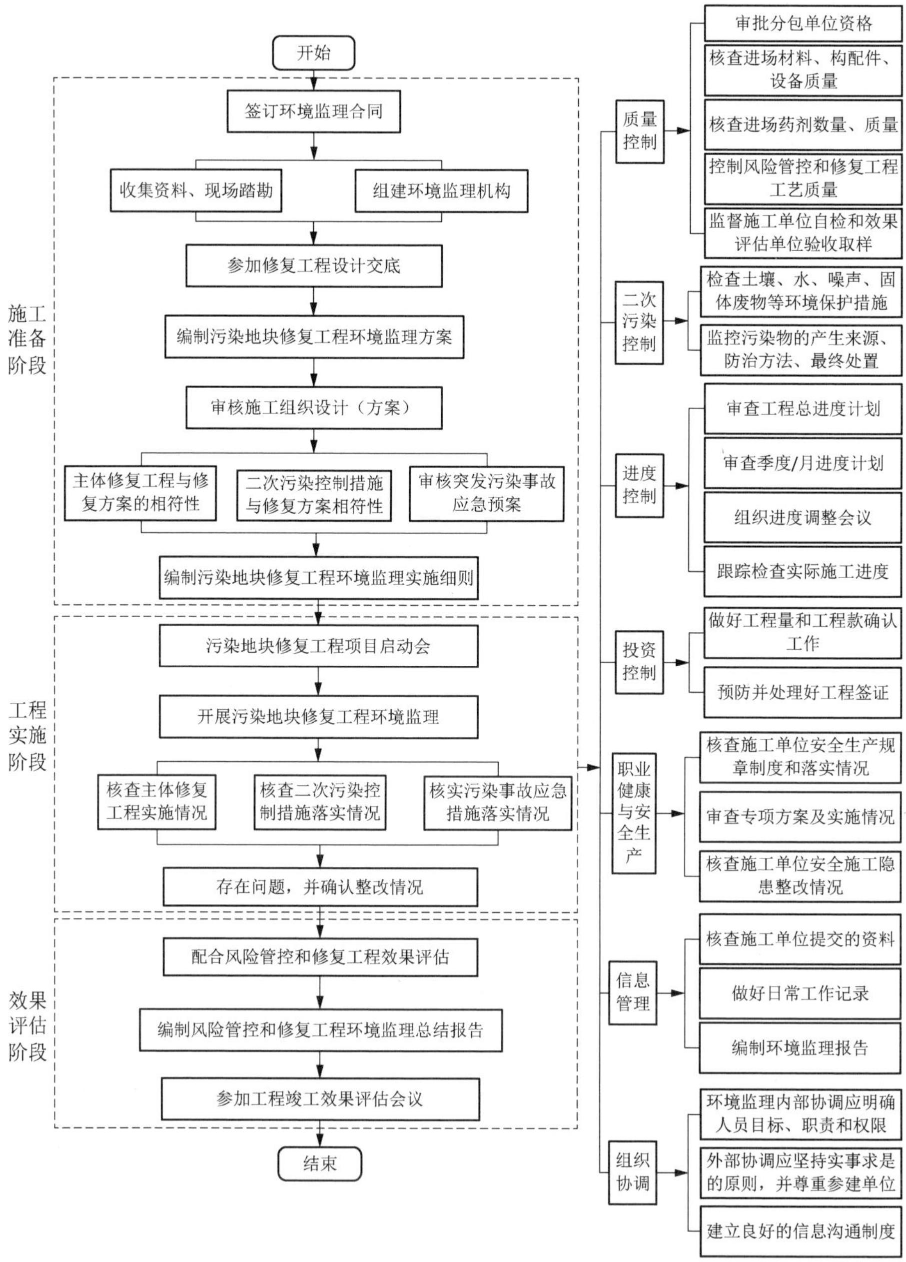

图 3－1　环境监理总体工作流程

环境监理工作总体流程关键点如下：

(1) 环境监理单位对污染地块现场进行踏勘,并收集相关技术资料和管理类资料,在与业主单位签订环境监理合同后,组建环境监理机构,确定环境监理组织形式和人员。

(2) 编制环境监理实施细则,布置环境监理工作,在修复方案分析和施工组织设计审核的基础上,明确环境监理要点、确定环境监理方法、建立环境监理制度、制定具体实施细则以及其他具体事项。

(3) 在上述工作基础上,在施工单位进场当天,安排环境监理人员进驻现场开展环境监理工作。

(4) 现场环境监理工作主要包括对主体修复工程、二次污染控制措施和污染事故应急措施的监督和检查。

(5) 环境监理工作任务主要为协助业主单位开展修复工程的质量控制、进度控制、造价控制和信息管理等。

(6) 对环境监理过程中发现的问题向施工单位提出整改要求,并监督施工单位的整改工作。

(7) 在上述工作基础上,在修复工程完成后,编制环境监理总结报告。

(8) 参加污染地块修复工程竣工评审。

2. 施工组织设计(方案)审核工作流程

施工组织设计(方案)审核工作流程如图3-2所示。

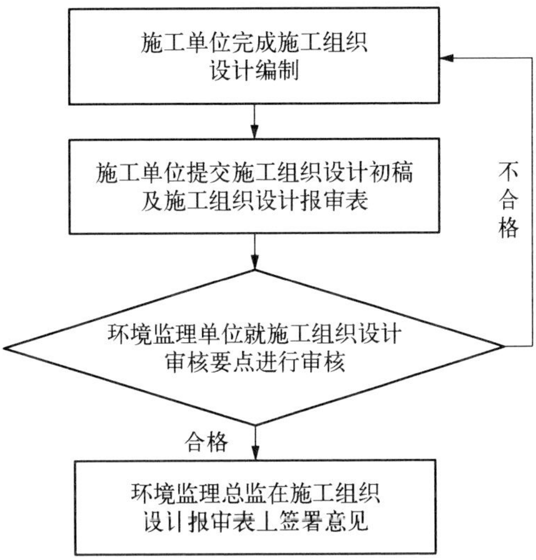

图3-2　施工组织设计(方案)审核工作流程

3. 开工申请工作流程

开工申请工作流程如图3-3所示。

4. 停工/复工处理工作流程

停工/复工处理工作流程如图3-4所示。

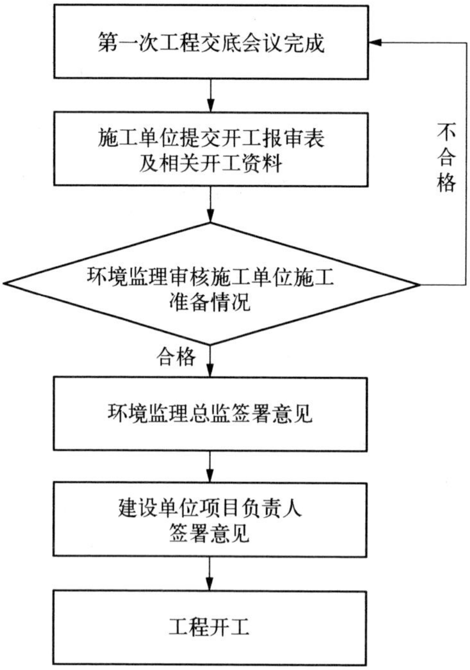

图 3-3　开工申请工作流程

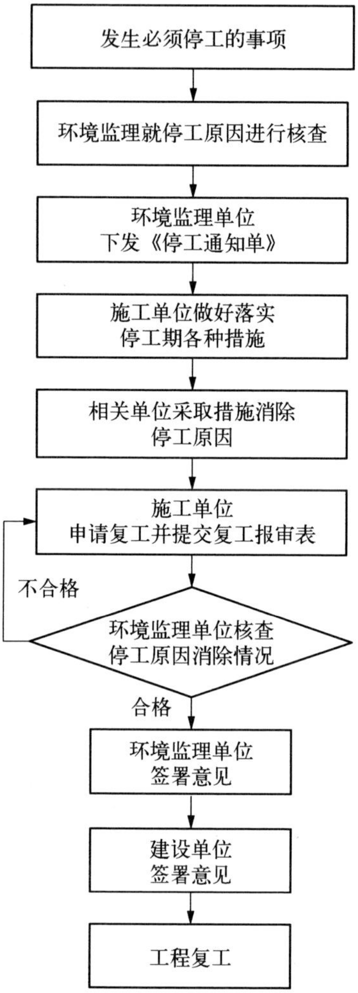

图 3-4　停工/复工处理工作流程

5. 整改处理工作流程

整改处理工作流程如图 3-5 所示。

6. 修复材料报备申请工作流程

修复材料报备申请工作流程如图 3-6 所示。

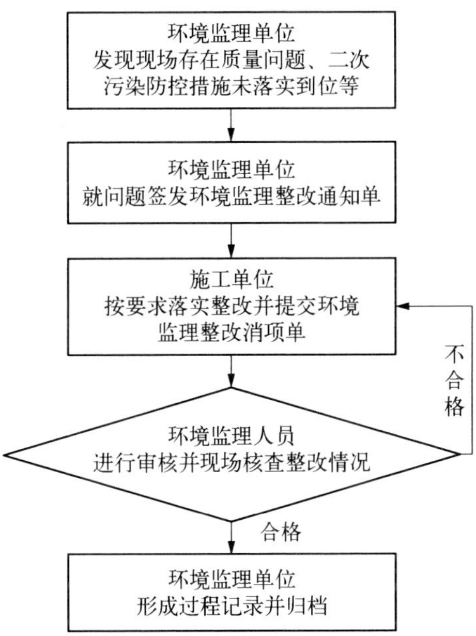

图 3-5　整改处理工作流程

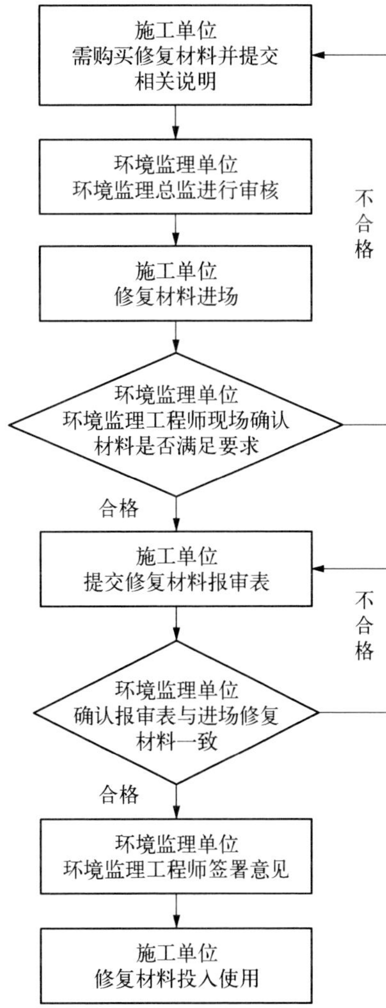

图 3-6　修复材料报备申请工作流程

7. 工程变更工作流程

工程变更工作流程如图 3-7 所示。

8. 突发环境污染事件处理工作流程

突发环境污染事件处理工作流程如图 3-8 所示。

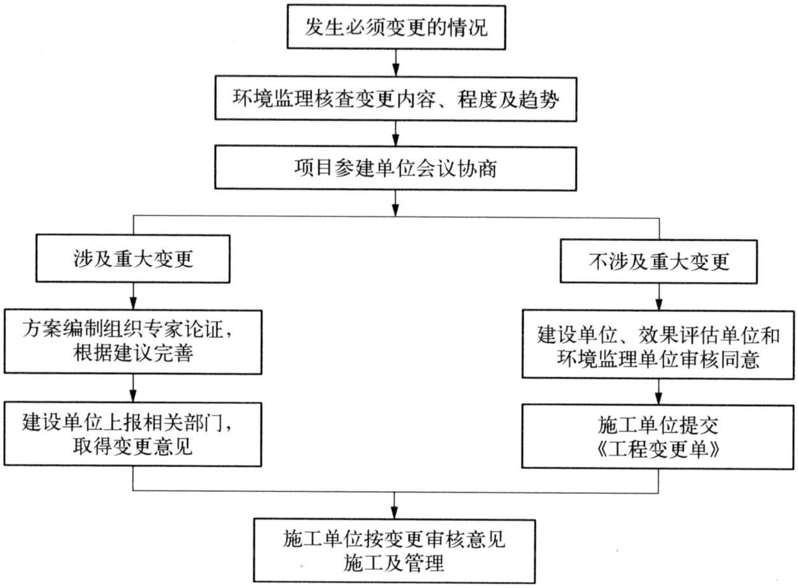

图 3－7　工程变更工作流程

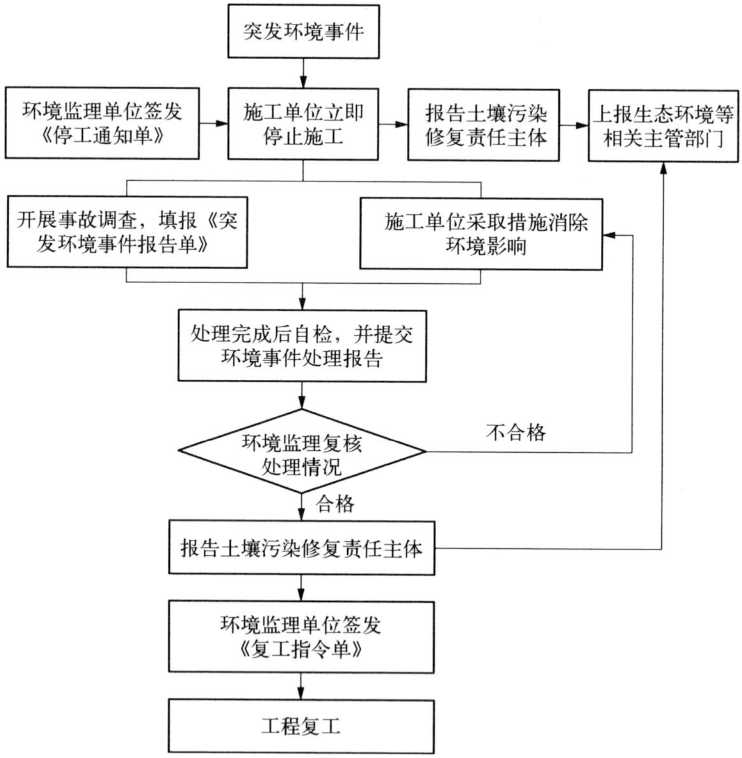

图 3－8　突发环境污染事件处理工作流程

3.5 环境监理工作内容

污染地块修复工程环境监理工作内容主要涵盖施工准备阶段、工程实施阶段、效果评估阶段。

1. 施工准备阶段环境监理

(1) 收集资料

环境监理需收集的资料包括但不限于以下内容：① 管理部门针对污染地块修复工作的相关批复文件；② 污染地块调查报告、风险评估报告、修复技术方案和施工组织设计(方案)等技术文件；③ 相关法律法规、技术规范和相关招标文件及合同等。

(2) 现场踏勘

环境监理总监应组织现场踏勘工作，结合污染地块调查报告、风险评估报告和修复技术方案了解修复工程重难点及施工条件，关注修复工程周边环境敏感因素。

(3) 编制环境监理方案

环境监理单位应依据相关法律法规、修复技术方案、施工组织设计(方案)等技术资料，结合修复工程实际情况，基于可行性、可操作性和规范性，编制环境监理方案。

(4) 审核施工组织设计(方案)

对施工组织设计(方案)进行审核时，应重点审核以下信息：① 资料的完整性及与国家相关法律法规、标准规范的相符性；② 修复工程规模、修复范围、总平面布置、施工工艺、修复设备和配套的二次污染防控措施与修复方案的相符性；③ 环境污染事故应急预案与修复技术方案以及修复工程特点的相符性。

(5) 编制环境监理实施细则

环境监理单位根据环境监理方案的要求，结合修复工程特点，编制污染地块修复工程环境监理实施细则。

2. 工程实施阶段环境监理

在污染地块修复工程项目启动会完成后，开展污染地块修复工程环境监理工作，主要包括核查主体修复工程实施情况、核查二次污染控制措施落实情况及核实污染事故应急措施落实情况等方面，具体工作内容如下：

（1）根据修复技术方案和施工组织设计（方案）检查施工单位的现场放样工作，核实放样范围是否符合修复技术方案和施工组织设计（方案）中确定的修复范围要求。

（2）核实确认修复工程实施场地平面布置。

（3）核实环境敏感区域与主体修复工程位置关系。

（4）检查土壤和废水分类暂存情况，重点检查污染土壤和废水的分类是否符合修复技术方案和施工组织设计要求。

（5）核查修复工程材料和设备，重点检查其质量和数量是否符合修复方案和施工组织设计要求。

（6）对施工工地进行日常巡查，对主体修复工程与修复技术方案的相符性及各项工艺的落实情况进行监督，对修复工程的各个关键环节进行检查。

（7）检查二次污染防治措施落实情况，重点关注开挖施工过程中开挖区域周边环境空气质量监测和噪声监测，以及废水收集和处理。

（8）监督土壤运输环节二次污染防治措施落实情况，应核查污染土壤运输过程中的封闭措施。

（9）检查土壤暂存及预处理设施建设是否符合环保相关要求，重点核查三防（防扬尘、防流失、防渗漏）、密闭措施和废水收集措施等是否到位。

（10）跟踪监督土壤暂存及预处理实施情况，核查土壤分类堆放情况。

（11）检查修复药剂质量和数量是否符合修复方案和施工组织设计方案要求，例如添加的种类、顺序、比例和方式等。

（12）跟踪监督修复技术方案和施工组织设计方案相关要求的实施情况，包括修复流程、主要环节、工艺参数等。

（13）跟踪监督施工单位自检过程，监督施工单位手持 XRF 辅助判断重金属土壤的修复效果。

（14）监督修复后土壤和地下水的处置过程。在土壤或地下水用于场内时，应重点检查处置位置和处置方法是否符合修复技术方案和施工组织设计

(方案)的要求;在涉及土壤外运或地下水纳管排放时,应重点监督土壤外运地点、处置方法或地下水的排放口位置等是否符合修复技术方案和施工组织设计(方案)的要求。

(15) 协助主管部门和业主单位处理突发环保事件。

(16) 编写环境监理日志,建立、保管环境保护监理资料档案。

(17) 审查事故应急设施与措施的落实情况。

(18) 协助业主单位落实修复技术方案中的效果评估计划,跟踪环境监测结果等。

3. 效果评估阶段环境监理

(1) 监督落实环境保护措施

与效果评估单位保持充分沟通,配合其做好修复工程的效果评估监测工作,并监督指导效果评估单位全面落实效果评估中各项环境保护措施。

(2) 编制环境监理总结报告

环境监理单位应就环境监理工作内容和情况进行总结,并编制污染场地修复工程环境监理总结报告。

(3) 配合效果评估评审工作

配合第三方修复效果评估单位开展修复工程效果评估,并提供环境监理总结报告等相关资料。

3.6　环境监理工作方法

1. 核查

依据环境监理实施细则、修复技术方案、施工组织设计(方案),在修复工程各个阶段对工程的实施及二次污染控制措施的落实情况进行核实和检查。一般包括但不限于以下几点:

(1) 核查施工工序、施工工艺、施工材料与修复技术方案的相符性;

(2) 核查现场扬尘、废水、固废等二次污染控制措施落实情况;

(3) 检查现场存在的安全事故隐患并核查施工单位落实情况;

(4) 核查现场施工安全防护措施落实情况。

2. 巡视

环境监理应按照一定频次对修复现场开展巡视检查,巡视检查频次由修复施工的不同阶段具体情况而定,掌握工程实际情况和进度,指导各项环保措施的落实;针对工程符合性、二次污染控制等方面现场查找问题、提出建议,并做好现场巡视记录。

3. 旁站

环境监理机构对修复工程的关键部位或关键工序的施工质量进行的监督活动,对关键部位和关键工序的旁站直接关系到风险管控和修复工程的整体质量,通过旁站的方式,能够及时发现关键部位或关键工序存在的问题,并采取相关措施,确保施工质量正常。

4. 环境监理会议

环境监理机构定期或不定期召开的环境监理会议,包括环境监理例会、专题会议和现场协调会等。会议由环境监理总监或由其授权的环境监理工程师主持,修复工程相关单位派员参加。

5. 培训

环境监理机构对环境监理内部人员和修复工程实施单位相关人员进行的污染地块修复工程专业知识及技能培训。

6. 记录

通过文字、数据、图表、照片、视频等方式记录现场工作情况,相关记录文件包括环境监理日志、环境监理巡视记录、环境监理旁站记录、监测记录及其他环境监理记录文件。

7. 文件

环境监理机构采用环境监理联系单、环境监理整改通知单、环境监理停工通知单以及返工或复工指令单等文件形式进行主体工程实施情况和二次污染控制措施落实情况的管理。

8. 跟踪检查

在巡视和旁站过程中发现的问题,以环境监理联系单建议修复施工单位进行整改,在完成相关环保问题的整改后,环境监理单位应对相应问题的整改情况进行跟踪检查。

9. 环境监测

环境监测内容包括污染物排放达标情况监督监测、修复工程重点施工环节环境质量监测和修复后土壤或地下水跟踪监测等。环境监理单位可通过便携式环境监测仪器(如便携式重金属检测仪 XRF、便携式挥发气体检测仪 PID、便携式火焰离子化检测仪 FID、噪声监测仪和常规水质监测仪等)进行现场快速检测,必要时委托具有相关资质的第三方机构开展实验室检测,观察、分析具体的污染数据,判断基坑开挖效果、现场二次污染控制效果等是否满足修复技术方案和施工组织设计(方案)等要求,辅助环境监理工作。

10. 报告

报告包括环境监理定期报告、环境监理专题报告、环境监理阶段报告和环境监理总结报告等。

3.7 环境监理工作制度

1. 工作记录制度

环境监理记录是修复工程信息汇总的重要渠道,是项目环境监理机构做出决定的重要基础性资料。其内容主要包括环境监理日志、巡视和旁站记录、会议记录以及监测记录等,记录形式包括文字、数据、图表和影像等。

2. 文件审核制度

环境监理单位对施工单位编制的施工组织设计和专项施工方案等进行审核,审核内容一般包括但不限于以下几点:

(1) 施工单位的审批手续和申报程序是否符合要求;

(2) 主体修复工程施工程序与顺序是否符合修复方案要求,采取的施工方法是否合理可行,质量保证措施是否可靠;

(3) 施工单位二次污染控制环节和要点识别是否准确,控制措施是否合理,修复工程环境污染事故应急预案是否明确;

(4) 工程进度安排是否符合施工合同规定的开工、竣工日期;

(5) 工程计划能否保证施工的连续性和均衡性;

(6) 施工单位的环境管理保证体系是否健全;

（7）环境保护文明施工保证措施是否安排齐备；

（8）季节性或专项施工方案可行性、合理性和先进性；

（9）其他必要的内容。

3. 报告制度

环境监理单位应结合会议制度和工作记录制度实施环境监理报告制度。环境监理报告包括定期报告、专题报告、阶段报告和总结报告。

4. 函件往来制度

环境监理工程师在施工现场检查过程中发现的问题，将通过下发工程联系单等形式，通知业主单位、施工单位采取纠正或处理措施。环境监理工程师对施工方某些方面的规定或要求，必须通过书面形式通知。情况紧急需口头通知时，随后必须以书面函件形式予以确认。业主单位及施工方对施工现场问题处理结果的答复以及其他方面的问题，应致函环境监理机构。

5. 会议制度

（1）污染地块修复工程项目启动会

在项目全面实施前举行污染地块修复工程项目启动会，明确各工程相关单位职责，建立沟通网络；环境监理单位介绍环境监理计划、程序和相关要求，并介绍环境监理组织结构、人员和工作职责。环境监理机构人员应全部参加。

（2）工程例会

在本修复工程施工过程中，环境监理总监将每周主持召开修复工程例会，并由环境监理机构负责起草会议纪要。

（3）专题会议

环境监理总监或环境监理工程师应根据需要及时组织专题会议，如环境污染事故专题会议、月工作计划总结会、二次污染控制专项会议等。

（4）现场协调会

环境监理总监或环境监理工程师可根据修复工程情况不定期召开不同层次的施工现场协调会。会议对具体施工活动进行协调和落实，对发现的问题及时予以纠正。

6. 文件管理制度

修复工程环境监理机构的环境监理资料由环境监理总监负责管理，并指定专人具体实施。环境监理资料须及时整理、真实完整、分类有序，在各阶段环境监理工作结束后要及时整理归档，要向业主单位提交真实完整的修复工程环境监理资料及技术档案资料。

7. 人员培训制度

环境监理单位从业人员应定期参加建设用地土壤污染修复相关技术培训，以提高专业素质。项目实施过程中，环境监理单位应对业主单位管理人员和施工单位人员开展土壤污染修复相关培训和宣传教育，统一环保认识、提高环保意识。

8. 质量保证制度

为保证修复工程环境监理的工作质量，环境监理单位应严格按照国家和地方有关规定、环境监理方案及实施细则开展工作，详细记录修复工程环境监理期间发生的各种情况，环境监理相关报告应执行内部多级审核制度。

第二篇　污染地块修复工程环境监理控制篇

第4章 质量控制

污染地块风险管控和修复工程质量控制的中心任务是要通过建立健全有效的质量保证体系来确保风险管控和修复工程质量达到合同规定的标准和等级要求,环境监理单位应基于施工质量控制的依据和工作程序,抓好施工质量控制工作。污染地块风险管控和修复工程环境监理质量控制主要包括施工准备阶段环境监理质量控制、工程实施阶段环境监理质量控制和效果评估阶段环境监理质量控制。

(1) 为保证风险管控和修复工程施工质量,应进行全过程、全方位的质量监督、检查与控制,包括事前的各项施工准备工作质量控制、施工过程中的质量控制,以及整个项目完成后对工程施工质量的事后控制。

(2) 建立和完善风险管控和修复工程质量保证体系,做到开工有报告,施工有措施,技术有交底,定位有复查,材料、设备有试验报告,隐蔽工程有记录,质量有自检、专检,交工有资料。

(3) 环境监理单位对污染地块风险管控和修复工程开展阶段性质量控制,主要包括对风险管控质量控制、清挖后基坑达标质量控制、污染土壤修复达标质量控制、修复后土壤处置质量控制、污染地下水修复达标质量控制、修复后地下水处置质量控制等,这些也是污染地块风险管控和修复工程环境监理工作重点关注的内容。未达到土壤与地下水污染风险评估报告确定的风险管控、修复目标的建设用地地块,禁止开工建设任何与风险管控、修复无关的项目。

污染地块风险管控和修复工程质量控制工作流程如图 4-1 所示。

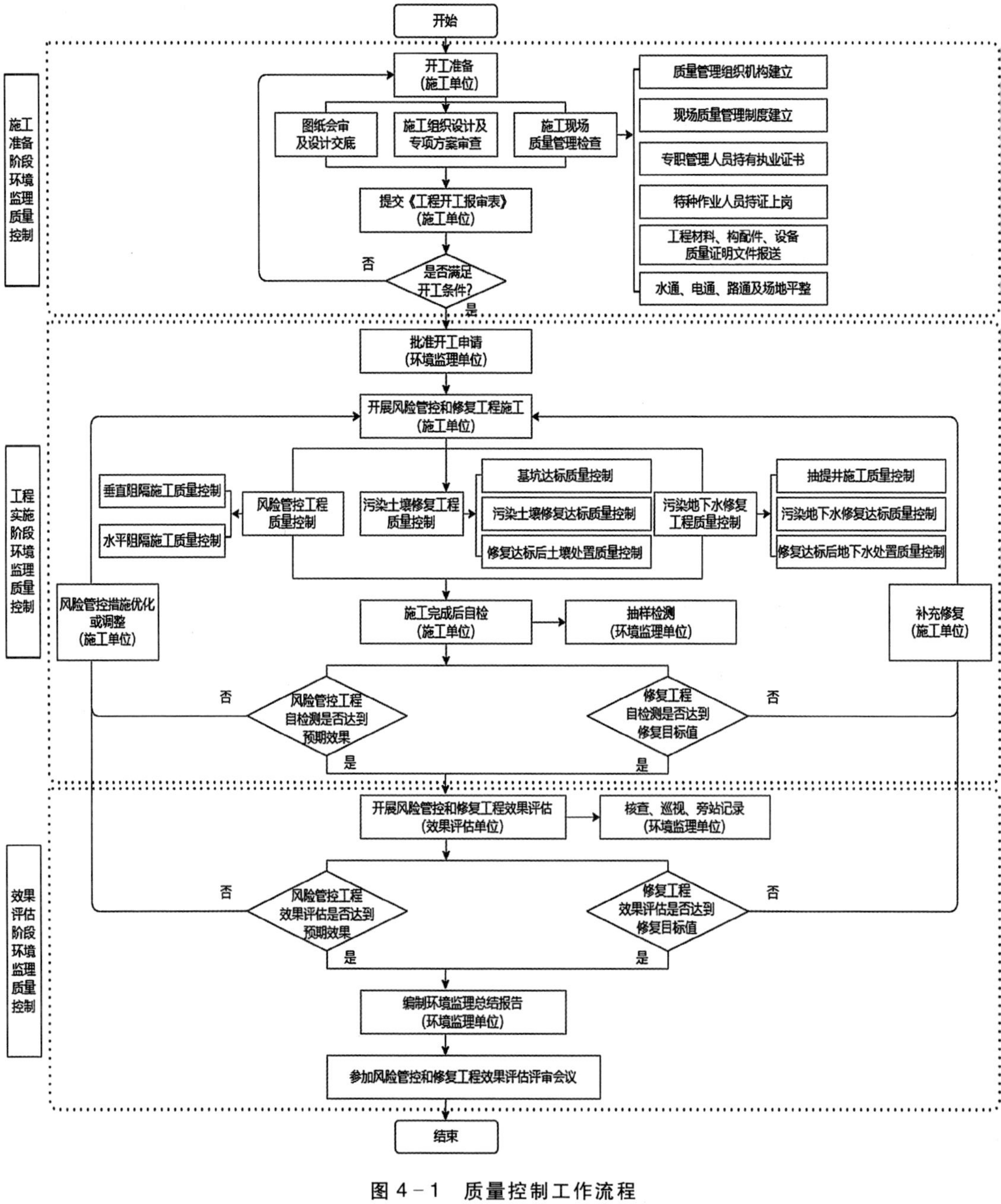

图 4－1 质量控制工作流程

4.1 施工准备阶段环境监理质量控制

施工准备阶段质量控制环境监理，主要是通过审核《工程材料、构配件或设备报审表》《药剂备案表》等相关报审资料（详见附件），以及进行现场检查与试验这两条途径来实现的，重点做好图纸会审与设计交底、施工组织设计的审查、专项施工方案的审查、施工现场质量管理检查等内容。

（1）审查施工单位资质证明文件，包括资质等级、技术能力和管理水平，控制其施工质量。

（2）进行图纸会审与设计交底，更加全面细致地熟悉工程关键部位的质量要求，重点关注有关设计变更、图纸变更等内容，确保设计及施工图纸的质量。

（3）依据招标文件及施工合同，审核施工组织设计及专项施工方案等相关文件，使工程施工质量有可靠的技术保障。

（4）检查施工现场质量管理。环境监理单位应审查施工单位现场的质量管理组织机构、现场质量管理制度和管理人员、特种作业人员的资格。

（5）审查施工单位提交的各种原材料、成品、半成品和构配件质量证明文件，包括出厂合格证、质量检验或试验报告等，确保工程质量有可靠的物质基础。

（6）检查施工现场是否满足开工条件，包括水通、路通、电通及场地平整等。

施工准备阶段质量控制环境监理关键环节包括水通、路通、电通及场地平整情况落实、防渗措施落实等。

1. 水通、路通、电通及场地平整情况落实

工程开工前，依据建设单位提供的场区《工程地质勘查报告》及地下管线资料及相关设计文件要求，进行水通、路通、电通及场地平整（图 4－2），关注现场地下管线布置情况。施工中如遇有明浜、洼地、地下管桩、地下混凝土石块、地下阴井等应注意清除，破除桩位处地上、地下一切障碍物。环境监理现场巡视检查并记录，确认现场平整且无障碍物，并对地块边界范围及高程进行复核确认（图 4－3）。

图 4－2 水通、路通、电通及场地平整情况落实

图 4－3 地块边界范围及高程复核确认

2. 防渗措施落实

对污染土壤暂存处理区、修复后土壤待检区、污染地下水及废水暂存处理区、修复后地下水待检区、药剂存放区域、一般固体废物或危险废物堆存区域等，需设置防渗措施，并应满足相应承载力要求。防渗材料一般可采用高密度聚乙烯(HDPE)膜、膜上下各一层土工布及混凝土构成(图 4－4~图 4－8)。对进场

土工布、HDPE 膜等主要物理性能指标进行检测，符合设计方案及标准规范中标准值要求，土工布具体技术性能指标参考《土工合成材料长丝纺粘针刺非织造土工布(GB/T 17639－2008)》，HDPE 膜具体技术性能指标参考《土工合成材料 聚乙烯土工膜(GB/T 17643－2011)》；对铺设过程中土工布、HDPE 膜搭接宽度进行检测，符合设计方案及标准规范中标准值要求，根据《生活垃圾卫生填埋场防渗系统工程技术规范(CJJ 113－2007)》，对于非织造土工布采用缝合连接，其搭接宽度为(75±15)mm，对于 HDPE 土工膜采用热熔焊接，其搭接宽度为(100±20)mm，具体见表 4－1 中土工合成材料搭接方式和搭接要求；对 HDPE 膜焊接的焊缝强度进行焊缝破坏性检测，均符合设计方案标准值要求。根据《一般工业固体废物贮存和填埋污染控制标准(GB 18599－2020)》，Ⅱ类贮存场应采用单人工复合衬层(HDPE 土工膜+黏土)作为防渗衬层，人工防渗衬层采用 HDPE 土工膜时，厚度不小于 1.5 mm，其技术指标需满足 GB/T 17643－2011 中规定的要求；黏土衬层厚度不宜小于 75 cm，且经过压实、人工改性等措施处理后，其饱和渗透系数不应大于 1.0×10^{-7} cm/s。根据《危险废物贮存污染控制标准(GB 18597－2023)》(2013 年修订)，危险废物堆放的基础应设置防渗措施(图 4－9)，防渗层为至少 1 m 厚黏土层(渗透系数$\leqslant10^{-7}$ cm/s)，或 2 mm 厚高密度聚乙烯，或至少 2 mm 厚的其他人工材料，渗透系数$\leqslant10^{-10}$ cm/s。各种防渗系统工程材料的搭接方式和搭接宽度应符合规范要求，如表 4－1 所示。

表 4－1　土工合成材料搭接方式和搭接宽度要求

材　　料	搭接方式	搭接宽度/mm
织造土工布	缝合连接	75±15
非织造土工布	缝合连接	75±15
	热粘连接	200±25
HDPE 土工膜	热熔焊接	100±20
	挤出焊接	75±20
GCL	自然搭接	250±50
土工复合排水网	土工网要求捆扎；下层土工布要求搭接；上层土工布要求缝合	75±15

图 4-4　污染土壤暂存区防渗层土工布铺设

图 4-5　土工布未缝合搭接并进行整改

图 4-6　污染土壤暂存区防渗层 HDPE 膜铺设

图4-7 污染土壤暂存区防渗层钢筋混凝土浇筑

图4-8 药剂仓库防渗措施落实

图4-9 危废仓库防渗措施落实

对混凝土性能质量进行检测，混凝土抗压性能和抗渗性能质量检测结果除均应符合修复方案以及专项施工方案中抗压强度和抗渗等级要求外，还应符合《混凝土质量控制标准（GB 50164－2011）》相关要求，混凝土抗压、抗渗试件取样检测如图 4－10 所示。依据《混凝土结构设计规范（GB 50010－2010）》规定，混凝土强度等级应按边长为 150 mm 的立方体抗压强度标准值确定，在 28d 或设计规定的龄期测得具有 95%保证率的抗压强度值，混凝土的强度等级划分为 C15、C20、C25、C30、C35、C40、C45、C50、C55、C60、C65、C70、C75、C80 十四个等级，素混凝土结构混凝土强度等级不应低于 C15，钢筋混凝土结构混凝土强度等级不应低于 C20。混凝土的抗渗等级划分为 P4、P6、P8、P10、P12 和>P12 六个等级，抗渗等级≥P6 级的混凝土为抗渗混凝土。抗压强度评定参考《混凝土强度检验评定标准（GB/T 50107－2010）》有关规定，抗渗性能评定参考《混凝土耐久性检验评定标准（JGJ/T 193－2009）》有关规定。

图 4－10　混凝土抗压、抗渗试件取样检测

对钢筋质量性能进行检验，应符合《钢筋混凝土用钢（GB/T 1499－2018）》相关要求，其检验项目包括化学成分、拉伸、弯曲、反向弯曲、尺寸、表面、重量偏差和金相组织；检验数量按批进行，每批由同一牌号、炉罐号和规格的钢筋组成，重量≤60 t，超过 60 t 的部分，每增加 40 t，增加一个拉伸、弯曲试验样品，钢筋取样检测如图 4－11 所示。试验方法按照《钢筋混凝土用钢材试验方法（GBT 28900－2012）》进行。

图 4－11　钢筋取样检测

4.2　工程实施阶段环境监理质量控制

工程实施阶段质量控制环境监理的要点，主要是对于重要的和对工程质量有重大影响的污染土壤与地下水风险管控和修复，例如：垂直阻隔系统构建、水平阻隔系统构建、基坑清挖、污染土壤原位修复、污染土壤异位修复、污染土壤修复达标后处置、污染地下水原位修复、污染地下水异位抽提处理、污染地下水修复达标后处置等，应进行施工全过程巡视检查并记录。对于关键部位、关键工序的施工质量实施全过程环境监理，现场需旁站监督与控制，例如：进场材料见证取样、送检全过程，防渗土工膜铺设等施工隐蔽作业全过程，混凝土浇筑，基坑、土壤、地下水及潜在二次污染区域效果评估验收采样，开挖及修复大棚有组织废气采样，水处理设施有组织废气采样，厂区内及厂界无组织废气采样，修复达标后土方回填与地下水排放等。根据风险管控与修复工程特点和环境监理实施细则中确定的关键工序以及建设单位提出的相关要求实施旁站监督的工序等，开展全过程旁站监督与控制，加强使用的材料、设备和工艺过程中的质量控制。

4.2.1　风险管控技术质量控制

根据地块风险评估结果，将需要实施风险管控的地块纳入建设用地土壤污染风险管控和修复名录，土壤污染责任人或土地使用权人应当结合污染地块相关开发利用计划，按照国家有关环境标准和技术规范要求，有针对性地实施污染地块风险管控，编制污染地块风险管控方案，划定风险管控区域，明确主体技术路线、关键技术参数、施工过程质量控制、二次污染防治措施、施工工期、经费概算等内容，采取垂直阻隔、水平阻隔等工程控制措施和制度控制措施，编制突发环境事件应急预案，开展环境监测，检验风险管控措施效果，对阻隔工程设施进行日常维护和定期巡查，防止污染物扩散，控制污染物迁移或阻断污染物暴露途径，使污染介质与周围环境隔离，避免污染土壤与人体的直接接触，阻止受污染地下水迁移扩散，阻断污染土壤或污染地下水挥发出的气体扩散，进而降低和消除地块污染物对人体健康和环境的风险。

根据国内外对风险管控技术体系的定义和技术分类的研究，部分研究者提出土壤污染风险管控技术存在广义和狭义之分。狭义的风险管控技术的技术原理、适用条件和工程应用，主要包括工程控制、制度控制和监测自然衰减等，并针对我国污染地块风险管理基础薄弱、风险管控体系不健全和风险管控技术支撑不足等问题，提出了全生命周期管理的“防、控、治、管”四位一体的污染地块风险管控策略。风险管控技术适用于污染类型为单一重金属、单一有机物或者重金属与有机物复合的污染土壤与地下水，不宜用于污染物水溶性强或渗透率高的污染土壤与地下水，不适用于地质活动频繁和地下水位较高的地区。

在阻隔工程施工前，施工单位应根据风险管控技术特点，选择合适的单元开展现场中试试验，确定最佳工程技术参数和可能产生的二次污染物。环境监理应依据风险管控方案和施工组织设计文件要求，核查实验室小试、现场中试试验确定的最佳工程参数和可能产生的二次污染物，未按方案实施应重新校核并采取补救措施或组织专家评审进行方案变更。风险管控方案设计阶段，还需要与后期土地开发建设衔接，结合土地最终利用类型进行设计，例如结合后期绿化、道路、停车场等设计高程要求进行场地平整、测量放线、阻隔系统建设、长期环境监测及日常维护等。在阻隔工程实施阶段，质量控制主要是对于重要的和对工程质量有重大影响的工序，如垂直阻隔桩施工以及水平阻隔基础层施工、防渗层施工、气体导排层施工、排水层施工和表面覆盖层施工等，环境监理应进行施工全过程的现场监督与控制，确保使用材料及工艺过程质量。

1. 垂直阻隔工程施工质量控制

垂直阻隔技术阻隔层采用竖向布置形式，阻断污染物水平方向扩散迁移以达到控制污染的目的。为了阻止污染物扩散迁移，要求垂直阻隔墙具有低渗透性，其渗透系数不大于 10^{-7} cm/s，同时阻隔墙要有良好的连续性和耐久性，且阻隔材料具有较高的稳定性和较强的耐腐蚀性。根据垂直阻隔屏障的服役寿命分为临时性阻隔屏障和长期阻隔屏障。结合场地水文地质条件和污染物的分布特征，垂直阻隔屏障按照是否嵌入低渗透性土层分为嵌入式和悬挂式屏障，根据污染深度下方土层的渗透性进行综合选择，当隔水层埋深不大而采用嵌入式垂直阻隔屏障时，应嵌入低渗透系数的隔水层中，且嵌入深度不小于 2 m；当隔水层埋深过大而采用悬挂式垂直阻隔屏障时，应通过污染物渗流、扩散等因素，分析确定阻隔屏障的临界嵌入深度。常用的垂直阻隔技术按建筑材料和施工方式不同，可分为刚性、半刚性、柔性和组合型屏障四种类型。刚性屏障包括钢筋混凝土地下连续墙、钢板桩墙、SMW 工法桩墙等；半刚性屏障包括水泥土搅拌桩墙、土-膨润土隔离墙、高压喷射灌浆墙等；柔性屏障包括黏土屏障、HDPE 土工膜隔离屏障等；组合型屏障为不同材料类型组合形成的隔离屏障，包括水泥-膨润土隔离墙、渗透反应墙等。垂直阻隔系统结构如图 4－12 所示。

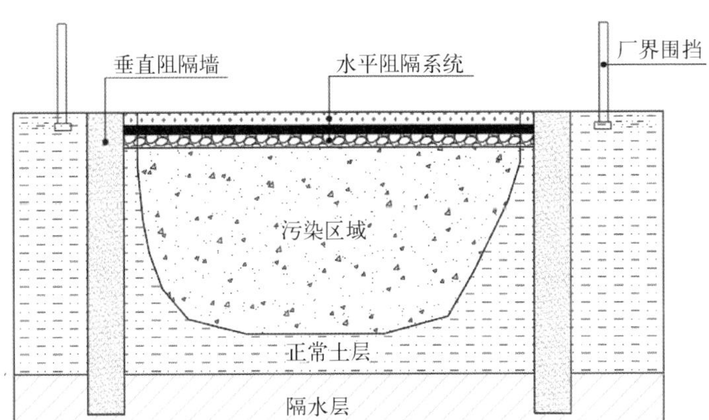

图 4－12　垂直阻隔系统结构示意

垂直阻隔桩施工完成后，委托有资质的第三方检测机构开展垂直阻隔桩的桩身强度、渗透系数等工程性能指标质量检测，检测结果应符合设计方案要求。

1）水泥土搅拌桩墙施工质量控制

水泥土搅拌桩墙是以水泥材料为固化剂，宜采用P.O 42.5级普通硅酸盐水泥，通过搅拌机械湿法（喷浆）施工，将固化剂和原状土进行搅拌，形成具有一定强度的连续性和抗渗性水泥土柱状地下墙体，目前常用的施工机械包括双轴水泥土搅拌桩机、三轴水泥土搅拌桩机等。水泥土搅拌桩墙施工应重点关注以下几点：

（1）水泥土搅拌桩施工区域工程控制点放样复核。施工单位依据建设单位提供的水准点对场地进行控制点引入，再依据场地控制点定位水泥土搅拌桩坐标点，经自检核实后提交《施工控制测量成果报验表》，环境监理工程师根据提交的坐标点位信息，采用测量仪器对现场水泥土搅拌桩坐标点进行复核，检查具体位置是否符合施工组织设计方案要求。

（2）检查机械、材料等质量证明书。要求施工单位提交桩机、挖掘机等出厂合格证和年检报告；水泥出厂单位3 d和28 d质量检测报告，经确认水泥各项技术要求及包装、标志、运输与贮存等符合要求时方可使用，其中技术要求包括化学成分、水溶性铬（Ⅵ）、碱含量、凝结时间、安定性、强度、细度、放射性，水泥检验标准按照《通用硅酸盐水泥（GB 175－2020）》进行，取样方法按照《水泥取样方法（GB/T 12573－2008）》进行。

（3）为保障所选搅拌桩工艺参数的合理性以及稳定性，施工前应根据设计要求进行工艺性试桩，并应根据试桩结果确定相应施工参数，工艺性试桩数量不应少于3根。

（4）水泥土搅拌桩成桩施工期间质量检测主要包括水灰比、泥浆比重、水泥掺量、搭接长度、桩长、搅拌喷浆时间等，检查是否符合施工组织设计（方案）及标准规范中的参数要求，质量检测标准应符合规定（表4－2、图4－13）。参照上海市工程建设规范《基坑工程技术标准（DG/TJ 08－61－2018）》相关要求，双轴水泥土搅拌桩的水泥掺量宜取13%~15%，水灰比宜为0.5~0.6，桩与桩的搭接长度不应小于200 mm，搭接时间不应大于16 h，若间歇时间太长与下一根无法搭接时，应在设计单位认可后采取局部补桩或注浆措施。采用双轴搅拌桩机进行水泥土搅拌桩施工时，超过14 m深度范围，考虑双轴搅拌机成桩不均匀性，搅拌桩搭接质量难以控制，为了有效保障阻隔桩的防渗效果，双轴搅拌机施工深度不宜大于 14 m，施工时应定期清理桩头泥浆（图 4 - 14）。双轴搅拌桩成桩采用两喷三搅工艺，钻头喷浆搅拌提升速度不宜大于 0.5 m/min，钻头搅拌下沉速度不宜大于 1.0 m/min。两喷三搅施工工艺流程：搅拌桩机就位→钻头第一次预搅下沉→钻头第一次喷浆搅拌提升→钻头第二次搅拌下沉→钻头第二次喷浆搅拌提升→停浆→钻头第三次搅拌下沉→钻头第三次搅拌提升至孔口→停搅→移位→进入下一根桩。在邻近建筑物或地下管线施工时，应尽可能采用较低的提升和下沉速度，对其进行保护。

表 4 - 2　双轴搅拌桩施工期质量检测标准

检查项目	允许偏差或允许值		检查数量	检查方法
	单位	数　值		
桩位定位偏差	mm	≤20	每根	GPS - RTK 测量
桩底标高	mm	±100	每根	测钻杆长度
桩顶标高	mm	+100，-50	每根	水准仪测量
桩位偏差	mm	≤50	每根	GPS - RTK 测量
垂直度	—	≤1/100	每根	经纬仪测量
搭接长度	mm	≥200 或设计要求	每根	用钢尺量
搭接桩施工间隔	h	≤16	每根	检查施工记录

图 4 - 13　水泥土搅拌桩施工

图 4-14　施工人员清理桩头泥浆

（5）水泥土搅拌桩墙施工期间，要求施工单位做好每日打桩施工记录并上报，主要包括水泥土搅拌桩施工记录表、水泥土搅拌桩泥浆比重检查记录表，并要求每日在施工图纸上对桩号进行标记，防止漏打、错打，如图 4-15 所示。

图 4-15　水泥土搅拌桩泥浆比重抽查

2）SMW 工法桩墙施工质量控制

SMW 工法桩墙是 Soil Mixing Wall 的英文缩写，它是以多轴搅拌桩机（最常用的是三轴搅拌桩机）在施工现场向一定深度内进行钻掘及搅拌，在搅拌钻头处喷出水泥固化剂，与土体充分混合搅拌，然后在水泥土混合体未凝固之前插入 H 型钢（常用 H 型钢，也有用拉森钢板桩或钢管等）作为补强材料，形成具有一定强度和刚度、抗渗性、连续性和完整性的地下墙体。SMW 工法桩墙施工应重点关注以下几点：

(1) SMW 工法桩墙施工前,按照桩位平面布置图进行测量放线和复核,确定搅拌桩和型钢的具体位置,确保符合设计方案要求。

(2) 为保障成桩工艺参数的合理性以及稳定性,施工前应进行工艺性试桩,并应根据试桩结果确定搅拌下沉和提升速度、水泥浆液水灰比等工艺参数和成桩工艺。

(3) 为改善 SMW 工法桩墙三轴水泥土性能,提高搅拌桩施工质量,在水泥浆液中掺加膨润土外加剂,搅拌桩的水泥宜采用强度等级不低于 P.O 42.5 级普通硅酸盐水泥,水泥掺量宜取 20%~22%,钻头喷浆搅拌提升速度宜控制在 1.0~2.0 m/min,钻头搅拌下沉速度宜控制在 0.5~1.0 m/min。水泥、膨润土用量和水灰比应结合现场土质条件和施工机械性能,根据现场成桩试验结果确定,并应符合规定(表 4-3),在不同土质条件的黏性土、砂性土和砂砾土中,各材料用量和水灰比不同。在计算单位被搅拌土体中的水泥、膨润土材料用量时,单位搅拌土体的体积可按照搅拌桩单幅桩的圆形截面积与搅拌桩深度乘积进行计算。

表 4-3 三轴水泥土搅拌桩材料用量和水灰比

土质条件	单位被搅拌土体中的材料用量		水灰比
	水泥/(kg/m^3)	膨润土/(kg/m^3)	
黏性土	≥360	0~5	1.5~2.0
砂性土	≥325	5~10	1.5~2.0
砂砾土	≥290	5~15	1.2~2.0

(4) 做好 SMW 工法桩墙施工期过程质量控制,重点检查内容应包括:施工机械性能,水泥、型钢等材料质量,水泥土搅拌桩和型钢的定位、长度、标高、垂直度,搅拌桩搅拌下沉和提升速度、水泥浆液水灰比、泥浆比重、水泥掺量、搭接长度,搭接桩施工间隔,喷浆压力,水泥土浆液试块强度试验,桩芯强度试验等,检查施工质量是否符合施工组织设计(方案)及标准规范中的参数要求,质量检测标准应符合规定(表 4-4、表 4-5、图 4-16),标准规范参照国家

行业标准《型钢水泥土搅拌墙技术规程(JGJ/T 199－2010)》以及上海市工程建设规范《基坑工程技术标准(DG/TJ 08－61－2018)》等相关要求。

表 4－4　三轴搅拌桩施工期质量检测标准

检查项目	允许偏差或允许值		检查数量	检查方法
	单位	数　值		
桩底标高	mm	+100,-50	每根	测钻杆长度
桩位偏差	mm	≤50	每根	GPS－RTK 测量
桩径	mm	±10	每根	用钢尺量
垂直度	—	≤1/200	每根	经纬仪测量
搭接桩施工间隔	h	<24	每根	检查施工记录

表 4－5　型钢施工期质量检测标准

检查项目	允许偏差或允许值		检查数量	检查方法
	单位	数　值		
型钢垂直度	—	≤1/200	每根	经纬仪测量
型钢长度	mm	±10	每根	用钢尺量
型钢底标高	mm	0,-30	每根	测钻杆长度
型钢平面位置	mm	50(平行于基坑方向)	每根	用钢尺量
		10(垂直于基坑方向)	每根	用钢尺量
形心转角	(°)	3	每根	量角器测量

(5) SMW 工法桩墙施工期间,要求施工单位做好每日打桩施工记录并上报,主要包括型钢水泥土搅拌桩墙施工记录表、水泥土搅拌桩泥浆比重检查记录表、H 型钢检查记录表,并要求每日在施工图纸上对桩号、型钢进行标记,防止漏打、错打。

图4-16 SMW工法桩墙施工现场抽查

3）高压喷射灌浆墙施工质量控制

高压喷射灌浆墙是利用钻机把带有喷嘴的注浆管钻至土层设计深度后，在高压水、水泥浆和压缩空气共同作用下，使浆液从喷嘴中高压喷射出来破碎切割土体，在地下形成较大空隙，使土体与浆液充分混合，形成低渗透性的墙体。根据工程需要、地质条件和设备条件，高压喷射灌浆可采用旋喷、定喷和摆喷三种形式，采用单管法（泥浆管）、双管法（气管、泥浆管）和三管法（水管、气管、泥浆管）进行施工。高压喷射灌浆墙施工应重点关注以下几点：

（1）高压喷射灌浆墙施工前，应结合现场环境条件和地下管线埋设等位置情况，按照平面布置图对桩位进行测量放线和复核，确定高压喷射灌浆墙孔位，确保符合设计方案要求。

（2）为保障成桩工艺参数的合理性以及稳定性，施工前应进行工艺性试桩，并应根据试桩结果确定高压喷射灌浆墙施工提升速度、水泥浆液水灰比等工艺参数和成桩工艺。

（3）高压喷射灌浆墙施工期过程质量控制，重点检查内容应包括：施工机械性能、水泥材料质量、高压喷射灌浆墙孔位、标高、垂直度、提升速度、水泥浆液水灰比、泥浆比重、水泥掺量、分段提升搭接长度、搭接桩施工间隔时间、注浆压力、水泥浆液试块强度试验、桩芯强度试验等，检查施工质量是否符合施工组织设计（方案）及标准规范中的参数要求，质量检测标准应符合规定（表4-6），标准规范参照上海市工程建设规范《基坑工程技术标准（DG/TJ 08-61-2018）》相关要求。

表 4－6　高压喷射灌浆墙施工期质量检测标准

检查项目	允许偏差或允许值		检查数量	检查方法
	单位	数　值		
桩底标高	mm	+100,-50	每根	测钻杆长度
钻机孔位	mm	≤50	每根	GPS－RTK 测量
桩径	mm	±10	每根	用钢尺量
垂直度	—	≤1/100	每根	经纬仪测量
分段提升搭接长度	mm	≥100 或设计要求	每根	用钢尺量
搭接桩施工间歇时间	h	<48	每根	检查施工记录

（4）与水泥土搅拌桩类似，高压喷射灌浆墙施工质量主要包括桩位定位偏差、桩底标高、桩顶标高、桩位偏差、垂直度、提升速度、搭接桩施工间歇时间等。高压喷射灌浆墙施工常用技术参数如表 4－7 所示，高压旋喷桩施工现场抽查如图 4－17 所示。高压喷射灌浆的水泥掺量不宜小于 25%，水灰比宜为 0.7～1.0，如设计方无特殊要求，若工程工期较短，浆液中应采用速凝早强型水泥，水灰比宜为 1∶1～1.5∶1，或添加氯化钙 2%～4%等促凝早强型外加剂。

表 4－7　高压喷射灌浆墙施工常用技术参数

项　　目		单管法	双管法	三管法
水	压力/MPa	—	—	35～40
	流量/(L/min)	—	—	70～80
	浆嘴数量/个	—	—	2
	浆嘴直径/mm	—	—	1.7～1.9
气	压力/MPa	—	0.6～0.8	0.6～0.8
	流量/(L/min)	—	0.8～1.2	0.8～1.2
	气嘴数量/个	—	2 或 1	2
	环形间隙/mm	—	1.0～1.5	1.0～1.5

续　表

<table>
<tr><th colspan="3">项　　目</th><th>单管法</th><th>双管法</th><th>三管法</th></tr>
<tr><td rowspan="6">浆</td><td colspan="2">压力/MPa</td><td>25～40</td><td>25～40</td><td>0.2～1.0</td></tr>
<tr><td colspan="2">流量/(L/min)</td><td>70～100</td><td>70～100</td><td>60～80</td></tr>
<tr><td colspan="2">密度/(g/cm^3)</td><td>1.4～1.5</td><td>1.4～1.5</td><td>1.5～1.7</td></tr>
<tr><td colspan="2">浆嘴数量/个</td><td>2 或 1</td><td>2 或 1</td><td>2</td></tr>
<tr><td colspan="2">浆嘴直径/mm</td><td>2.0～3.2</td><td>2.0～3.2</td><td>6～12</td></tr>
<tr><td colspan="2">回浆密度/(g/cm^3)</td><td>≥1.3</td><td>≥1.3</td><td>≥1.2</td></tr>
<tr><td rowspan="4">提升速度 v /(cm/min)</td><td colspan="2">粉土层</td><td colspan="3">10～20</td></tr>
<tr><td colspan="2">砂土层</td><td colspan="3">10～25</td></tr>
<tr><td colspan="2">砾石层</td><td colspan="3">8～15</td></tr>
<tr><td colspan="2">卵(碎石)层</td><td colspan="3">5～10</td></tr>
<tr><td>旋喷</td><td colspan="2">转速/(r/min)</td><td colspan="3">(0.8～1.0)v</td></tr>
<tr><td rowspan="3">摆喷</td><td colspan="2">摆速次/min</td><td colspan="3">—</td></tr>
<tr><td rowspan="2">摆角</td><td>粉土、砂土</td><td colspan="3">15°～30°</td></tr>
<tr><td>砾石、卵(碎)石</td><td colspan="3">30°～90°</td></tr>
</table>

图 4－17　高压旋喷桩施工现场抽查

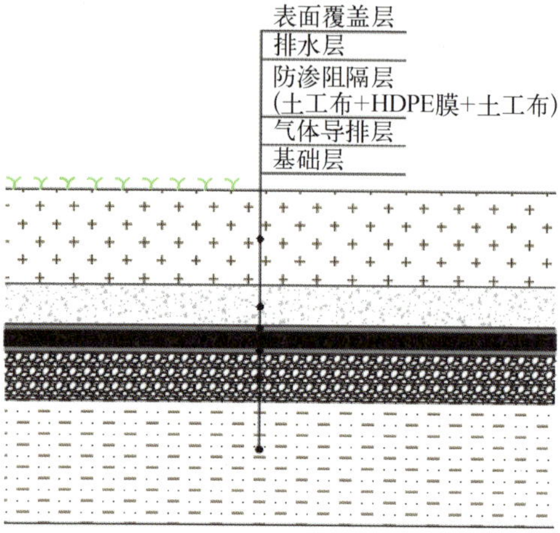

图 4-18 水平阻隔系统结构示意

2. 水平阻隔工程施工质量控制

水平阻隔系统通常由五个基本层组成，自上到下分别为表面覆盖层、排水层、防渗阻隔层、气体导排层和基础层，具体风险管控方案需结合项目实际进行深化设计，如图 4-18 所示。覆盖材料包括清洁土壤、砾石、地工织物（纤维）、沥青、低渗黏土膜等。覆盖材料的粒径、比表面积与孔隙率、密度等有特定的关系，决定了覆盖材料的吸附能力和对污染物的阻隔及稳固作用，从而决定其覆盖效果。土工膜是利用低渗透材料来阻隔污染物的迁移。土工膜能够保持连接的完整性，且其低渗透性是其他材料难以达到的。土工膜作为阻隔常用的材料是高密度聚乙烯（HDPE）。根据已有研究，HDPE 膜耐久性普遍规律：一般工程的 HDPE 膜的耐用年限在 30 年以上，采用聚酯材料耐用年限可达 50~100 年。土工膜可以单独使用，也可与其他措施配套形成组合式起到阻隔作用。为此，水平覆盖系统推荐使用 HDPE 膜作为主要的水平防渗材料，铺设于土体中形成衬层，并辅以配置清洁黏土、土工布等相应的保护层。

1）防渗工程材料质量观感检验应符合的要求

（1）防渗工程土工布、HDPE 膜材料每 10 000 m^2 为一批，不足 10 000 m^2 按一批计。在每批产品中随机抽取 3 卷进行尺寸偏差和外观检查。

（2）HDPE 膜每卷卷材标识清楚，表面无折痕、损伤，厂家、产地、卷材性能检测报告、产品质量合格证、海运提单等资料齐全。

（3）土工布包装完好，表面无破损，产地、厂家、合格证、运输单等资料齐全。

（4）在尺寸偏差和外观检查合格的样品中任取一卷，在距外层端部 500 mm 处裁取 5 m^2，进行主要物理性能指标检验。若有一项指标不符合要求，应加倍取样检测，仍有一项指标不合格，应认定整批材料不合格。进场防渗材料取样检测如图 4-19 所示。

图 4-19　进场防渗材料取样检测

2）防渗工程施工质量观感检验应符合的要求

（1）场底基础层要平整、密实，无裂缝、无松土、无积水、无裸露泉眼，无明显凹凸不平，无树根、杂草、淤泥、腐殖土，场底、边坡平台之间过渡平缓，如图 4-20、图 4-21 所示。根据 CJJ113-2007 技术规范要求，场底和边坡基础层

图 4-20　阻隔区域场底基础层平整、压实

按 500 m^2 取一个点检测压实度,合格率应为 100%;锚固沟回填土按 50 m 取一个点检测压实度,合格率应为 100%,如图 4－22 所示。

图 4－21　阻隔区域场底基础层密实度检测

图 4－22　阻隔区域杂物清理整改

(2) 土工布无破损、褶皱、跳针、漏接现象,应铺设平顺,连接良好,搭接宽度应符合规定,非织造土工布缝合连接搭接宽度为(75±15)mm,如图 4－23、图 4－24 所示。根据 CJJ113－2007 技术规范要求,土工布按 200 m 接缝取一个样检测搭接效果,合格率应至少为 90%。

(3) HDPE 膜铺设规划合理,边坡上的接缝须与坡面的坡向平行,场底横向接缝距坡脚应大于 1.5 m。焊接、检测和修补记录标识应明显、清楚,焊缝表面应整齐、美观,不得有裂纹、气孔、漏焊和虚焊现象。HDPE 膜无明显损伤、褶皱、隆起、悬空现象。搭接良好,搭接宽度应符合规定,热熔焊接 HDPE 膜搭接宽度为(100±20)mm,如图 4－25 所示。

图 4－23 土工布铺设、缝合连接

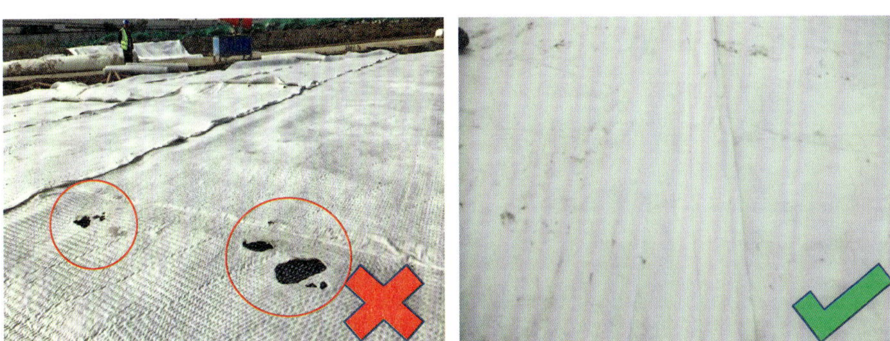

图 4－24 土工布存在破损现象并进行整改

（4）防渗工程整体无渗漏。

3）HDPE 膜热熔焊接质量检测应符合的要求

（1）每条焊缝施工完毕后，应进行气压检测。将焊缝气腔两端进行封堵，用气压检测设备对焊缝气腔加压至 250 kPa，并维持 3～5 min，气压不应

图 4－25　HDPE 膜铺设、热熔焊接

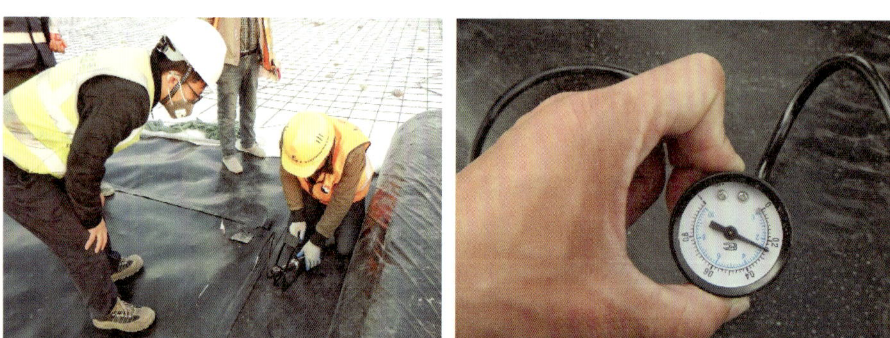

图 4－26　HDPE 膜气压检测抽查

低于 240 kPa，然后在焊缝的另一端开孔放气，气压表指针能够迅速归零，方可视为焊缝质量合格，每条焊缝气压检测合格率应为 100%，如图 4－26 所示。

（2）委托有资质的第三方检测机构，对焊缝强度进行破坏性取样检测，按每 1 000 m 焊缝取一个 1 000 mm×350 mm 样品做强度测试，定量检测焊缝强度质量，每条焊缝破坏性检测合格率应为 100%，如图 4－27 所示。

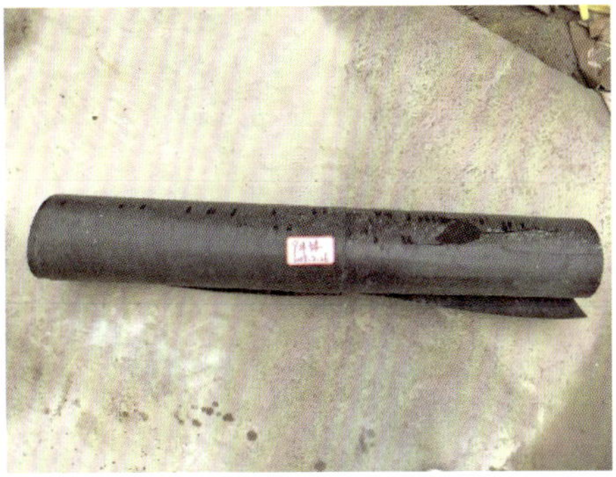

图 4－27　HDPE 膜焊缝破坏性取样检测

（3）气压、破坏性检测方法应符合相关技术规定，热熔及挤出焊缝强度判定标准值如表 4－8 所示。

表 4－8　热熔及挤出焊缝强度判定标准值

厚度/mm	剪　　切		剥　　离	
	热熔焊/(N/mm)	挤出焊/(N/mm)	热熔焊/(N/mm)	挤出焊/(N/mm)
1.5	21.2	21.2	15.7	13.7
2.0	28.2	28.2	20.9	18.3

注：测试条件为 25℃、50 mm/min。

实施风险管控的地块，其监管方式一般包括长期环境监测与制度控制。开展长期环境监测，设置地下水监测井进行周期性采样和检测，也可设置土壤气监测井进行土壤气样品采集和检测，原则上长期监测 1～2 年开展一次，可根据实际情况进行调整；开展制度控制，包括限制地块使用方式、限制地下水利用方式、通知和公告地块潜在风险、制定限制进入或使用条例等方式，多种制度控制可同时使用。

4.2.2 污染土壤修复质量控制

污染土壤修复质量控制主要包括基坑清挖、污染土壤原位修复、污染土壤异位修复、污染土壤修复达标后处置等环节，环境监理根据有关法律法规、技术规范及修复方案要求，严格对污染土壤修复质量进行控制。

1. 清挖后基坑达标质量控制

环境监理单位需对清挖后基坑效果进行达标质量控制。

开挖深度超过 3 m(含 3 m)的基坑土方开挖，施工单位需编制并提交详细的污染土壤清挖专项方案，经单位技术、安全、质量等部门审核合格后，由单位和项目技术负责人签字批准并报项目总监理工程师审核签字，并向施工人员做好技术交底，开挖深度超过 5 m 的基坑，施工单位需组织专家进行论证，由单位和项目技术负责人、工程监理总监和业主单位项目负责人签字批准。修复施工单位转运污染土壤的，应当制定转运方案，将运输时间、方式、线路和污染土壤数量、去向、最终处置措施等，提前报所在地和接收地生态环境主管部门。转运污染土壤属于危险废物的，修复施工单位应当依照法律法规和相关标准的要求进行处置。

采取污染土壤异位修复的工程，环境监理需要复核修复技术方案、施工组织设计及开挖专项方案等相关文件，并现场确认基坑开挖边界、开挖深度、污染类型、清挖区域、清挖方量、清挖面积、清挖效果是否达到修复技术方案的要求。基坑开挖前施工单位需编制并提交详细的污染土壤清挖专项方案，并向施工人员做好技术交底，如图 4－28 所示。

图 4－28　技术交底

环境监理对基坑开挖边界控制点放样复核。施工单位依据业主提供的水准点对场地进行控制点引入，再依据场地控制点定位基坑开挖边界控制点，经自检核实后提交《施工控制测量成果报验表》，监理工程师根据提交的坐标点位信息，采用测量仪器对现场基坑开挖边界坐标点进行复核，检查基坑边界是否符合施工组织设计方案、污染土壤清挖专项方案要求，如图 4－29、图 4－30 所示。

图 4－29 基坑开挖前的点位复核

图 4－30 基坑开挖完成后点位复核

基坑开挖必须按照基坑开挖专项方案中的开挖路线、顺序、范围、基地标高、边坡坡度、排水沟、集水井位置以及挖出的土方运输路线等进行，环境监理现场巡视检查并记录，如图 4－31 所示。

为确保清挖后基坑达到修复方案中确定的清理目标值，基坑阶段性清挖完成后，施工单位对清挖后的基坑底部及侧壁进行自检取样，环境监理应跟踪监督施工单位自检过程，确保现场采样过程的规范性，如图 4－32、图 4－33 所

图 4－31　污染土壤清挖

图 4－32　清挖后基坑自检采样

示。必要时环境监理单位可同步对清挖后基坑开展抽样检测,初步评估基坑清挖效果,保障修复工程质量符合要求。

2. 污染土壤修复达标质量控制

环境监理单位需对污染土壤修复效果进行达标质量控制。

图 4-33 清挖后基坑自检样品

污染土壤修复施工前，施工单位应根据修复工程技术特点，选择合适的单元开展现场中试试验，确定最佳工程参数和可能产生的二次污染物，如图 4-34 所示。环境监理应依据修复方案和施工组织设计文件中土壤修复相关要求，核查实验室小试、现场中试试验，确定修复药剂投加量，控制修复药剂投加比例，未按方案实施应重新校核并采取补救措施或组织专家评审进行方案变更。

图 4-34 污染土壤现场中试

污染土壤修复处理期间，环境监理现场巡视检查并记录。环境监理要求施工单位对进场修复药剂进行检查，提交相关合格证及检测报告，如图 4-35 所示。做好药剂投加原始记录并每日上报，环境监理巡视期间随机抽查药剂投加记录情况，并根据药剂投加记录情况及时与施工单位进行沟通。若经检查发现进场的土壤修复药剂名称与修复技术方案不一致的或名称一致但质量不合格的，则要求施工单位予以退场处理并开具《环境监理整改通知单》，重新按照要求进场并复核确认；若经检查发现土壤修复期间未按照要求投加修复药剂的，则要求施工单位按照修复方案要求执行并开具《环境监理整改通知单》，经整改完成后现场复核确认并书面回复《环境监理整改消项单》，污染土壤修复期间环境监理现场巡查如图 4－36 所示。

图 4－35　土壤修复药剂进场核实

图 4－36　污染土壤修复期间环境监理现场巡查

为确保修复后土壤达标，污染土壤阶段性修复完成后，施工单位进行自检取样，环境监理应跟踪监督施工单位自检过程，确保现场采样过程的规范性，如图 4－37 所示。必要时环境监理单位可同步开展土壤抽样检测，例如可通过便携式环境监测仪器在项目现场对修复后土壤的 pH、TVOC 等指标进行抽样检测，如有必要可委托有资质的第三方机构对土壤中关注污染物和二次污染物开展实验室定性和定量检测，辅助环境监理初步评估土壤修复效果，保障土壤修复工程质量符合要求，如图 4－38 所示。

图 4－37　修复后土壤自检采样

3. 修复后土壤处置质量控制

环境监理单位需对修复后土壤处置进行质量控制，详细记录修复后土壤的处置方式、最终处置位置、处置方量等。若修复后土壤回填至原基坑，根据调查评估、修复方案或实施方案中确定的修复目标值要求进行回填；若外运到

图 4－38　环境监理现场对修复后土壤 pH、TVOC 指标抽样检测

其他地块，应根据接受地环境要求确定。

针对污染场地修复中的挥发、半挥发性有机污染土壤，采用污染源去除的方式，利用土壤常温解吸、土壤热脱附、化学氧化还原、土壤淋洗等修复技术，将挥发、半挥发性有机污染物含量降低至修复方案中确定的修复目标值后，结合后期规划用地类型，满足建设用地规划用途第一类及第二类用地筛选值的，可对修复达标后的土壤进行原位回填或外运处置，并根据相关管理规范要求建立土壤回填或外运台账，记录土壤回填或外运日期、方量等信息。

针对污染场地修复中的重金属污染土壤，利用土壤淋洗修复技术，将重金属含量降低至修复方案中确定的修复目标值后，结合后期规划用地类型，满足建设用地规划用途第一类及第二类用地筛选值的，可对修复达标后的土壤进行原位回填或外运处置，如图 4－39 所示。利用固化/稳定化修复技术，添加固化剂/稳

图 4－39　对淋洗修复达标后的土壤进行原位回填

定化剂，使其与污染物发生理化作用，以降低污染物在环境中的迁移扩散，结合后期规划用地类型，可实施污染阻隔措施进行风险管控并应开展长期监测，主要利用方式是道路路基下填土、绿化下填土等；另外还可以进行资源化利用，主要利用方式是建材利用，包括制砖、制水泥熟料和制陶粒等，如图4－40所示。

图4－40　对固化/稳定化修复达标后的土壤进行风险管控

4.2.3　污染地下水处理质量控制

污染地下水修复质量控制主要包括污染地下水原位修复、污染地下水异位抽提处理、污染地下水修复达标后处置等环节，环境监理根据有关法律法规、技术规范及修复方案要求，严格对污染地下水修复质量进行控制。

1. 污染地下水抽提质量控制

环境监理需对污染地下水抽提环节进行质量控制，主要注意以下几点要求：

（1）污染地下水抽提井正式施工前，环境监理应监督施工单位进行现场中试试验，确定地下和地上抽提设施的设计以及施工关键技术参数。地下抽提设施设计主要包括抽提井管井设置深度、管井结构设计、抽提井管壁滤料选择等；地上设施设计主要包括钻井设备选型，抽提井管井间距布置，抽提管线系统布设，真空设备、压力表、流量计选型，气液多相分离系统设置，电气与控制系统设置等。施工关键技术参数主要包括渗透系数、含水层厚度、影响半径、管井材质和规格、管井位置、管井深度、管井直径、管井数量、管井间距、筛管位置、井头真空度和流体抽提速率等。

（2）污染地下水抽提井正式施工时，环境监理根据审批通过的专项施工方案要求，对抽提井的管井材质和规格、管井位置、管井深度、管井直径、管井数量、管井间距、筛管位置等关键技术参数进行抽查核实，若检查发现未按照专项施工方案进行施工，使用不合格的工程材料、构配件和设备，或存在施工质量等问题时，环境监理应签发《环境监理整改通知单》，要求施工单位进行整改，如图 4－41、图 4－42 所示。

图 4－41　抽提井位置及深度检查

图 4－42　钻井设备施工及抽提管线系统布设检查

(3) 抽提井管井成孔施工，宜优先采用钻孔法的干成孔工艺，钻至设计孔底深度后，应及时清除孔底沉渣，并立即放入井管，回填管壁滤料，回填滤料时不宜过快，滤料上方宜设置0.6~1.0 m的黏土或膨润土封孔，填至地表并进行压实，做好井口管外的封闭工作。为防止地表污水渗入抽提井内，抽提井井口应高于地表以上0.2~0.5 m，抽提井安装完毕之后应进行洗井。

(4) 污染地下水抽提系统安置完毕后，正式运行前应进行检查和调试，检查抽提井施工记录表，复核管井材质和规格、管井位置、管井深度、管井直径、管井数量、管井间距、筛管位置、井头真空度和流体抽提速率等关键技术参数，检查地下水位、水量变化情况，检查各抽提管线和排水管线、气液多相分离系统、电气与控制系统等能否正常运行，符合设计方案要求后方可正常抽水。

(5) 污染地下水抽提井建设期间，环境监理应监督施工单位做好每日抽提井施工记录；污染地下水抽提运行期间，应做好每日地下水抽提记录及基坑监测记录，并与基坑监测单位密切配合，在基坑监测方案中设置一定数量的地下水监测井，对周围道路、建筑物进行定时观测，防止基坑外的地下水位下降对周围的道路、建筑物造成影响。

2. 污染地下水修复达标质量控制

环境监理单位需对污染地下水修复效果进行达标质量控制。

依据《污染地块地下水修复和风险管控技术导则(HJ 25.6－2019)》，地下水修复和风险管控工程施工单位应编制运行维护方案，包括系统运行管理、设备操作、设备维护保养、安全运行管理制度建立、设备检修等内容。当涉及地下水修复药剂、工程控制材料和二次污染物处理药剂及材料等使用时，应包括对药剂和材料进场检测、试验、储存、使用的管理等内容。

污染地下水原位或异位修复前，施工单位应根据修复工程技术特点，选择合适的单元开展现场中试试验，确定最佳工程参数和可能产生的二次污染物，如图4－43所示。环境监理应依据修复方案和施工组织设计文件中地下水处理相关要求，核查实验室小试、现场中试试验确定修复药剂投加量，控制修复药剂投加比例，未按方案实施应重新校核并采取补救措施或组织专家评审进行方案变更。

图 4-43　污染地下水现场中试

地下水原位或异位处理设施运行期间，环境监理要求施工单位对进场修复药剂进行检查，提交相关合格证及检测报告，如图 4-44 所示；环境监理每日巡视，要求施工单位做好水处理设备运行记录，并将每日抽提处理记录、药剂投加记录等原始资料提交环境监理单位，并根据药剂投加记录情况及时与施工单位进行沟通。若经检查发现进场的地下水修复药剂名称与修复技术方案不一致的或名称一致但质量不合格的，则要求施工单位予以退场处理并开具《环境监理整改通知单》，重新按照要求进场并复核确认；若经检查发现地下水修复期间未按照要求投加修复药剂的，则要求施工单位按照修复方案要求执行并开具《环境监理整改通知单》，经整改完成后现场复核确认并书面回复《环境监理整改消项单》，如图 4-45 所示。

图 4-44　地下水修复药剂进场核实

图4-45 污染地下水修复期间环境监理现场巡查

地下水修复工程运行阶段，需进行修复监测井的布设和风险管控监测井的布设。修复监测井的布设，一般设置有对照井、内部监测井和控制井，对照井设置在污染羽地下水流向上游，内部监测井设置在污染羽地下水内部，而控制井设置在污染羽地下水边界位置；风险管控监测井的布设，根据污染地块水文地质条件、地下水污染特征和采用的风险管控技术，可充分利用地块环境调查设置的监测井，宜在风险管控范围的上游、内部、下游和两侧，以及可能涉及的二次污染区域、风险管控相对薄弱位置和周边受体位置进行设置。运行期间的监测指标主要包括地下水位，目标污染物浓度，注入药剂特征指标（包括pH、温度、电导率、总硬度、氧化还原点位、溶解氧等），工程性能指标（包括桩身强度、渗透系数等），二次污染物等。运行初期监测频次一般为半个月一次，运行稳定期一月一次，运行后期一季度一次，两个批次之间时间间隔不少于1个月。

为确保修复后地下水达标，污染地下水阶段性修复完成后，施工单位进行自检取样，环境监理应监督施工单位自检过程，确保现场采样过程的规范性，如图 4-46 所示。必要时环境监理单位可同步开展地下水抽样检测，例如可通过便携式环境监测仪器在项目现场对修复后地下水的 pH、TVOC 等指标进行抽样检测，如有必要可委托有资质的第三方机构对地下水中关注污染物和二次污染物开展实验室定性和定量检测，辅助环境监理初步评估地下水修复效果，保障地下水修复质量符合要求，如图 4-47 所示。

图 4-46 修复后地下水自检采样

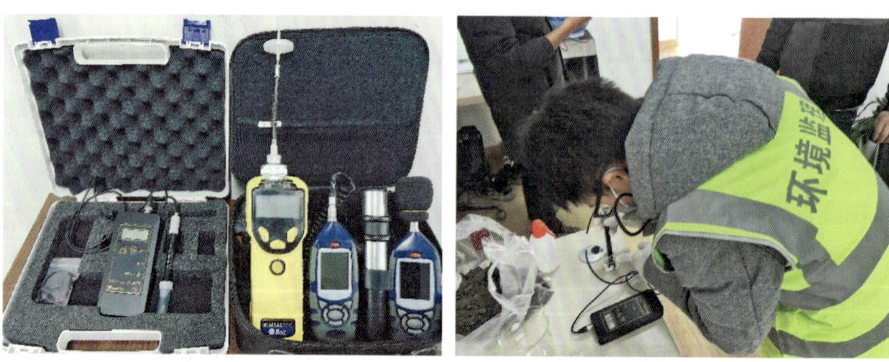

图 4-47 环境监理现场对修复后地下水 pH、TVOC 指标抽样检测

3. 修复后地下水处置质量控制

根据修复技术方案及相关国家及地方规范要求，对于抽出处理技术完成后的地下水可采用回灌或纳入市政污水管网，且修复标准需满足调查评估、修复方案或实施方案中确定的修复目标值及纳管排放要求，未修复达标地下水停止回灌或外排。纳入市政污水管网施工单位还需经过水务主管部门申请办理临时纳管排放行政许可证明。为确保纳入市政污水管网的地下水满足地方纳管标准，水务主管部门工作人员到场对待排放的地下水进行抽查检测，直至效果评估单位及水务主管部门检测均合格后，通知施工单位，方可排入污水管网。修复达标的地下水排放期间，环境监理每日到场统计并核实排水方量，如图 4－48 所示。

图 4－48 修复达标地下水纳管排放

4.3 效果评估阶段环境监理质量控制

在开展污染地块风险管控和修复工程效果评估验收工作时，环境监理单位应就现场工作内容和情况进行总结，并编制污染地块风险管控和修复工程环境监理总结报告，环境监理总结报告应在环境监理总监的主持下编写，根据污染地块风险管控与土壤修复效果评估、污染地块地下水修复和风险管控效果评估，全面总结污染地块风险管控和修复工程环境监理成果，对工程实施过程中的质量控制做出客观评价，结合效果评估验收采样数据，判断风险管控是否达到预期效果，土壤与地下水修复是否达到修复目标，并对修复工程中存在的问题提出处理意见和建议，环境监理总结报告将作为施工过程中的关键资料。风险管控效果评估报告和修复效果评估报告由省级生态环境主管部门会同自然资源等主管部门委托第三方专业机构组织评审，经专家评审通过后，土壤污染责任人、土地使用权人将评审通过的风险管控效果评估报告、修复效果评估报告上传至全国土壤环境信息平台。

4.3.1 污染地块风险管控与土壤修复效果评估要点

环境监理单位应充分与效果评估单位进行密切沟通，配合开展风险管控和土壤修复工程效果评估验收监测工作，核查污染地块风险管控效果是否达到预期效果，或土壤修复效果是否达到修复目标，提出后期环境监管建议，为污染地块环境保护监督管理提供支撑。

1. 基坑效果评估验收采样

施工单位在对清挖后基坑自检合格并经环境监理现场确认后，通知效果评估单位到场对基坑底部及基坑侧壁进行效果评估验收采样，环境监理全过程旁站并记录，如图 4－49、图 4－50 所示。根据《污染地块风险管控与土壤修复效果评估技术导则（试行）》（HJ 25.5－2018），基坑清理效果评估对象为地块修复方案中确定的基坑底部与侧壁，应在基坑清理完毕之后、回填之前进行效果评估验收采样。若基坑侧壁采用围护桩形式进行基坑安全支护，则宜在

图 4－49　清挖后基坑效果评估验收采样

基坑清理的同时对基坑侧壁采样,或于围护工程实施完成后在围护桩外边缘进行效果评估验收采样。基坑底部采用系统布点法,侧壁采用等距离布点法。当基坑清挖面积小于 100 m^2时,基坑底部最少设置 2 个采样点,侧壁最少设置 4 个采样点;当基坑清挖面积大于 12 500 m^2时,基坑底部设置采样点的网格大小不超过 40 m×40 m,侧壁设置采样点间隔不超过 40 m;当基坑清挖深度大于 1 m 时,侧壁应进行垂向分层采样,垂向距离不大于 3 m。基坑底部和侧壁的样品以去除杂质后的土壤表层样品为主(0~20 cm),不排除进行深层采样。对于污染类型为重金属和半挥发性有机物的,在一个采样网格和间隔内可采集混合样品,监测方法参照《建设用地土壤污染风险管理和修复监测技术导则》(HJ 25.2－2019)。

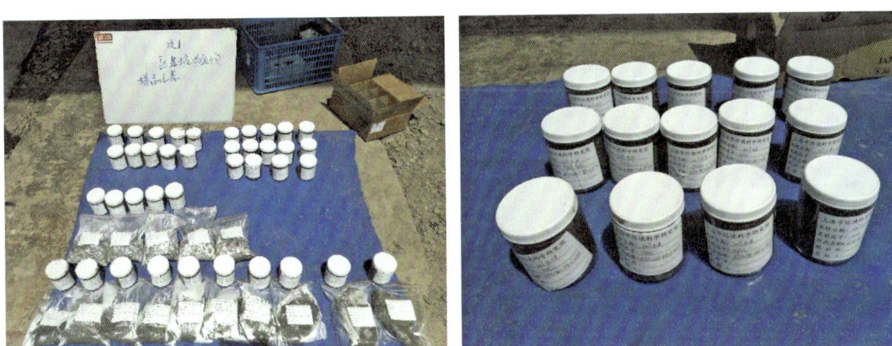

图 4－50 清挖后基坑效果评估验收样品

环境监理单位接到效果评估单位基坑检测报告数据后,经核实并判断是否达到基坑清理目标值。若验收结果超过基坑清理目标值时,要求施工单位对验收超标点位进行原因分析,并由施工单位提交关于基坑扩挖的《工程联系单》,环境监理单位和效果评估单位核实并确认基坑超标扩挖情况,施工单位应根据相关要求进行扩挖处理并对清挖后的污染土壤进行修复,直至基坑清挖效果达到清理目标值、扩挖土壤修复效果达到修复目标值。

2. *修复后土壤效果评估验收采样*

施工单位在对修复后土壤自检合格并经环境监理现场确认后,通知效果评估单位到场对修复后土壤进行验收取样,环境监理全过程旁站并记录,如图 4－51、图 4－52 所示。依据《污染地块风险管控与土壤修复效果评估技术导则(试行)》(HJ 25.5－2018),土壤修复效果评估范围包括异位修复后土壤堆体、原位修复后土壤以及潜在二次污染区域。

图 4－51　修复后土壤效果评估验收采样

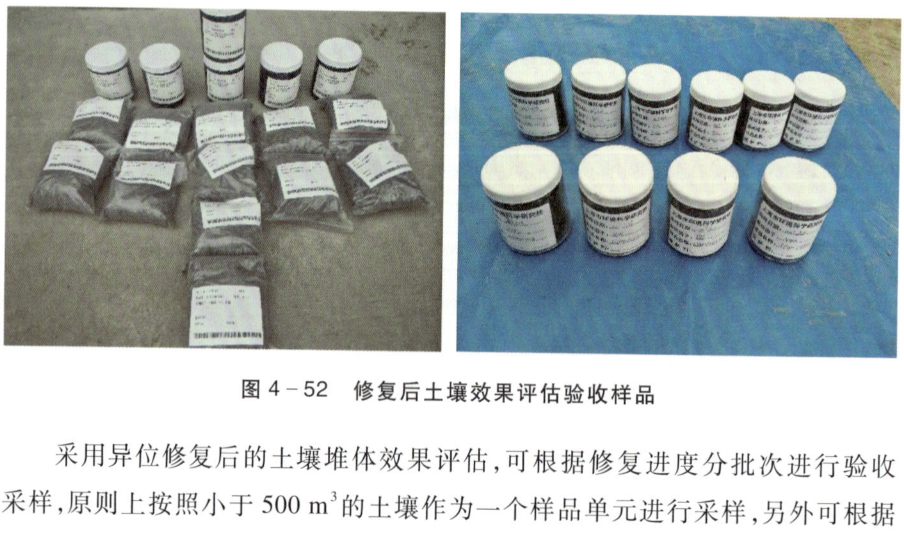

图 4－52　修复后土壤效果评估验收样品

采用异位修复后的土壤堆体效果评估,可根据修复进度分批次进行验收采样,原则上按照小于 500 m^3的土壤作为一个样品单元进行采样,另外可根据计算出的不同差变系数查询计算对应的推荐采样数量进行采样,差变系数计算方法见 HJ 25.5－2018 附录 B。异位修复后的土壤采样点的设置一般采用系统布点法,同时应该考虑空间差异因素,在修复效果的薄弱区域增设采样点位。污染类型为重金属和半挥发性有机物,可在采样单元内采集混合样品,监测方法参照 HJ 25.2－2019。

采用原位修复后的土壤效果评估,可根据修复进度、修复设施设置等情况分区域进行验收采样。原位修复后的土壤采样点的设置,一般在水平方向上采用系统布点法,垂直方向上根据土层性质设置采样点,原则上垂向采样点之间距离不大于 3 m,采样深度应不小于调查评估确定的污染深度以及修复可能造成污染物迁移的深度,具体根据实际情况确定,应结合地块污染分布、土壤性质、修复设施设置等,在高浓度污染物聚集区、修复效果薄弱区、修复范围边界处等位置增设采样点位。

潜在二次污染区域土壤效果评估,可根据修复进度分批次进行验收采样,评估范围主要包括:污染土壤暂存处理区、修复后土壤待检区、污染地下水及废水暂存处理区、修复后地下水待检区、一般固体废物或危险废物堆存区、运输车辆临时道路区域、修复过程中污染物迁移涉及的区域以及其他潜在二次污染区域等。潜在二次污染区域土壤效果评估采样点的设置,可根据修复设施设置、潜在二次污染来源等情况进行判断,也可采用系统布点法,样品以去除杂质后的土壤表层样品为主(0~20 cm),不排除深层采样。

环境监理单位接到效果评估单位土壤检测报告数据后,经核实并判断是否达到土壤修复目标值。若土壤验收结果超过土壤修复目标值,环境监理应立即签发《环境监理返工指令单》,要求施工单位进行原因分析并根据修复方案要求对土壤验收超标点位进行返工修复,直至土壤修复效果达到修复目标值。若验收结果显示潜在二次污染区域土壤超过修复方案中确定的修复目标值,则需要对超标点位进行扩挖,直至清挖后污染土壤修复效果达到修复目标值。

具体污染地块风险管控与土壤修复效果评估要点如表 4－9 所示,主要内容包括评估对象、采样节点、布点数量与位置、检测指标、效果评估标准值、后期环境监管建议。

表 4－9　污染地块风险管控与土壤修复效果评估要点

风险管控与土壤修复		评估对象	采样节点	布点数量与位置	检测指标	效果评估标准值	后期环境监管建议
土壤修复效果评估	基坑清挖	修复方案中确定的基坑	基坑清理之后、回填之前采样；若基坑侧壁采用基础围护，则宜在基坑清理同时进行基坑侧壁采样，或于基础围护实施后在围护设施外边缘采样；可根据工程进度对基坑进行分批次采样	当基坑深度大于 1 m 时，侧壁应进行垂向分层采样，应考虑地块土层性质与污染垂向分布特征，在污染物易富集位置设置采样点，各层采样点之间垂向距离不大于 3 m，具体根据实际情况确定。基坑坑底和侧壁的样品以去除杂质后的土壤表层样为主（0～20 cm），不排除深层采样。对于重金属和半挥发性有机物，在一个采样网格和间隔内可采集混合样，采样方法参照 HJ 25.2－2019	对应修复范围内土壤中目标污染物；存在相邻基坑时，应考虑相邻基坑中目标污染物	地块调查评估、修复方案或实施方案中确定的修复目标值	
	土壤异位修复	异位修复后的土壤堆体	修复完成后、再利用之前采样；按照堆体模式进行异位修复	原则上每个采样单元（每个样品代表的土方量）不应超过 500 m^3，也可根据修复后土壤中污	修复方案中确定的目标污染物，若外运至其他地块，	若修复后土壤回填至原基坑，调查评估、修复方案或实	

续　表

风险管控与土壤修复		评估对象	采样节点	布点数量与位置	检测指标	效果评估标准值	后期环境监管建议
土壤修复效果评估	土壤异位修复		后的土壤，宜在堆体拆除之前进行采样；可根据修复进度进行分批次采样	染物浓度分布特征参数计算修复差变系数，根据不同差变系数查询计算对应的推荐采样数量；修复后土壤一般采用系统布点法设置采样点，同时应考虑修复效果空间差异，在修复效果薄弱区增设采样点；重金属和半挥发性有机物可在采样单元内采集混合样；堆体高度应便于采样工作开展	还应根据接受地环境要求增加检测指标；二次污染物	施方案中确定的修复目标值；若外运到其他地块，应根据接受地环境要求确定	下列情景下，应提出后期环境监管建议：修复后土壤中污染物浓度未达到 GB 36600－2018 第一类用地筛选值的地块；实施风险管控的地块，其监管方式一般包括长期环境监测与制度控制。 开展长期环境监测，设置地下水监测井进行周期性采样和检测，也可设置土壤气监测井进行土壤气样品采集和检测，原则上长期监测 1～2 年开展一次，可根据实际情况进行调整；
	土壤原位修复	原位修复后的土壤	修复完成后采样，可按照修复进度、修复设施设置等情况分区域采样	原位修复后的土壤水平方向上采用系统布点法，垂直方向上采样深度应不小于调查评估确定的污染深度以及修复可能造成污染物迁移的深度，根据土层性质设置采样点，原则上垂向采样点之间距离不大于	修复方案中确定的目标污染物；二次污染物	地块调查评估、修复方案或实施方案中确定的修复目标值；潜在二次污染物可参照 GB 36600－2018 中一类用地筛选值执行	

续 表

风险管控与土壤修复		评估对象	采样节点	布点数量与位置	检测指标	效果评估标准值	后期环境监管建议
土壤修复效果评估	土壤原位修复			3 m,具体根据实际情况确定,应结合地块污染分布、土壤性质、修复设施设置等,在高浓度污染物聚集区、修复效果薄弱区、修复范围边界处等位置增设采样点		或根据暴露情景进行风险评估确定	开展制度控制,包括限制地块使用方式、限制地下水利用方式、通知和公告地块潜在风险、制定限制进入或使用条例等方式,多种制度控制可同时使用
	土壤修复二次污染区域	污染土壤暂存处理区、修复后土壤待检区、污染地下水及废水暂存处理区、修复后地下水待检区、一般固体废物或危险废物堆存区、运输车辆临时道路区域、修复过程中污染物迁移涉及区域以及其他潜在二次污染区域等	此区域开发利用之前采样,可根据工程进度对潜在二次污染区域进行分批次采样	原则上根据修复设施设置、潜在二次污染来源等资料判断布点,也可以采用系统布点法设置采样点。潜在二次污染区域样品以去除杂质后的土壤表层样为主(0~20 cm),不排除深层采样	修复方案中确定的目标污染物;二次污染物	地块调查评估、修复方案或实施方案中确定的修复目标值;潜在二次污染物可参照 GB 36600－2018 中一类用地筛选值执行或根据暴露情景进行风险评估确定	

续表

风险管控与土壤修复	评估对象	采样节点	布点数量与位置	检测指标	效果评估标准值	后期环境监管建议
风险管控效果评估	固化/稳定化、封顶、阻隔填埋、地下水阻隔墙、可渗透反应墙等	一般在工程设施完工1年内开展。工程性能指标按照工程实施评估周期和频次进行，污染物指标应采集4个批次的数据，建议每个季度采样一次	结合风险管控措施的布置，在风险管控范围上游、内部、下游以及可能涉及潜在二次污染区域设置地下水监测井，可充分利用地块调查评估与修复实施等阶段设置的监测井	抗压强度、渗透性能等工程性能指标和关注污染物浓度、浸出浓度、土壤气、室内空气等污染物指标；土壤理化指标、修复设施运行参数、地下水位、地下水流速、地球化学参数等	工程性能指标应满足设计要求或不影响预期效果；下游地下水中污染物浓度应持续下降，固化/稳定化后土壤中污染物浸出浓度应达到接收地地下水用途对应标准值或不会对地下水造成危害	

4.3.2 污染地块地下水修复和风险管控效果评估要点

环境监理单位应充分与效果评估单位进行密切沟通，配合开展地下水修复和风险管控效果评估验收监测工作，核查污染地下水风险管控效果是否达到预期效果，或地下水修复效果是否达到修复目标，提出后期环境监管建议，为污染地块环境保护监督管理提供支撑。

1. 地下水风险管控效果评估采样

地下水风险管控效果评估一般在工程设施完工1年内开展，检测指标包括工程性能指标和污染物指标，可增加地下水位、流速、化学参数等作为辅助判断依据，如图4－53、图4－54所示。工程性能指标的检测，委托具有建设工程质量检测机构资质证书的第三方检测机构开展，对垂直阻隔桩的水泥试块、

图4－53 垂直阻隔桩取芯检测

图4－54 地下水污染物指标效果评估验收采样

桩芯及渗透性进行质量检测，检测单位出具水泥试块检测报告及桩芯检测报告。参考上海市工程建设规范《基坑工程技术标准(DG/TJ 08－61－2018)》相关要求，水泥土试块试验和钻取桩芯检测应符合下列要求：① 试块制作应采用70.7 mm×70.7 mm×70.7 mm立方体试模，应在坑底以上1 m范围内和坑底以上最软弱土层处的搅拌桩内设置取样点，每个取样点制作3件水泥土试块。② 钻取桩芯宜采用ϕ110钻头，在开挖前或搅拌桩龄期达到28 d后连续钻取全桩长范围内的桩芯，桩芯应呈硬塑状态并无明显的夹泥、夹砂断层，桩芯立即密封并做抗压强度试验和渗透性试验，双轴搅拌桩取样数量不少于总桩数的0.5%，高压旋喷桩取样数量不少于总桩数的1.0%，同一取样位置可在上、中、下三点取得试样，试样抗压强度标准值取三点平均值。垂直阻隔桩强度以28 d无侧限抗压强度q_u为标准，q_u不应低于0.8 MPa；渗透系数应不大于10^{-7} cm/s，垂直阻隔桩强度和渗透系数还应符合设计方案要求。钻取桩芯完成后的空隙应及时注浆填充。

环境监理单位接到效果评估单位检测数据后，经核实并判断风险管控是否达到预期效果。若工程性能指标和污染物指标均达到评估标准，则判断风险管控达到预期效果；否则应对风险管控措施进行优化或调整，直至达到评估标准。若验收结果显示潜在二次污染区域地下水超过修复方案中确定的修复目标值，则需要对超标点位进行补充修复，直至污染地下水修复效果达到修复目标值。

2. 地下水修复效果评估验收采样

施工单位在对异位抽提处理后的地下水自检合格，并经环境监理现场确认后，通知效果评估单位到场对修复后地下水进行验收取样，环境监理全过程现场旁站并记录，如图4－55、图4－56所示。

地下水修复效果评估对象为地下水修复范围的上游、内部和下游，以及修复可能涉及的二次污染区域。至少采集8个批次样品，采样持续时间至少为1年；原则上采样频次为每季度一次，两个批次之间间隔不得少于1个月，对于地下水流场变化较大的地块，可适当提高采样频次。原则上修复效果评估范围上游应至少设置1个监测点，内部应至少设置3个监测点，下游应至少设置2个监测点；原则上修复效果评估范围内部采样网格不宜大于80 m×80 m，存

图 4－55　抽提处理后地下水效果评估验收采样

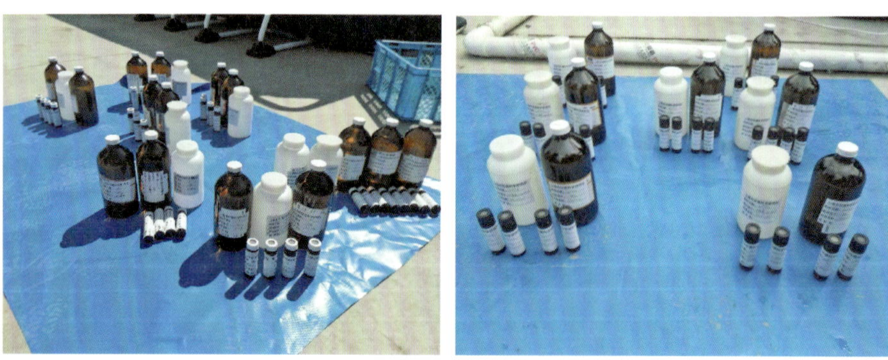

图 4－56　修复后地下水效果评估验收样品

在非水溶性有机物或污染物浓度高的区域，采样网格不宜大于 40 m×40 m；地下水采样点应优先设置在修复设施运行薄弱区、地质与水文条件不利区域等；可充分利用地块环境调查、工程运行阶段设置的监测井，现有监测井应符合地下水修复效果评估采样条件。地下水修复效果的检测指标一般包括修复方案中确定的关注污染物,化学氧化/还原、微生物修复过程中产生的二次污染物,必要时地下水常规指标和修复设施运行参数等可作为修复效果评估的依据。原位地下水修复效果评估验收采样如图4-57、图4-58所示。

图4-57 原位地下水修复效果评估验收采样

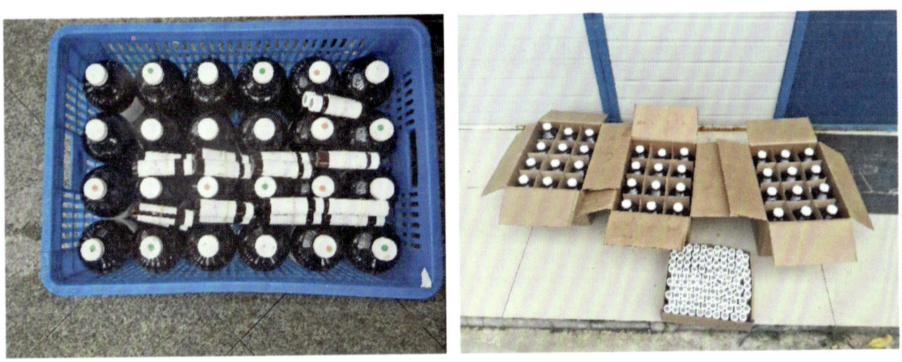

图4-58 原位地下水修复效果评估验收样品

环境监理单位接到效果评估单位抽提处理后地下水检测报告数据后,核实并判断是否达到地下水修复目标值。若地下水验收结果超过地下水修复目标值,环境监理应立即通知施工单位对验收超标点位进行返工修复,并签发《环境监理返工指令单》,要求施工单位进行原因分析并根据修复方案要求对地下水验收超标点位进行返工修复或采取一定技术方法进行补充修复,直至地下水修复效果达到修复目标值。若验收结果显示潜在二次污染区域地下水超过修复方案中确定的修复目标值,则需要对超标点位进行补充修复,直至污染地下水修复效果达到修复目标值。

环境监理单位接到效果评估单位对原位地下水验收监测井修复效果检测报告数据后，核实并判断是否达到修复目标值。若验收结果超过修复目标值，则要求施工单位对验收超标监测井点位进行原因分析，并由施工单位提交关于地下水超标点位涉及区域处置的《工程联系单》，环境监理单位和效果评估单位核实并确认原位地下水修复效果验收监测超标情况，施工单位应根据修复方案及相关要求继续抽提处理或补充修复，直至原位地下水监测井修复效果达到修复目标值。

具体污染地块地下水修复和风险管控效果评估要点如表 4－10 所示，主要内容包括评估对象、采样节点、布点数量与位置、检测指标、效果评估标准值、后期环境监管建议。

4.4 质量控制环境监理要点

4.4.1 不同环节质量控制环境监理要点

结合污染地块风险管控和修复工程特点，根据污染土壤与地下水修复技术工艺，对风险管控和修复工程的关键环节和要点进行识别，并提出相应的环境监理控制要求、控制方法及技术建议。应按照环境监理细则，对主体修复工程各环节开展全过程环境监理。污染地块风险管控和修复工程关键技术环节包括场地平整、围护桩建设、土壤挖掘、土壤短驳、土壤暂存、土壤修复、修复达标后土壤外运、修复达标后土壤回填、风险管控、地下水抽提环节、地下水地面处理环节、原位处理环节、修复达标后的地下水排放环节等。

不同环节质量控制环境监理要点如表 4－11 所示。

4.4.2 常用风险管控和修复技术质量控制环境监理要点

主体风险管控和修复工程环境监理工作要点根据采用具体风险管控和修复模式以及技术方法进行确定，应按照环境监理细则对主体风险管控和修复工程各环节开展全过程环境监理。常用风险管控和修复技术质量控制环境监理要点如表 4－12 所示。

表 4-10 污染地块地下水修复和风险管控效果评估要点

地下水修复与风险管控	评估对象	采样节点	采样持续时间和频次	布点数量与位置	检测指标	效果评估标准值	后期环境监管建议
地下水修复效果评估	地下水修复范围的上游、内部和下游，以及修复可能涉及的二次污染区域	初步判断地下水中污染物浓度稳定达标且地下水流场达到稳定状态时，方可进入地下水修复效果评估阶段；原则上采用修复工程运行阶段监测数据进行修复达标初判，至少需要连续4个批次的季度监测数据；若修复过程未改变地下水流场，则地下水位、流量、季节变化等与修复开展前应基本相同，若改变则需达到新的稳态，地下水流场受周边影响较大等情况除外	至少采集8个批次样品，采样持续时间至少为1年；原则上采样频次为每季度一次，两个批次之间间隔不得少于1个月，对于地下水流场变化较大的地块，可适当提高采样频次	原则上修复效果评估范围上游应至少设置1个监测点，内部应至少设置3个监测点，下游应至少设置2个监测点；原则上修复效果评估范围内部采样网格不宜大于80 m×80 m，存在非水溶性有机物或污染物浓度高的区域，采样网格不宜大于40 m×40 m；地下水采样点应优先设置在修复设施运行薄弱区、地质与水文条件不利区域等；可充分利用地块环境调查、工程运行阶段设置的监测井，现有监测井应符合地下水修复效果评估采样条件	修复技术方案中确定的目标污染物；化学氧化/还原、微生物修复产生的二次污染物；地下水常规指标、修复设施运行参数等	地块环境调查或修复技术方案中目标污染物的修复目标值；二次污染物的评估标准可参照GB/T 14848－2017中地下水使用功能对应标准值或根据暴露情景确定	根据修复和风险管控效果评估结论，实施风险管控的地块，其监管方式一般包括长期环境监测与制度控制。 开展长期环境监测，设置地下水监测井进行周期性采样和检测，也可设置土壤气监测井进行土壤气样品采集和检测，原则上长

续 表

地下水修复与风险管控	评估对象	采样节点	采样持续时间和频次	布点数量与位置	检测指标	效果评估标准值	后期环境监管建议
风险管控效果评估		一般在工程设施完工1年内开展；污染物指标应至少采集4个批次样品，原则上每季度一次，两个批次之间间隔不得少于1个月，对于地下水流场变化较大的地块，可适当提高采样频次；工程性能指标应按照工程设施评估周期和频次进行评估		结合风险管控措施的布置，在风险管控范围上游、内部、下游以及可能涉及潜在二次污染区域设置监测点，可充分利用地块环境调查、修复和风险管控实施阶段设置的监测井，现有监测井应符合风险管控效果评估采样条件	抗压强度、渗透性能等工程性能指标和关注污染物浓度、浸出浓度、土壤气、室内空气等污染物指标；地下水位、地下水流速、地球化学参数等	工程性能指标应满足设计要求或不影响预期效果；下游地下水中污染物浓度应持续下降，地下水污染物扩散得到控制	期监测1～2年开展一次，可根据实际情况进行调整；开展制度控制，包括限制地块使用方式、限制地下水利用方式、通知和公告地块潜在风险、制定限制进入或使用条例等方式，多种制度控制可同时使用

表 4－11 不同环节质量控制环境监理要点

环境监理关键环节	质量控制	
	环境监理控制要点	质量未达标处理方式
场地平整	调查现场地下管线布置情况;复核场地边界范围及高程	重新复核场地标高
围护桩建设	围护桩放样复核;水灰比、泥浆比重、水泥掺量、搭接长度及桩长;搅拌喷浆时间;围护桩施工记录;桩身质量控制检测	局部补桩、增加水泥掺量及注浆等措施,确保止水帷幕不渗漏
	钢板桩、钢支撑、水泥等材料进场;坐标点位置、深度	调整设计图纸,增加围护桩,确保基坑结构安全
土壤挖掘	核实污染区域范围;放样范围关键点保护措施;挖掘范围和深度;施工安全措施及安全标志;必要的基坑降水过程;土壤分类挖掘;挖掘后基坑形状、尺寸和方量;监督施工单位基坑自检	基坑清挖前、清挖完成后,对污染范围坐标点位测量复核,清挖未到位时继续清挖,确保清挖到位
土壤短驳	短驳路线和位置	核实运输路线,并检查是否报环保局备案,未按运输路线立即停止
土壤暂存	暂存区建设,包括场地选址、平面布置、工艺及设备选型安装;土工布、HDPE 膜等防渗材料的外观、数量及规格、铺设搭接工艺、膜焊缝质量检测等;污染土壤分类堆存情况	暂存区存在破损立即修补,未分类土壤立即停止,对造成混堆土壤重新返工修复

续　表

环境监理关键环节	质量控制	
	环境监理控制要点	质量未达标处理方式
土壤修复	修复工程辅助构筑物（如密闭大棚）的构建；土壤预处理（如筛分、破碎）过程；修复药剂使用情况，包括药剂添加种类、顺序、比例和方式等；修复设备和仪器运行使用情况；修复技术工艺实施情况，包括流程、主要环节和工艺参数等；筛分、搅拌过程；土壤修复方量核实；土壤自检及效果评估监测；大棚尾气效果评估监测	核实实验室小试、现场中试试验确定药剂投加量，控制药剂投加比例，未按方案实施应重新校核并采取补救措施或组织专家评审进行方案变更
修复达标后土壤外运	短驳路线和位置、土壤装卸过程	核实修复后土壤是否满足接收地土壤环境质量标准
修复达标后土壤回填	回填路线和位置、土壤装卸过程	核实修复后土壤是否满足调查评估、修复方案或实施方案中确定的修复目标值要求，未按回填路线立即停止
风险管控	核实污染区域范围；放样范围关键点保护措施；垂直阻隔系统的构建，包括阻隔桩桩规格尺寸、边界、施工记录，抗压强度、渗透系数、桩身连续性与完整性等工程性能指标检测、污染物指标检测；水平阻隔系统的构建，包括水平阻隔土工膜材料规格尺寸、水平阻隔边界、铺设平整度、水平阻隔施工记录，焊缝强度检测（气压检测、破坏性检测等）	水平阻隔系统与垂直阻隔系统的构建不符合方案要求应重新校核并采取补救措施或组织专家评审进行方案变更

续表

环境监理关键环节	质量控制	
	环境监理控制要点	质量未达标处理方式
地下水抽提环节	垂直阻隔系统的构建,包括规格尺寸、边界等;抽提井点位位置、数量和深度;抽提井材质和规格、抽提井设备或仪器运行使用情况;抽提井保护措施	抽提井点位位置、数量和深度复核不符合方案要求应重新校核并采取补救措施或组织专家评审进行方案变更
地下水地面处理环节	地下水处理量的核实;泥水分离系统运行情况;修复药剂使用情况,包括药剂添加种类、顺序、比例和方式等;污染物处理工艺流程、主要环节和工艺参数等;处理后地下水自检及修复效果评估监测,包括监测因子、监测频次、监测周期等	核实实验室小试、现场中试试验药剂投加量,控制药剂投加比例,未按方案实施应重新校核并采取补救措施或组织专家评审进行方案变更
原位处理环节	核实污染区域范围和施工安全措施及安全标志;垂直阻隔系统的构建;监测井构建,包括井管材质、规格尺寸、布设点位、深度等;修复实施装置构建,如搅拌系统、注入系统、修复药剂配备系统等;修复药剂(如化学或物理药剂)使用情况,包括药剂主要组分、添加顺序、比例、方式和速率等;修复设备和仪器运行使用情况(包括各种泵机、空压机、探头、管路及仪表、在线监控设备、气体收集设施等);原位地下水自检及修复效果评估监测,包括监测因子、监测频次、监测周期等	核实实验室小试、现场中试试验药剂投加量,控制药剂投加比例,未按方案实施应重新校核并采取补救措施或组织专家评审进行方案变更。原则上每口监测井检测指标均持续稳定达标,地下水达到修复效果
修复达标后的地下水排放环节	水质效果评估采样监测及水质达标情况;回灌方式和路线;纳管位置和经纳管排放后的去向;修复达标后的地下水处理量的核实	核实修复后地下水是否满足调查评估、修复方案或实施方案中确定的修复目标值及纳管排放要求,未修复达标地下水禁止排放

表 4－12　常用风险管控和修复技术质量控制环境监理要点

监理要点	化学氧化/还原		热解吸（热脱附）		固化/稳定化		异位常温解吸	异位化学淋洗	水泥窑协同处置	阻隔技术	生物修复	地下水抽出处理
	异位	原位	异位	原位	异位	原位						
审查施工单位资质证明文件，包括资质等级、技术能力和管理水平	√	√	√	√	√	√	√	√	√	√	√	√
审查有关设计变更、图纸变更等，修复过程有变更时，督促修复施工单位履行变更手续，提供变更说明或修复调整方案，变更理由充分	√	√	√	√	√	√	√	√	√	√	√	√
审查施工组织设计及专项施工方案等相关文件	√	√	√	√	√	√	√	√	√	√	√	√
踏勘污染地块风险管控与修复工程的实施情况、环境保护措施落实情况等内容	√	√	√	√	√	√	√	√	√	√	√	√
审查施工单位提交的各种材料、设备、施工药剂等质量证明文件，包括出厂合格证、质量检验或试验报告等	√	√	√	√	√	√	√	√	√	√	√	√
核实污染区域范围及关键点保护措施	√	√	√	√	√	√	√	√	√	√	√	√

续表

监理要点	化学氧化/还原		热解吸（热脱附）		固化/稳定化		异位常温解吸	异位化学淋洗	水泥窑协同处置	阻隔技术	生物修复	地下水抽出处理
	异位	原位	异位	原位	异位	原位						
监督暂存场或暂存库构建（防雨、防渗、防尘），包括场地选址、平面布置、工艺及设备选型、基础防渗地坪建设、仓库建设，防渗材料（如HDPE膜、土工布等）数量、规格尺寸选型	√		√		√		√	√			√	√
监督修复工程辅助构筑物（如密闭大棚）的构建及运行情况	√		√		√		√				√	
监督尾气处理单元构建（除尘、喷淋、冷却、尾气吸附及排放等）及运行情况	√		√		√		√		√		√	√
监督基坑围护及降水过程	√		√		√		√	√	√		√	√
监督土壤分类挖掘及暂存过程	√		√		√		√	√	√		√	
核实挖掘后基坑形状、尺寸和方量	√		√		√		√	√	√		√	
监督车辆按指定路线转移至处理区域	√		√		√		√	√	√		√	
统计运输车次和运输量	√		√		√		√	√	√		√	
监督土壤预处理（如筛分、破碎等）过程	√		√		√		√	√	√		√	

续 表

监理要点	化学氧化/还原		热解吸（热脱附）		固化/稳定化		异位常温解吸	异位化学淋洗	水泥窑协同处置	阻隔技术	生物修复	地下水抽出处理
	异位	原位	异位	原位	异位	原位						
监督修复药剂使用情况，包括药剂添加种类、顺序、比例和方式等	√	√	√	√	√	√	√	√	√		√	√
监督修复技术工艺实施情况，包括流程、主要环节和工艺参数等	√	√	√	√	√	√	√	√	√	√	√	√
监督修复设备和仪器运行使用情况	√	√	√	√	√	√	√	√	√	√	√	√
核实修复方量	√	√	√	√	√	√	√	√	√	√	√	√
监督修复后土壤回填路线和位置、土壤装卸过程	√		√		√		√	√	√		√	
监督修复后土壤外运地点和处置方式，外运土壤运输环节	√		√		√		√	√	√		√	
监督阻隔桩的构建和效果，包括规格尺寸、边界等		√		√		√				√		√
监督抽提井布设，包括点位位置和深度、抽提井材质和规格等		√		√								√
监督抽提井保护措施		√		√								√

续 表

监 理 要 点	化学氧化/还原		热解吸（热脱附）		固化/稳定化		异位常温解吸	异位化学淋洗	水泥窑协同处置	阻隔技术	生物修复	地下水抽出处理
	异位	原位	异位	原位	异位	原位						
监督抽提井布设设备或仪器运行使用情况	√	√	√	√								√
监督修复达标后的地下水回灌方式和路线	√		√	√				√				√
监督修复达标后的地下水纳管排放位置和经纳管排放后的去向	√		√	√				√				√
监督落实自检及风险管控与修复效果评估监测,包括监测因子、监测频次、监测周期等	√	√	√	√	√	√	√	√	√	√	√	√
监督潜在二次污染区域土壤与地下水效果评估	√	√	√	√	√	√	√	√	√	√	√	√
监督样品分析单位的资质及能力是否符合要求	√	√	√	√	√	√	√	√	√	√	√	√
明确地块后期环境监管及监管主体,制定详细的长期环境监测方案	√	√	√	√	√	√	√	√	√	√	√	√

第5章　二次污染控制

环境监理应依据相关环境保护法律法规、地块污染状况调查及健康风险评估报告、修复技术方案、环境监理合同等，对污染地块修复治理过程实施专业化的环境保护咨询和技术服务，监督施工单位全面落实各项环保措施，防止污染地块修复过程中二次污染的产生，检查土壤、水、大气、噪声、固体废物等环境保护措施是否符合要求，并监控各污染物的产生来源、防治措施、控制情况和最终处置，保障人体健康及保护生态环境。

5.1　施工准备阶段环境监理二次污染控制

污染地块修复工程施工准备阶段环境监理主要包括：资料收集与现场踏勘、组建环境监理机构、参加修复工程设计交底、编制环境监理方案、审核施工组织设计（方案）、建立环境监理会议制度、开展宣贯工作、编制污染场地修复工程环境监理实施细则等内容。

资料收集与现场踏勘阶段，环境监理应赴现场观察污染地块及其周围环境现状，结合地块污染状况调查、健康风险评估与修复方案等相关报告，重点关注地块内及其周边修复工程可能影响的环境敏感区，如《土壤环境质量 建设用地土壤污染风险管控标准（试行）》（GB 36600－2018）中规定的第一类用地[包括 GB 50137－2011 规定的城市建设用地中的居住用地（R），公共管理与公共服务用地中的中小学用地（A33），医疗卫生用地（A5）和社会福利设施用地（A6），以及公园绿地（G1）中的社区或儿童公园用地等]。

环境监理应结合现场踏勘情况，对施工组织设计（方案）二次污染部分进行核查：核查二次污染控制措施与方案的相符性，核查施工过程中土壤、水、大气、噪声、固体废物等二次污染控制措施是否合理，核查环境污染事故应急预案是否明确以及施工过程中环境保护的其他相关内容。

污染地块修复工程施工准备阶段二次污染控制环境监理关键技术要点主要包括以下内容：

（1）现场踏勘，结合地块污染状况调查、健康风险评估与修复方案等相关报告，重点关注场地施工条件和周边环境敏感区域，如居民区、学校、医院、饮用水源保护区及其他公共场所等，通过照片、影像、工作日志等记录场地修复前地形地貌、场内遗留物状态、地表水或地下水表观特征。

（2）重点核查施工组织设计与修复技术方案的设计参数相符性、二次污染防治措施合理性、周边环境敏感点保护措施合理性以及环境监测计划合规性。

（3）核查施工组织设计中土壤、水、大气、噪声、固体废物等二次污染防治措施的全面性和处理设施的合理性。

（4）核查是否结合修复工程实际情况制定环境污染事故应急预案以及与修复方案的相符性。

（5）核实施工单位对地块当地土壤、地下水、空气、噪声的环境背景值调查是否准确，以及是否对现场可能产生二次污染的临时用地背景值进行调查，避免二次污染。

（6）检查施工现场修复设备、材料、修复药剂等是否满足环保要求，是否符合相关施工组织设计方案要求。

（7）检查施工现场二次污染控制措施是否落实到位，满足开工条件。

5.2　工程实施阶段环境监理二次污染控制

在工程实施阶段，环境监理应核查二次污染控制措施与修复方案和施工组织设计（方案）的相符性，指导施工单位落实各项二次污染防控措施，并核查施工单位对土壤、水、大气、噪声、固体废物的实际监测是否合理。同时，环境监理单位可通过便携式环境监测仪器对工程运行过程和周边敏感区域开展环境监测，如有必要可委托有资质的第三方机构开展实验室检测，辅助环境监理判断现场二次污染控制效果。

5.2.1 土壤环境保护监理

环境监理应对所有可能造成土壤二次污染的修复过程进行监理，如污染土壤的开挖、短驳、暂存、修复过程因污染土壤掉落、淋溶、交叉污染等方式使得污染扩散；污染地下水抽提、暂存、修复过程因污染水跑冒滴漏及地面渗透造成土壤二次污染；施工机械滴漏机油污染土壤等。

根据修复施工期间土壤污染扩散情况，环境监理单位可以监督施工单位采取以下减缓措施控制土壤污染：

（1）注意污染区与非污染区的划分。施工单位应设置现场标识牌（图 5－1），严格区分不同作业区。如基坑放坡段非污染区与污染区土壤的区分，上层非污染区与下层污染区土壤的区分，开挖区、修复区和待验收区的区分等，避免交叉污染。

图 5－1　现场标识牌

（2）土方短驳过程严禁污染土掉落。污染土壤短驳过程因车辆超载、顶棚未封盖、车速过快等因素导致掉落地面，若掉落区域无硬化、施工单位清理不及时或不规范等行为都极易造成污染扩散，对地块内非污染区土壤造成二次污染风险。污染土壤短驳车辆顶棚未封盖及密闭封盖如图 5－2 所示。

（3）严禁机油滴漏造成土壤污染。凡有机油滴漏的施工机械，滴漏点须备有收集装置，操作人员要负责处理，以防漏油玷污地坪，并及时维修处理，并严格管控施工机械应急维修及加油过程，避免机油滴漏。

(a) 错误示范 (b) 正确示范

图 5－2 土壤短驳车辆监督

（4）严禁污染地下水抽提、暂存、修复过程跑冒滴漏及地面渗透造成土壤污染。地下水抽提区、修复区、暂存区均应设置防渗漏及防溢出等措施，地下水泵送管道接缝处务必保证密闭性，严禁滴漏、径流、渗透造成周边土壤二次污染。污染地下水抽提区防渗、防溢措施如图 5－3 所示；污染地下水暂存区防渗、防溢措施如图 5－4 所示；污染地下水异位修复区防渗、防溢措施如图 5－5 所示；地下水泵送管道接头渗漏及完好密闭管道比对如图 5－6 所示。

（5）做好污染土壤暂存/处理区的防渗漏、防溢及防扬散措施，避免作业区（非土壤污染区）土壤受污染。污染土壤暂存/处理区防渗漏措施未落实及落实情况比对如图 5－7 所示。

(a) 正确示范 (b) 正确示范

图 5－3 污染地下水抽提区防渗、防溢措施

(a) 错误示范　　(b) 正确示范

图 5－4　污染地下水暂存区防渗、防溢措施

(a) 错误示范　　(b) 正确示范

图 5－5　污染地下水异位修复区防渗、防溢措施

(a) 错误示范　　(b) 正确示范

图 5－6　地下水泵送管道密封性

(a) 错误示范　(b) 正确示范

(c) 正确示范　(d) 正确示范

图 5-7　土壤暂存及修复区防渗漏及防溢措施

5.2.2　水环境保护监理

环境监理应对修复施工期间产生废水的处置情况进行监理。施工期废水污染源包括基坑开挖废水、施工区雨水、施工冲洗废水、修复处理过程产生的废水、抽提井建设施工废水或桩基灌注产生的泥浆水、施工人员生活污水等。其中，基坑开挖废水重点关注溶解于废水中的土壤污染物；施工区雨水及施工冲洗废水中主要含有建筑垃圾夹带污染土壤中的污染物以及大量悬浮物(SS)、石油烃、化学需氧量(COD)等污染物；修复处理过程产生废水中的污染物以污染土壤或地下水中的关注污染物以及二次污染物为主，如异位固化稳定化土壤搅拌过程产生的废水、异位热解吸土壤脱水产生的废水及尾气处理单元产生的废水、淋洗废水等；抽提井建设施工废水及桩基灌注产生的泥浆水主要含污染土壤或地下水中的关注污染物及 SS 等特征污染物；生活污水中主要含 COD、生化需氧量(BOD)和 NH_3-N 等污染物。

根据修复施工期间废水排放特征和废水性质,环境监理单位可以监督施工单位采取以下减缓措施控制水污染:

(1)识别地块外潜在的污染源以及地下水污染区阻隔情况。

(2)施工现场基坑废水需集中收集、处理及处置。修复施工期间由于污染土壤开挖至一定深度时会有地下水渗出,积聚在基坑内,污染土壤中的污染物质溶解在基坑废水中,具有环境风险,因此需对此类废水单独收集、处理、监测,达到相关标准后纳管排放或场地内资源化利用等;基坑内有积水回填土壤错误做法和基坑无积水回填土壤比对如图 5-8 所示。

(a) 错误示范

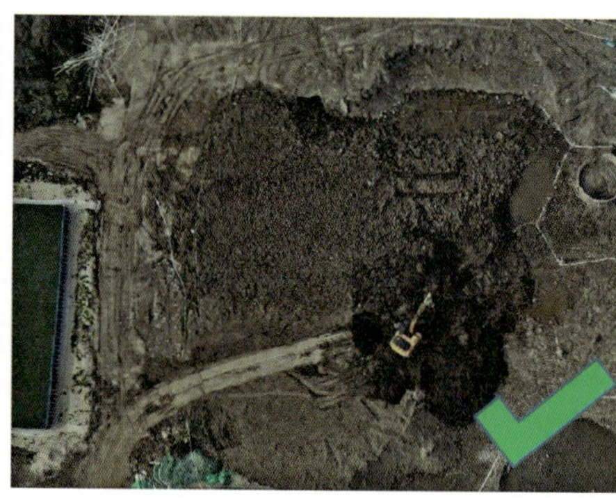

(b) 正确示范

图 5-8　基坑回填

(3)施工区应合理设置排水明渠及临时围堰,并保证其在完好的情况下进行施工,确保施工区内废水不外溢,并设置沉淀池,减少废水中泥沙;施工过程应保证现场围堰完好,如图 5-9 所示。

(4)修复施工期间施工区雨水、道路及车辆冲洗废水、机械或设备清洗废水、建筑垃圾清洗废水、泥浆水经收集、沉淀、处理、监测达到相关标准后纳管排放或场地内资源化利用等。

(5)修复处理过程产生废水可按不同修复技术处理区域分别收集、处理,也可统一集中收集、处理。施工单位应设置废水收集池,并对废水收集池周边设置防渗、防溢措施。对于抽提井建设施工废水或桩基灌注产生的泥浆水均应统一收集并处理,监测达标后方可处置。集水池及排水沟施工如图 5-10 所示。

(a) 错误示范　　(b) 正确示范

图 5-9　异位土壤淋洗区围堰设置

图 5-10　集水池及排水沟施工

(6) 污染土壤修复大棚内的冲洗废水需集中收集、处理。施工单位应为污染土壤修复大棚修建配套的沉淀池，将大棚内的冲洗废水集中排放至沉淀池，并将沉淀池内的废水处理达标后处置。土壤修复大棚配套排水及沉淀池如图 5-11 所示。

(7) 生活污水排放控制。生活污水应设置三级沉淀池进行处理，并采取抽运或检测达标后纳管排放(图 5-12)，不能随地排放或排入当地地表水体，因此需要加强对现场办公区生活污水的管理。

(8) 水污染防治设施建设及运行监督。监督检查水污染防治设施、污水排放口和管网设置与相关方案设计的相符性，是否具备正常运行能力，水处理药剂是否与方案设计一致，设置的流量计是否正常运行，废水处理台账记录是否准确和及时。

图 5－11　土壤修复大棚配套排水及沉淀池

图 5－12　三级沉淀池及生活污水抽运

5.2.3　大气环境保护监理

环境监理应对修复施工期间的大气环境进行监理。污染地块修复工程施工过程中扬尘和废气污染主要来自污染土壤开挖及修复、渣土运输和堆放产生的扬尘和废气；燃油施工机械（发电机和重型车辆）产生的废气污染物，含有颗粒物、二氧化硫、氮氧化物和碳氢化合物等特征污染物。

根据施工期间废气排放特征和性质，环境监理单位可以监督施工单位采取以下环境影响对策措施：

（1）正确佩戴防护口罩等个人防护。现场应设置公告牌，做好个人防护宣传（图 5－13）。环境监理应监督进场人员加强现场个人防护意识，督促施工单位必须做好现场人员安全防护措施（图 5－14）。

图 5－13　公告牌及现场个人防护宣传

(a) 未戴防护口罩和手套

(b) 未戴防护口罩

(c) 正确示范

(d) 正确示范

图 5－14　施工现场个人防护

（2）施工场地周围设置围挡。施工期间场地四周应设围挡措施（图 5－15），以减少扬尘的扩散和污染，在市区主要路段和市容景观道路及机场、码头、车站广场设置的围栏其高度不得低于 2.5 m，在其他路段设置的围栏，其高度不

图 5－15　施工围挡

得低于 1.8 m。

（3）防止施工场地扬尘。土壤清挖、运输过程中，为减少因自然风力和运输车辆引起的地面扬尘污染，应要求施工单位在污染场地施工现场主要运输通道铺设临时的施工便道、钢板等，尽量进行夯实硬化处理（图 5－16）；应对场地裸露土壤及建筑垃圾进行覆盖（图 5－17）；场地红线四周围墙可设置喷淋降尘措施（图 5－18）；应对挖掘场地周边、运输道路及车辆周转区域定期清扫、洒水，现场应配备洒水车、雾炮机等洒水降尘设备（图 5－19、图 5－20），洒水潮湿土壤但并不浸透，避免饱和土壤中的污染物质径流进入相邻场地、雨水系统或当地排水沟，保持场地路面清洁、湿润，注意控制车速；为避免止水帷幕施工配套使用的水泥罐料仓筒放料过程中引起较大扬尘，应要求施工单位在水泥罐料仓筒周围增设防尘罩（图 5－21），减少扬尘。

(a) 正确示范

(b) 正确示范

图 5－16　道路硬化及钢板桩铺设临时便道

(a) 错误示范

(b) 正确示范

(c) 错误示范

(d) 正确示范

(e) 错误示范

(f) 正确示范

图 5－17　裸土及建筑垃圾覆盖

图 5－18　喷淋降尘措施

(a) 正确示范

(b) 正确示范

图 5－19　地面清扫、冲洗降尘措施

(a) 正确示范

(b) 正确示范

图 5－20　雾炮降尘措施

(a) 错误示范　　(b) 正确示范

图 5－21　水泥料仓桶防尘措施

（4）防止运输车辆扬尘。土壤转运期间，为减少和防止运输车辆车轮、地盘等携带泥土散落路面污染市政道路，应要求施工单位在各大门口设置洗车池，出场前应冲洗干净（图 5－22），并安排专人对运输车辆作业进行监督管理，装载不宜过满，加盖篷布，且安排专人及洒水车对场地周边道路进行清扫、冲洗。

图 5 22　车辆冲洗措施

（5）控制土壤开挖过程中的废气和异味扩散。基坑开挖期间，应最大限度地减少污染区域的暴露面积，防止废气扩散产生的二次污染，基坑开挖应选择在有利天气条件（如较低气温、较低的风速）下开展或均在密闭大棚内进行，通过排风系统收集废气（图 5－23），施工单位应及时检查处理设施和大棚的密闭性，并采取喷洒气味抑制剂和裸露土覆盖等措施减少有机气体和异味扩散；在密闭开挖大棚未覆盖区域，通过分区分层开挖，根据污染土壤开挖进度，控制每日开挖面积，有效控制污染物在单位时间的挥发量，最大限度地降低对周边大气环境造成的影响；在未进行开挖、修复施工的作业面采用土工膜进行覆盖（图 5－24），阻断减少有机污染物的挥发。

图 5－23　污染土壤开挖大棚及其尾气处理设施

图 5－24　分区分层开挖及未开挖区域污染土覆盖

(6) 控制修复过程产生的有机污染气体和异味。环境监理应对土壤和地下水修复环节施工过程中涉及废气无组织排放以及土壤预处理大棚、热脱附设施、水处理设施尾气等有组织排放进行监理。如热脱附技术,通过直接或间接方式对土壤进行加热将污染物从土壤中分离处理,会产生大量高浓度、高温工艺废气,环境监理需对热脱附设备运行过程中产生的有机污染气体的监测、控制和处理进行重点监理(图 5-25);含挥发性有机污染地下水暂存需设置无组织废气控制措施(图 5-26);挥发性有机污染土壤的修复应选择在密闭大棚内进行,通过排风系统收集废气,施工单位应及时检查处理设施和大棚的密闭性,并采取喷洒气味抑制剂和裸露土覆盖等措施减少有机气体和异味扩散,环境监理应经常巡视检查大棚是否存在破损情况(图 5-27)。

图 5-25　污染土壤异位热解吸尾气处理及废气监测

图 5-26　含挥发性有机污染地下水无组织废气控制措施

(a) 错误示范　(b) 正确示范

(c) 正确示范　(d) 正确示范

图 5 - 27　土壤修复大棚及其尾气处理措施

（7）控制施工机械尾气排放。施工过程中将使用大量内燃机施工机械和车辆，建议选用烟气量少、有尾气净化装置的内燃机械，以降低施工机械对该区域大气环境的影响。同时要加强对施工机械、车辆的维护保养，禁止施工机械超负荷运行，减少尾气排放。监督检查进场非道路移动机械的相关“环保牌照”（图 5 - 28），如挖掘机、打桩机、推土机、起重机、叉车、搬运车、压路机等。

（8）大气污染防治设施建设及运行监督。监督检查防尘设备及物资正常使用情况，检查扬尘在线监测设备是否正常运行（图 5 - 29），检查废气收集及处置系统与方案的相符性及运行情况，检查有组织废气排口设置是否满足相关规范要求。

图 5－28　非道路移动机械“环保牌照”检查

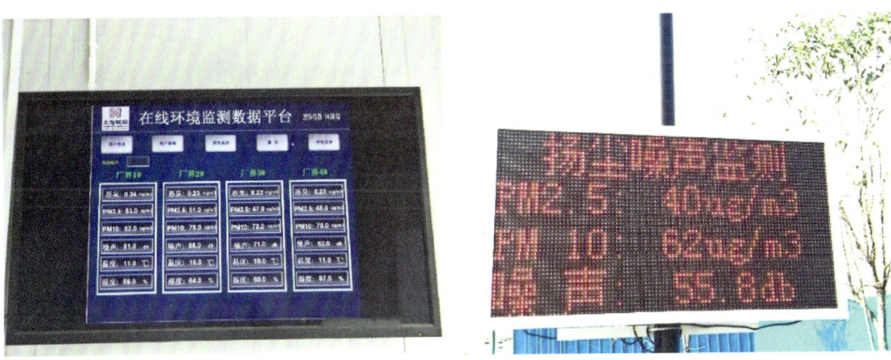

图 5－29　在线监测设备运行检查

5.2.4　声环境保护监理

环境监理单位应对修复施工期间产生的噪声进行监理。污染场地修复工程的施工过程中噪声污染主要来自以下几个方面。

(1) 基坑开挖(挖掘机、镐头机),基坑围护(打拔桩机、搅拌桩机、钻孔灌注桩机、混凝土振捣器和输送泵、支撑切割机和破碎机、钢筋切割机)施工等产生的噪声。

(2) 污染土壤与地下水修复设备、修复药剂、混凝土搅拌车、起重机械等重型运输车辆进出场,土壤场内短驳运输及回填,土壤外运等渣土车产生的噪声。

(3) 污染地下水抽提井钻井施工过程产生的噪声。

(4) 修复设备及配套设施产生的噪声,包括 ALLU 筛分斗、土壤与地下水修复设备等,移动空压机和发电机、降尘除味雾炮机等施工机械产生的噪声。

(5)开挖大棚、修复大棚的送排风系统以及尾气处理系统产生的噪声。

(6)施工现场因人为活动产生的除施工噪声之外干扰周围生活环境的噪声。

环保设施运行及地下水抽提井钻井施工噪声如图 5-30 所示。

(a) 环保设施运行

(b) 钻井

图 5-30 噪声来源

环境监理单位在施工期监理过程中可以监督施工单位通过以下措施控制噪声污染,降低环境风险:

(1)监督修复工程施工单位噪声污染防治责任落实情况,建立完善的环境管理体系和规章制度,针对主要设备制定运行、维护和操作规程。施工单位应结合修复施工现场条件及周边环境噪声敏感点分布情况,识别出主要噪声污染源,明确噪声污染防治具体措施,编制噪声污染防治方案,防治方案中应至少包含项目概况、施工机械设备清单、噪声污染来源、噪声污染防治措施、个体防护措施、噪声监测计划、环境应急安全计划等内容。

(2)监督施工单位合理安排施工作业时间。靠近居民区域,限制作业时间。限制夜间进行有强噪声污染的施工作业,采取有效措施尽可能减少对周围环境的影响,确保施工区域及其影响区域的噪声环境质量达到相应的标准。

(3)加强运输车辆管理。做好运输限速控制,出入修复施工场地的运输车辆,无特殊情况禁止鸣笛,大门出入口处限速 5 km/h,现场其他区域限速 20 km/h(图 5-31),现场车辆应避免急刹车、急加速等违规操作;做好道路降噪处理,施工现场主要运输道路原则上应进行混凝土硬化处理,未进行硬化的路面进行运输时，应及时铺设钢板等减振降噪措施，减少因路面坑洼产生的噪声；控制装卸过程，施工单位应经常性加强对施工班组人员环保宣传教育和技术交底，进场的施工机械设备、施工材料、修复药剂等在装卸过程中应轻拿轻放，禁止高空掷抛、重摔重放等违规操作行为。

图 5－31　设置限速标识

（4）根据修复工程特点，确定工程项目实施过程中噪声的主要影响对象，对其加强劳动保护、改善受影响者的作业条件，高噪声环境下的施工作业人员实行定期轮换岗位，给受噪声影响大的作业人员配发噪声防护用具，如耳塞、耳罩等。

（5）监督检查产生噪声设备类型、布局和管理是否符合要求。在高噪声源的机械施工区四周设置围挡或隔声屏障（图 5－32），使施工在一个密闭区

(a) 地下水处理设备密闭隔声房　　(b) 混凝土输送泵隔声降噪棚

图 5－32　隔声措施

域内进行,减少施工过程产生的噪声对周围环境的影响;施工现场应合理安排施工区域和临时办公区的位置,将噪声大的机械及设备与办公区分开,并应远离周边敏感建筑物,与施工场界应满足相关控制距离要求,详见表 5-1。

(6) 场地四周设置围挡,使施工在一个密闭区域内进行,减少施工过程产生的噪声对周围环境的影响。

表 5-1 高噪声设备与场界间控制距离要求

施工设备名称	控制距离参考值/m	施工设备名称	控制距离参考值/m
液压挖掘机	60	混凝土输送泵	90
电动挖掘机	30	商砼搅拌车	50
轮式装载机	90	钢筋螺纹机、切割机、跌落试验机	35
风镐	60	支撑切割机	25
推土机	40	支撑破碎机	90
旋挖打桩机	90	混凝土振捣器	40
钻孔灌注桩、围护桩机	30	降尘雾炮机	50
静力压桩机	10	木工电锯	140
空压机	60	吊装车辆	50
移动式发电机	200	重型运输车	50

注:数据摘自《深圳市建设工程施工噪声污染防治技术规范》(DB 4403/T 63-2020)中附录表 B.1。

5.2.5 固体废物环境监理

环境监理单位应对修复施工期间产生的固体废物进行监理。污染场地修复工程施工过程中固体废物包括施工人员的生活垃圾、施工作业中产生的建筑垃圾、水处理运行产生的浮油、浮渣、污泥及废活性炭、废气处理运行产生的废活性炭以及废弃的药剂包装袋和防护用品等。

施工期间针对固体废物的环境监理工作重点有以下几点：

(1) 监督施工单位按照《生活垃圾分类制度实施方案》(国办发〔2017〕26 号)及地方生活垃圾管理条例等进行现场施工人员生活垃圾分类，并统一收集后由环卫部门外运处理(图 5-33)。

图 5-33　生活垃圾分类

(2) 针对基坑开挖、土壤筛分修复过程产生的建筑垃圾需进行清洗后处置。环境监理应监督施工单位对清挖及修复过程产生的建筑垃圾进行清洗，并监督施工单位对建筑垃圾浸出液进行自检，对检测合格的建筑垃圾方可允许其后续处置。涉及外运的建筑垃圾，环境监理应核查其是否已办理合规、合法手续，车辆出场前应全部冲洗干净，环境监理跟车核查清运车辆是否按特定路线进行运输，车辆顶棚是否封盖密封等。

(3) 水处理过程产生的浮油、浮渣、污泥和废活性炭以及废气处理运行产生的废活性炭、废弃的危化品(修复药剂)包装袋、废弃的防护用品(手套、口罩、防护服等)、热脱附保温材料石棉等应单独收集，经鉴定为危险废物的按危险废物管理要求，委托具有相应资质的单位进行处置，并检查施工单位对危险废物产生、贮存、处置等台账记录；水处理设施产生污泥压滤后统一收集施工(图 5-34)；危险废物外运处置如图 5-35 所示。

图 5－34　水处理设施产生污泥压滤后统一收集施工

图 5－35　鉴定为危废的固废按危废处置

（4）废弃防尘网、防水雨布及 HDPE 膜清洗后按一般固体废物进行处置；受污染严重无法清洗或难以清洗的，经鉴定为危险废物的按危险废物管理要求，委托具有相应资质的单位进行处置。

（5）检查材料、修复药剂、固体废弃物储存区域的防渗防漏措施落实情况。修复药剂贮存区域应实施封闭管理，还应检查其是否具备防扬散、防流失等措施，涉及危险化学品贮存应符合危险化学品贮存相关规范；对于涉及产生危险废物情况的修复工程，还应检查场地危险废物的贮存条件及识别标志，危险废物贮存场所建设参考《危险废物贮存污染控制标准（GB 18597－2023）》，危险废物识别标志设置参考《危险废物识别标志设置技术规范（HJ 1276－2022）》（2023 年 7 月 1 日起实施），修复施工现场危险废物贮存设施标志应包含三角形警告性图形标志和文字性辅助标志，其中三角形警告性图形标志应符合 GB 15562.2 中的要求，如图 5－36 所示。

图 5－36　危险废物贮存、处置场警告图形符号

5.3　效果评估阶段环境监理二次污染控制

环境监理单位应协助建设单位开展修复工程效果评估工作，同时与效果评估单位保持充分沟通，配合其做好修复工程的效果评估监测工作。环境监理应对评估对象及范围进行确认，并做好相关旁站记录，并监督指导效果评估单位全面落实效果评估中各项环境保护措施。

5.3.1　效果评估验收采样二次污染环境监理

效果评估单位验收采样期间，环境监理应进行旁站记录，同时监督其采样过程合规情况，避免交叉及二次污染产生，环境监理要点如下。

（1）采样人员是否采取有效的个人防护措施。正确佩戴安全防护口罩、一次性防护手套、安全帽等人员防护用品等。

（2）采样前后是否对采样器进行有效清洗。不同采样网格和间断内的基坑土壤样品采集应更换手套，不同采样单元的土壤样品采集应更换手套，使用非一次性的地下水采样设备的在采样前后应对采样设备进行清洗，避免交叉污染。

（3）钻孔采集土壤样品的，不同样品采集之间应对钻头和钻杆进行有效清洗。

（4）采样过程产生剩余的土壤和地下水应视情况分别合理处置。如基坑采样和原位修复后的土壤采样过程产生的剩余土壤应按不同污染类型分别统一收集、处理和处置；异位修复后土壤采样过程产生的土壤应按土壤堆体不同的采样单元分别放回；抽出修复后的地下水采样过程产生的剩余地下水按地下水来源分别放回暂存池,避免交叉污染。

(5) 涉及修复后土壤超标需返工的情况,环境监理应监督施工单位是否严格按效果评估单位划分确定的超标土壤堆体范围(或超标的土壤区域)进行返工处理。

(6) 地下水监测井建井过程注意二次污染防治,如成井扩井过程防止交叉污染,气囊泵、潜水泵在洗井前要清洗泵体和管线,贝勒管洗井时应一井一管,清洗废水按修复方案结合地下水污染类型分别收集、处理和处置。

(7) 地下水监测采样洗井产生的废水应按修复方案结合地下水污染类型分别收集、处理和处置。

(8) 采样各环节因设备、采样器等清洗而产生的废水,应分别集中收集、处理和处置。

(9) 一次性手套、口罩及自封袋等因采样而产生的废弃物的处置。

5.3.2 潜在二次污染区域效果评估环境监理

效果评估单位进行潜在二次污染区域监测采样前,环境监理应核查其布点监测方案是否满足相关规范的要求。

核实施工单位提供的修复总平面图与实际相符性(图 5－37),核查布点方案是否全面考虑影响潜在二次污染区域效果评估监测布点的所有因素。重点核实施工单位标注的潜在二次污染区域是否符合实际情况,特别是修复施工过程变更的总平面区域以及修复过程施工单位未进行有效落实二次污染防治措施的区域,或经环境监理发出二次污染相关整改通知事宜涉及的区域。

5.4 二次污染控制环境监理要点

5.4.1 不同环节二次污染控制环境监理要点

不同环节二次污染控制环境监理要点如表 5－2 所示。

5.4.2 常用风险管控和修复技术二次污染控制环境监理要点

常用风险管控和修复技术二次污染控制环境监理要点如表 5－3 所示。

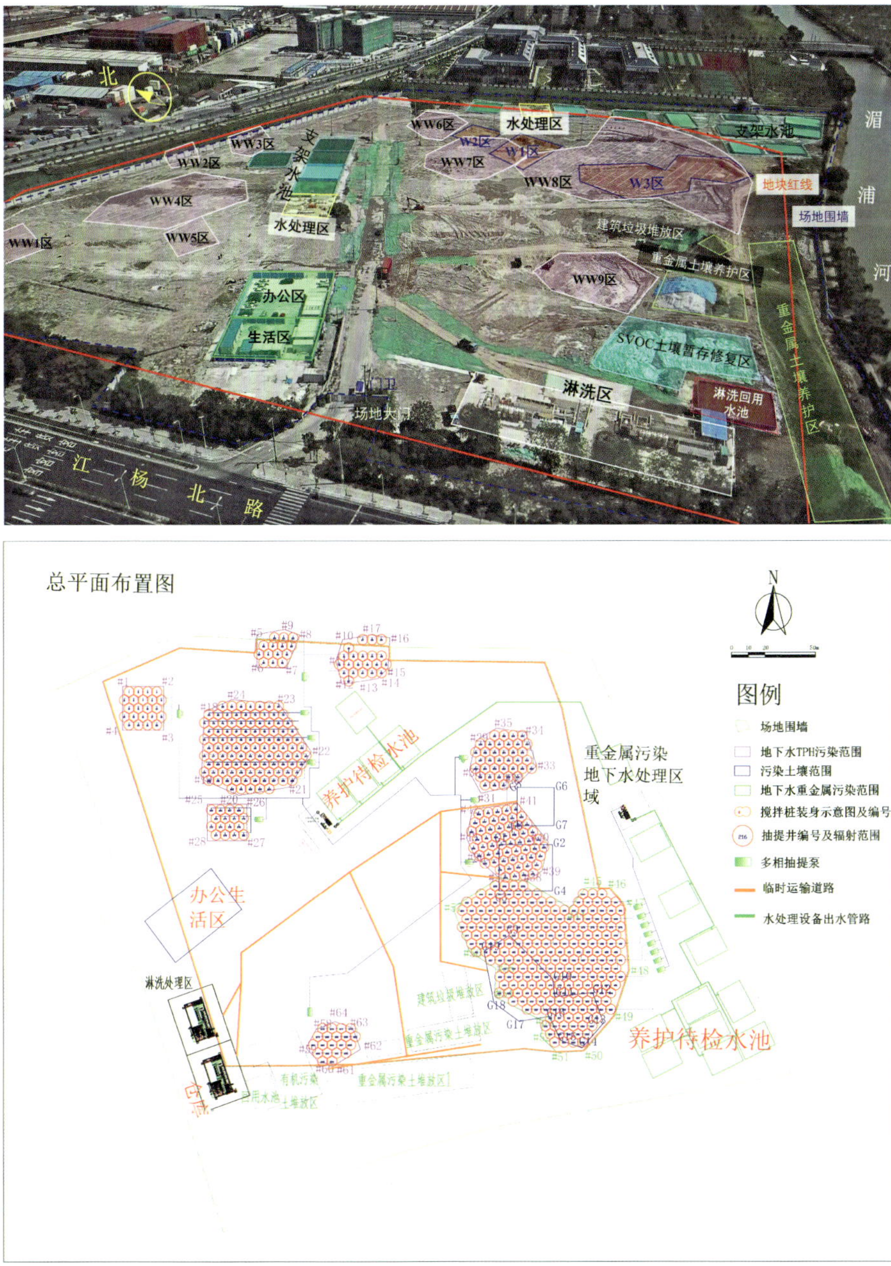

图 5-37　施工单位提供的修复总平面图与实际相符性检查

表 5－2　不同环节二次污染控制环境监理要点

环境监理关键环节	二次污染控制	
	环境监理要点	二次污染防治措施
场地平整	地表不明固体废物及废水的检查、监测及处置	对不明固废及废水分别收集，并进行危废鉴定，鉴定为危废的作危废处置
围护桩建设	产生的泥浆水监测、控制及处置； 产生的粉尘及其监测、控制和处理	对土壤或地下水污染区因围护桩施工产生的泥浆水进行收集、处理和处置； 施工区落实降尘措施，包括洒水、雾炮等
土壤挖掘	产生的粉尘及其监测、控制和处理； 产生的有机污染气体和气味及其监测、控制和处理； 产生的废水及其监测、控制和处理； 产生的噪声及其监测、控制和处理； 产生的固体废物特别是危险废物及其鉴别、控制和处理； 工程机械尾气（非道路移动机械“环保牌照”）； 施工人员个人防护措施	土壤清挖区落实降尘措施，包括洒水、雾炮； 对含易挥发有机污染的土壤可边开挖边覆膜（减少土壤暴露面积）减少有机气体的挥发或设置开挖大棚，含气味的污染土壤开挖时可配合喷杀洒气味抑制剂； 对基坑废水集中收集、处理，监测达标后排放或场内资源化场地四周设置封闭围挡，使用低噪声设备； 应对土壤开挖过程发现不明的地下固体废物进行收集、暂存，经鉴定为危废的，按危废处置； 对新进场的工程机械及其报审资料进行审查，非道路移动机械应配备“环保牌照”，并现场检查其是否按规定加装、更换污染控制装置； 检查施工区施工作业人员是否正确佩戴防毒口罩、防护手套及安全帽
土壤短驳	运输车辆的密封性，严禁超载、未封盖及跑冒滴漏； 运输车辆车速；	严禁运输车辆短驳过程掉落污染土壤及车速过快引起扬尘，过程掉落污染土壤的应责令施工单位立即对其进行清理、收集至对应修复区进行修复处理；

续　表

环境监理关键环节	二次污染控制	
	环境监理要点	二次污染防治措施
土壤短驳	运输车辆尾气； 产生的粉尘及其监测、控制和处理； 车辆清洗产生的废水及其监测、控制和处理	污染土壤运输短驳路线应浇筑地坪，并安排专人进行洒水、冲洗、雾炮等降尘； 施工区、短驳路线等应设置明渠和沉淀池，相关地面冲洗废水及车辆清洗废水统一集中收集、沉淀和处理
土壤暂存	暂存区地面防渗施工质量； 暂存大棚的密闭性； 暂存过程扬尘的控制情况； 初期雨水的收集处理	土壤暂存区建设是否符合方案要求，修复过程检查地坪破损情况，如有破损及时修补； 修复过程应对土壤暂存大棚的密闭性进行定期检测，检查其大门等是否保持紧闭，另外，可通过大棚内外容空气质量监测数据比对，辅助判断大棚的气体逸散防控效果； 对暂存的土壤进行覆盖，防止风和水的侵蚀； 土壤暂存区设置明渠和沉淀池，初期雨水统一集中收集、沉淀和处理
土壤修复	产生的粉尘及其监测、控制和处理； 产生的有机污染气体和气味及其监测、控制和处理； 产生的废水及其监测、控制和处理； 产生的噪声及其监测、控制和处理； 产生的固废（活性炭、污泥、建筑垃圾、废弃药剂包装袋和桶）及其处理和控制；	土壤修复区落实降尘措施，包括洒水、雾炮； 对修复过程无组织废气可通过设置修复大棚转为有组织废气，达标后排放；对热解吸有组织废气可通过专门的废气处理单元处理达标后排放；废气排口设置高度应满足修复方案要求，一般不低于 15 m； 对土壤修复过程产生的废水应进行集中收集、处理，监测达标后排放或场内资源化利用，如土壤异位淋洗回用水、热解吸污染物冷凝废水、建筑垃圾冲洗废水等的处理； 场地四周设置封闭围挡，使用低噪声设备；

续 表

环境监理关键环节	二次污染控制	
	环境监理要点	二次污染防治措施
土壤修复	产生的污染物（药剂）及中间产物收集、处理和排放情况； 施工人员个人防护措施； 药剂储存区（尤其是危险化学品）是否满足各类药剂储存条件； 危废仓库是否按要求建设； 减少未修复或已修复土壤暴露面积情况； 土壤修复大棚密闭性（防止污染物扩散）； 土壤修复大棚的通风措施和强度	修复过程产生的固体废物经鉴定为危废的作危废处置，如土壤异位淋洗污泥压成的泥饼、土壤修复大棚和热解吸尾气处理设施的废活性炭、废气的药剂（危险化学品）包装袋；修复过程筛分出的建筑垃圾应进行集中冲洗，并对冲洗后的建筑垃圾浸出液进行检测，达标后外运或场地内资源化利用； 检查修复作业区施工作业人员是否正确佩戴防毒口罩、防护手套及安全帽； 修复药剂涉及危化品的，其仓库是否按要求建设，且检查施工单位是否设置专人看管，并落实药剂进出库台账管理； 修复过程产生危险废物的，是否按要求建立危废仓库，施工单位是否设置专人看管，并建立危废台账
修复达标后土壤回填或外运	产生的粉尘及其监测、控制和处理； 运输车辆的密封性，严禁超载、未封盖及跑冒滴漏； 运输车辆出场清洗及其废水监测、控制和处理； 避免清洁土和污染土交叉污染	土壤回填过程落实降尘措施； 运输车辆严禁掉落土壤，场内回填的做到原土回原基坑，如回填至其他基坑或外运至其他地块，应加测其他基坑污染因子或其他地块目标污染物，辅助环境监理判断修复过程未增加其他污染物，回填土壤满足要求； 场地出口附近应设置洗车池，对出场的车辆进行冲洗，其废水应收集、处理，检测达标后最终处置； 对于污染土壤开挖运输和修复后合格土壤回填或外运的交叉施工，监督施工单位对运输车辆的管理，避免发生同一车辆未经清洗等任何措施交叉运输污染土壤和修复后合格土壤，引起交叉污染

续 表

环境监理关键环节	二次污染控制	
	环境监理要点	二次污染防治措施
风险管控	产生的粉尘及其监测、控制和处理； 产生的有机污染气体和气味及其监测、控制和处理； 产生的废水及其监测、控制和处理； 产生的噪声及其监测、控制和处理； 产生的固废及其处理和控制； 工程机械尾气（非道路移动机械“环保牌照”）； 施工人员个人防护措施； 产生的泥浆水监测、控制及处置	施工区落实降尘措施，包括洒水、雾炮； 对含易挥发有机污染的土壤减少暴露面积； 对废水集中收集、处理，监测达标后排放或场内资源化场地四周设置封闭围挡，使用低噪声设备； 应对工程实施过程产生的固体废物进行收集、暂存，经鉴定为危废的，按危废处置，如，可渗透反应墙填料需要适时更换，作危废处置； 对新进场的工程机械及其报审资料进行审查，非道路移动机械应配备“环保牌照”，并现场检查其是否按规定加装、更换污染控制装置； 检查施工区施工作业人员是否正确佩戴防毒口罩、防护手套及安全帽； 对土壤或地下水污染区因阻隔施工产生的泥浆水进行收集、处理和处置
地下水抽提环节	产生的有机污染气体和气味及其监测、控制和处理； 产生的废水及其监测、控制和处理； 产生的噪声及其监测、控制和处理	产生易挥发有机污染气体的，检查其是否设置多相抽提等有效收集气体的装置，并加装气液分离及尾气处理装置，最终有组织达标排放； 对地下水抽提井建井过程产生的废水进行收集、处理；对地下水污染区抽提废水严格按污染地下水处理；保证污染地下水泵送管道密封性，严禁接缝处跑冒滴漏； 场地四周设置封闭围挡，使用低噪声设备

续 表

环境监理关键环节	二次污染控制	
	环境监理要点	二次污染防治措施
地下水地面处理环节	产生的有机污染气体和气味及其监测、控制和处理； 产生的废水及其监测、控制和处理； 产生的噪声及其监测、控制和处理； 产生的固废（泥饼、活性炭）及其处理和控制	对含挥发性有机污染物的地下水修复前暂存过程，暂存池做好封盖措施，避免有机气体或气味逸散； 水处理设施及地下水暂存区应设置防渗、防溢等措施，如地坪、围堰、明渠、沉淀池； 场地四周设置封闭围挡，使用低噪声设备； 对水处理设施产生的泥饼和活性炭作危废处置
地下水原位处理环节	产生的粉尘及其监测、控制和处理； 产生的有机污染气体和气味； 产生的废水及其监测、控制和处理； 产生的噪声及其监测、控制和处理	施工作业时落实有效降尘措施； 地下水污染区铺膜，减缓有机气体和气味挥发； 对注药井建设过程产生的废水收集、处理； 场地四周设置封闭围挡，使用低噪声设备
修复后的地下水排放环节	泵送管道的密闭性，严禁跑冒滴漏	水处理区及待检水池尽量设置离纳管排口较近处，同时保证污染地下水泵送管道密封性，严禁接缝处跑冒滴漏

表 5－3　常用风险管控和修复技术二次污染控制环境监理要点

监理要点	化学氧化/还原		热脱附（热解吸）		固化/稳定化		异位常温解吸	异位化学淋洗	水泥窑协同处置	阻隔技术	生物修复	地下水抽出处理
	异位	原位	异位	原位	异位	原位						
土壤短驳车辆未密封造成污染土壤掉落	√		√		√		√	√	√			
污染土壤治理后回填或外运	√		√		√		√	√				
污染土壤及废物暂存期间经雨水淋滤	√		√		√		√	√				
修复治理所用化学品渗漏、遗洒	√	√			√	√		√				√
机油桶摆放不当或机械机油滴漏造成机油渗漏土壤	√		√		√		√	√	√	√		√
施工区雨水	√	√	√	√	√	√	√	√	√	√	√	√
基坑开挖废水	√		√		√		√	√	√	√		
设施、设备、车辆及工具清洗废水	√	√	√	√	√	√	√	√	√	√	√	√
泵送管道接缝处污染水的跑冒滴漏径流			√	√				√				√
施工人员生活污水	√	√	√	√	√	√	√	√	√	√	√	√
防止土孔或井在使用过程中向含水层渗漏		√		√		√						√
对目标含水层修复时造成新二次污染		√								√		√
修复过程影响其他含水层并造成二次污染		√		√						√		√
污染土壤开挖粉尘、废气及异味	√		√		√		√	√	√			

续 表

监 理 要 点	化学氧化/还原		热脱附（热解吸）		固化/稳定化		异位常温解吸	异位化学淋洗	水泥窑协同处置	阻隔技术	生物修复	地下水抽出处理
	异位	原位	异位	原位	异位	原位						
土壤短驳或运输粉尘、废气及异味	√		√		√		√	√	√	√		
土壤暂存粉尘、废气及异味	√		√		√		√	√				
工程机械尾气	√	√	√	√	√	√	√	√	√	√	√	√
运输车辆尾气	√	√	√		√	√	√	√	√	√	√	√
施工人员个人防护	√	√	√	√	√	√	√	√	√	√	√	√
修复治理过程粉尘	√	√	√	√	√	√	√	√	√	√	√	√
修复治理过程废气及异味	√		√	√			√		√			√
设备、机械噪声	√	√	√	√	√	√	√	√	√	√		√
交通运输噪声	√		√		√	√	√	√	√	√		√
废气处理运行产生的废活性炭			√				√		√			√
水处理过程产生的污泥、废活性炭								√				√
生活垃圾	√	√	√	√	√	√	√	√	√	√	√	√
修复过程产生的建筑垃圾	√		√		√		√	√	√			
废弃药剂包装袋和桶	√	√			√	√		√				√

第6章 进度控制

污染地块风险管控和修复工程进度控制是指对污染地块治理项目风险管控和修复方案设计、施工及效果评估等各阶段的工作内容、工作程序、持续时间和衔接关系根据总工期要求及资源优化配置的原则编制计划并付诸实施。在实施过程中,要时常检查实际进度是否按进度计划要求进行,对出现偏差的情况进行分析,采取补救措施或调整、修改原计划后再付诸实施,循环往复,直至风险管控和修复工程效果评估通过验收评审完成备案或地块可安全利用。

6.1 方案设计阶段进度控制

方案设计阶段是污染地块风险管控和修复工程的一个重要阶段,同时也是影响工期的关键阶段之一。本阶段从技术、条件、进度、投资等多个方面对可供选择的风险管控或修复技术进行评估和论证,提出技术、经济、进度可行的技术方案。在实施方案设计阶段监理中,环境监理工程师需采取有效措施对风险管控和修复工程方案设计进度进行控制,以确保工程总进度目标的实现。

6.1.1 方案设计阶段进度控制的意义

1. 方案设计进度控制是修复工程进度控制的重要内容

污染地块风险管控和修复工程的总工期涵盖方案设计、工程实施及效果评估三个阶段,而方案设计可划分为技术方案编制、初步设计及施工图设计三个阶段,对于小型项目,可根据实际情况来进行初步设计。它作为完成风险管控和修复工程工作的一个重要环节,其技术方案编制、初步设计及施工图设计周期又是风险管控和修复工期的组成部分。因此，为实现风险管控和修复工程进度总目标，就必须对方案设计进度进行控制。

风险管控和修复工程项目方案设计周期需要较长时间，特别复杂的工程，有时需要多次反复才能定方案。近几年，国内“环境修复+”概念悄然兴起。2020年3月3日，中共中央办公厅、国务院办公厅印发《关于构建现代环境治理体系的指导意见》，提出创新环境治理模式，对工业污染地块，鼓励采用“环境修复+开发建设”模式。2021年5月6日，上海市人民政府办公厅《关于印发〈上海市2021—2023年生态环境保护和建设三年行动计划〉的通知》，提出探索建设用地“治理修复+开发建设”试点工作。2022年1月，《深圳市建设用地污染地块风险管控、修复、环境监理和效果评估工作指引（试行）》鼓励项目责任主体探索“环境修复+”模式（包括“环境修复+规划设计”和“环境修复+开发建设”）。“环境修复+开发建设”模式，可节省后期开发建设的时间和成本，但这对方案设计阶段的修复技术方案与工程设计有了更高的要求，需要多专业合作配合，使得方案设计需要更长的周期。因此，控制方案设计进度，不仅对风险管控和修复工程总进度的控制有着重要意义，同时通过确定合理的方案设计周期，也使方案设计的质量得到保证。

2. 方案设计进度控制是修复施工进度控制的前提

污染地块风险管控和修复工程实施过程中，必须先有风险管控和修复技术方案及设计图纸，才可按图施工。只有及时完成方案设计，才可能有正常的施工进度；否则，方案设计就会拖延施工。在实际工作中，由于技术方案编制及评审备案较为缓慢，且存在方案设计变更等情况，使得施工进度受到牵制的情况时有发生，故应加强方案设计进度控制。

3. 方案设计进度控制是设备、材料及修复药剂供应进度控制的前提

实施风险管控和修复工程所需要的设备、材料及修复药剂是根据方案设计而来的。方案设计单位需提出设备清单，以便进行加工订货或购买，而特定的非标准设备制造需要一定的时间，因此，必须控制方案设计工作的进度，才可保证设备加工的进度。材料及修复药剂的加工或购买也是如此。

4. 方案设计进度控制是污染土壤、固体废物外运处置进度控制的前提

实施风险管控和修复工程如涉及污染土壤外运处置或再利用的，方

案设计需提出污染土壤转运方案，以便进行污染土壤的运输管理。由于污染土壤接受点的确定需要一定的时间，且需要将相关信息提前报所在地和接收地生态环境主管部门，因此，必须控制方案设计工作的进度，才可保证需外运的污染土壤得到及时转运。固体废物外运处置也是如此，需委托具有固体废物危险特性鉴定能力和资质的专业机构开展鉴定工作，属于危险废物的，应依法进行处置，并要做好与危险废物环境监管的衔接。

6.1.2　方案设计阶段进度控制工作程序

污染地块风险管控和修复工程方案设计阶段进度控制的主要任务是通过采取有效措施使风险管控和修复技术方案编制、初步设计、施工图设计等各阶段工作如期完成。环境监理工程师要审核风险管控和修复技术方案编制单位及工程设计单位的进度计划，并在方案设计实施过程中跟踪检查这些计划的执行情况，定期将实际进度与计划进度进行比较，进而纠正或修订进度计划。若发现进度滞后，环境监理工程师应督促相关单位采取有效措施加快进度。方案设计阶段进度控制工作流程如图 6－1 所示。

6.1.3　方案设计阶段进度控制目标体系

污染地块风险管控和修复工程方案设计阶段进度控制的最终目标是按质、按量、按时间要求提供技术方案、初步设计文件及施工图设计文件。确定地块风险管控和修复工程方案设计进度控制总目标的主要依据包括风险管控和修复工程总进度目标对方案设计周期的要求、类似工程项目的方案设计进度、管控或修复技术的先进程度等。为有效控制方案设计进度，需将风险管控和修复工程方案设计进度控制总目标按其进展阶段和专业进行分解，形成方案设计阶段进度控制目标体系。

1. 方案设计进度控制分阶段目标

污染地块风险管控和修复工程方案设计主要包括方案设计准备、技术方案编制、初步设计及施工图设计等阶段，为确保方案设计进度控制总目标的实现，应明确每一阶段的进度控制目标。

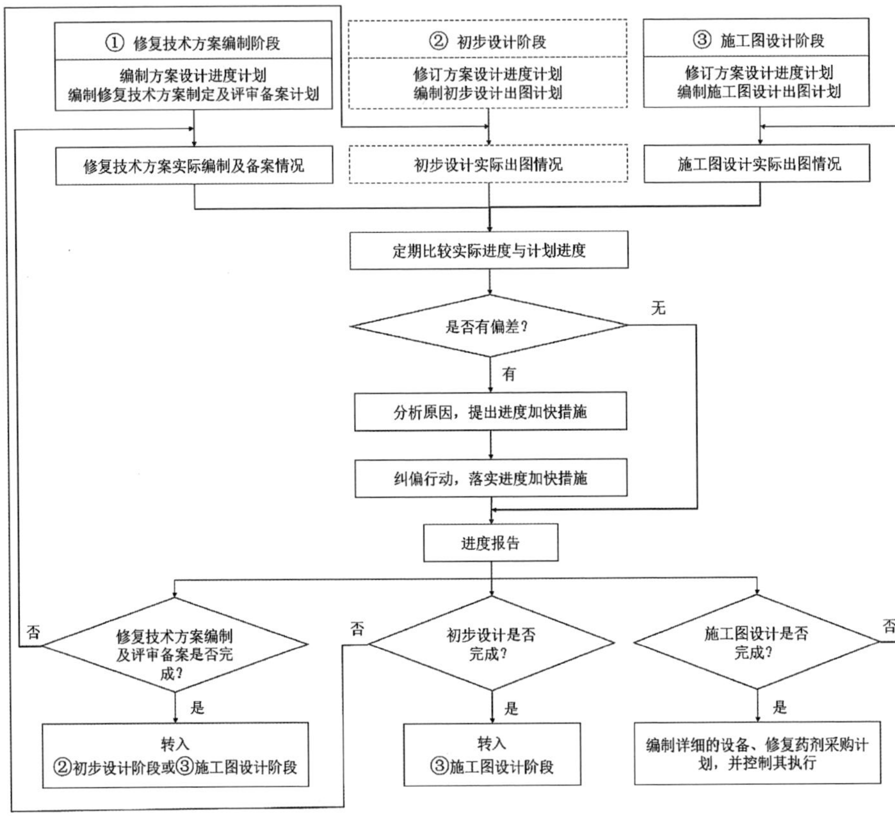

图 6－1　方案设计阶段进度控制工作流程

1）方案设计准备阶段工作时间目标

方案设计准备工作阶段主要包括前期污染地块调查及风险评估等基础资料的提供、委托风险管控和修复技术方案编制及工程设计等工作，这些工作都应有明确的时间目标。方案设计工作能否顺利进行，以及能否缩短方案设计周期，与设计准备工作时间目标的实现关系极大。

（1）提供前期污染地块调查及风险评估等基础资料。业主单位必须向风险管控和修复技术方案编制单位及工程设计单位提供完整、可靠的设计基础资料，这是污染地块风险管控和修复工程进行方案设计的主要依据。方案设计基础资料一般包括以下内容：企业拆除活动环境保护工作总结报告（如有），经环境管理部门备案的地块污染状况初步及详细调查报告、风险评估报告，地块的土地使用和规划资料、土地登记信息资料等较为详尽的地块相关资料及历史信息，土壤及地下水隐患排查记录、地块土壤及地下水污染记录、危险废物堆放记录等地块环境资料，产品、原辅材料及中间体清单、平面布置图、工艺流程图、地下管线图、化学品储存及使用清单、泄漏记录、废物管理记录、地上及地下储罐清单、环境监测数据、环境影响报告书或表、环境审计报告和地勘报告等地块相关记录，地块（所在地）气候、水文、地质特征信息和数据等。

（2）选定风险管控和修复技术方案编制单位及工程设计单位。地块风险管控和修复技术方案编制单位及工程设计单位的选定可采用直接指定、招标等方式。为了优选风险管控和修复技术方案编制单位及工程设计单位、保证方案设计质量、降低方案设计费用、缩短方案设计周期，应当通过招标选定设计单位。

在选定风险管控和修复技术方案编制单位及工程设计单位后，业主单位就技术方案编制、工程设计费用及委托服务合同中的一些细节与方案设计单位进行谈判、磋商，明确技术方案编制及工程设计进度及相关报告、图纸提交时间。

2）风险管控和修复技术方案编制工作时间目标

风险管控和修复技术方案应根据业主单位提供的前期污染地块调查及风险评估等基础资料进行编制。技术方案可作为编制初步设计（或施工图设计）文件等的主要依据。为确保风险管控和修复工程进度总目标的实现，并保证技术方案编制质量，应根据地块条件及工程具体情况，确定出合理的技术方案编制周期。该时间目标中，除了要考虑技术方案编制工作本身及进行方案评审所花的时间外，还应考虑技术方案在环境管理部门的备案时间。

3）初步设计及施工图设计工作时间目标

风险管控和修复工程初步设计及施工图设计根据实际情况，可按单一阶段考虑。对于小型项目，可根据实际情况直接进行施工图设计。

初步设计应根据风险管控和修复技术方案进行编制，应满足施工图编制、主要设备和材料及修复药剂采购、控制工程建设投资的需要。初步设计文件宜包括初步设计说明书、初步设计图纸和初步设计概算书。

施工图设计文件应根据初步设计文件进行编制，未开展初步设计的根据技术方案进行编制，同时应满足工程预算编制、工程施工招标、设备材料采购、非标准设计定制、施工组织计划编制和工程施工的需要。施工图设计文件宜包括施工图设计说明书、施工图设计图纸、工程预算书。施工图设计是方案设计的最后一个阶段，其工作进度将直接影响风险管控和修复工程的施工进度，进而影响项目工程进度总目标的实现。因此，必须确定合理的施工图设计交付时间，确保风险管控和修复工程设计进度总目标的实现，从而为工程施工的正常进行创造良好的条件。

2. 方案设计进度控制分专业目标

为有效控制风险管控和修复工程方案设计进度，还可以将各阶段进度目标具体化，进一步分解。例如：可以将技术方案编制工作时间目标分解为修复模式选择时间目标、修复技术筛选时间目标和修复技术方案制定时间目标；将工程设计工作时间目标分解为工艺专业设计时间目标和辅助专业设计时间目标；将初步设计或施工图设计工作时间目标分解为工艺设计时间目标、建筑设计时间目标、结构设计时间目标、给排水设计时间目标等。

6.1.4 方案设计阶段进度监控

环境监理单位受业主委托进行方案设计监理时，应落实项目监理机构中专门负责方案设计进度控制的人员，按合同要求对方案设计工作进度进行严格监控。

影响方案设计进度的因素有很多，主要有以下几个方面：

(1) 修复技术方案评审及备案时间的影响；

(2) 修复技术方案编制单位自身技术等原因导致修复技术方案未一次性通过评审；

(3) 地块条件和地块污染情况复杂，优选和确定修复技术的技术支撑不足；

(4) 土壤与地下水协同治理难度大，技术复杂；

(5) 初步设计(或施工图设计)各专业之间协调配合的影响，尤其是“环境修复+开发建设”模式下修复技术方案和开发建设设计间协调配合的影响；

(6) 业主要求的改变，如修复工期、修复模式或修复技术等内容；

(7) 修复技术方案编制过程中发现，前期污染地块调查或健康风险评估

内容存在问题且影响技术方案编制,需要重新评审及备案的情况;

(8) 修复工程实施过程中,发现问题而必须进行修复技术方案或工程设计变更的情况。

针对以上因素对方案设计进度的影响,环境监理工程师应对方案设计进度的监控实施动态控制。方案设计工作开始前,应由环境监理工程师审查方案设计单位所编制进度计划的合理性和可行性。在进度计划实施过程中,环境监理工程师应定期检查技术方案编制、初步设计和施工图设计的实际完成情况,并与计划进度进行比较。一旦发现偏差,就应在分析原因的基础上提出纠偏措施,以加快设计工作进度。必要时,应对原进度计划进行调整或修订。

6.2 施工及效果评估阶段进度控制

施工阶段是地块风险管控和修复达到规定要求或地块风险达到可接受水平的实施阶段。效果评估阶段是综合评估地块修复是否达到规定要求或地块风险是否达到可接受水平的关键阶段。目前,判定工程项目是否全面进入效果评估阶段具体时间节点尚无统一的规定,一般认为是施工单位完成主体修复工程且污染地块所有区域具备开展潜在二次污染监测采样条件的时间,但因不同项目施工情况及其他因素差别较大,且潜在二次污染区域效果评估监测结果存在不确定性,故无法准确判断全面进入效果评估阶段的具体时间节点。为了使工程项目顺利进行,除规模特别小或工期宽裕且场地面积充裕的风险管控和修复工程项目,多数项目在施工过程中穿插进行效果评估监测工作。故环境监理可将施工及效果评估两个阶段的进度控制进行统一监督管理,以便施工顺利进行,保证效果评估的合理开展。因此,环境监理在风险管控和修复工程施工过程中应同时对施工进度及效果评估进度进行有效控制,做好施工及效果评估监测进度计划与工程项目总进度计划的衔接,并跟踪检查施工及效果评估进度计划的执行情况,在必要时对施工及效果评估进度计划进行调整。在施工及效果评估阶段的监理中,环境监理工程师进度控制的总任务是在满足风险管控和修复工程项目总进度计划要求的基础上,审核施工及效果评估进度计划,并同时对两者进度计划的执行情况加以动态控制,保证工程总进度目标的实现。

6.2.1 施工及效果评估阶段进度控制工作程序

污染地块风险管控和修复工程施工及效果评估阶段进度控制工作流程如图 6－2 所示。

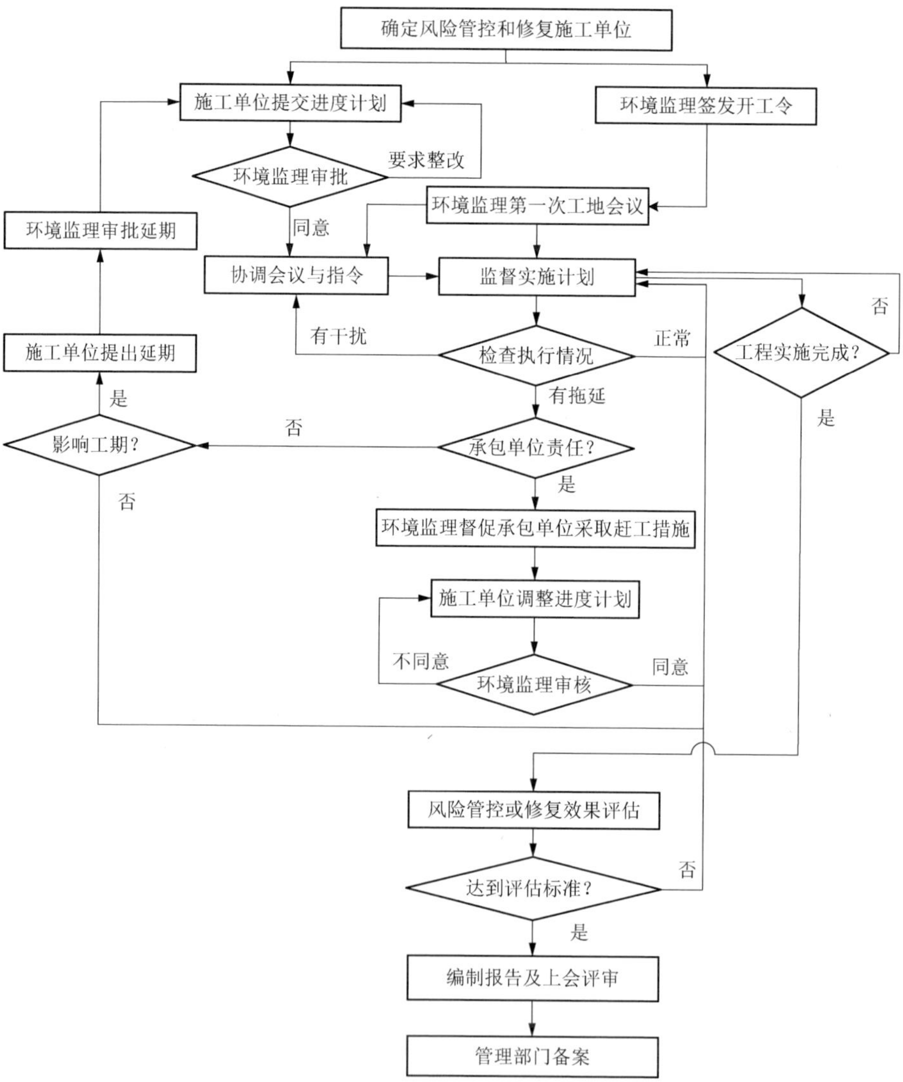

图 6－2 风险管控和修复工程进度控制工作流程

6.2.2　施工及效果评估阶段进度控制目标

保证风险管控和修复工程项目按期通过效果评估并完成备案，是施工及效果评估阶段进度控制的最终目的，而实现进度总目标最主要的是控制好施工进度。为有效地控制施工进度，需将施工进度总目标从不同角度进行层层分解，形成施工进度控制目标体系，从而作为实施进度控制的依据。

风险管控和修复工程施工进度控制目标体系如图 6－3 所示。

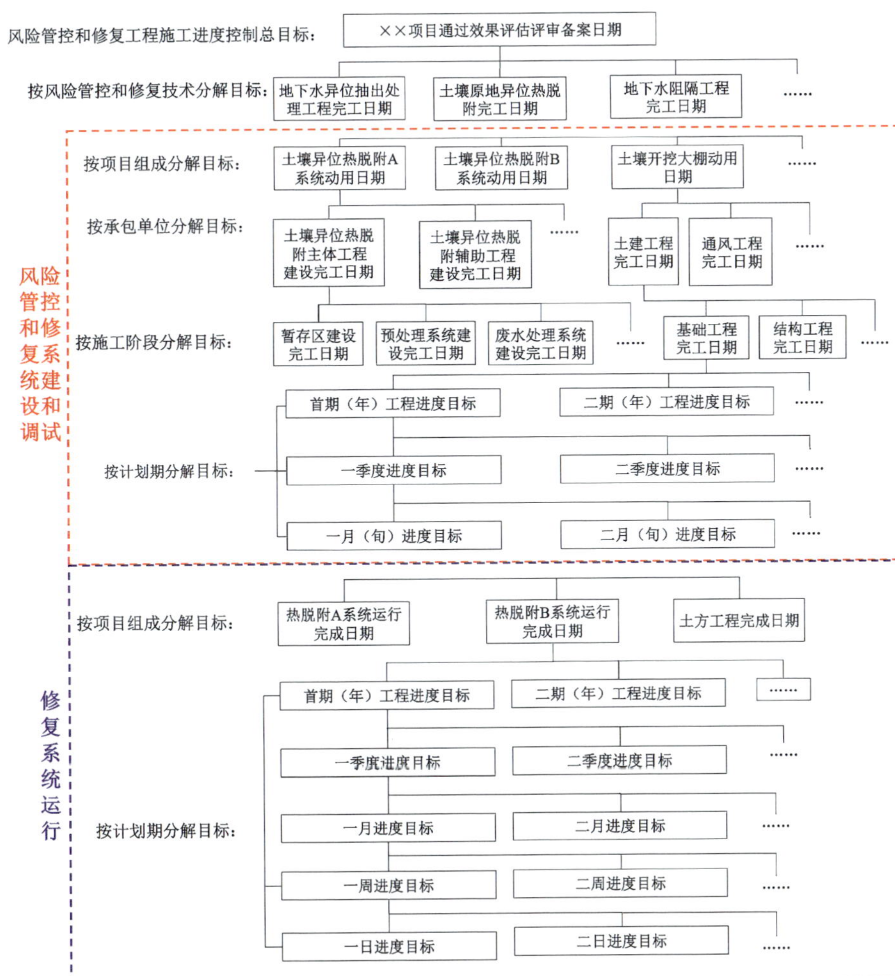

图 6－3　风险管控和修复工程进度目标体系

风险管控和修复工程需有项目取得效果评审备案的确切日期总目标，还应有各风险管控和修复技术划分的分目标。对于风险管控项目，待风险管控系统建设完成后一年内开展风险管控效果评估工作，一般无修复设备运行阶段。对于土壤与地下水修复项目，修复工程设施建设完成达到修复动用标准后即可开始修复系统运行，存在修复系统运行阶段。可将风险管控和修复系统建设阶段进一步按项目组成、承包单位、施工阶段和不同计划期分解目标，将修复系统运行阶段进一步按不同项目组成和不同计划期分解目标。各目标之间相互联系，共同构建风险管控和修复工程施工进度控制目标体系。其中，下级目标受上级目标的制约，下级目标保证上级目标，最终保证施工进度总目标的实现。

不同污染地块的修复模式不尽相同，存在单一的风险管控模式或修复模式，也存在两者相结合的方式对土壤与地下水进行处理的情况。考虑不同项目地块污染情况以及未来规划、费用、进度等各种因素，不同地块使用的风险管控或修复技术也不尽相同，存在利用单一风险管控或修复技术进行土壤或地下水处理的情况，也存在多种风险管控或修复技术联用的情况。另外，不同风险管控或修复技术间专业性差别较大，故首先可按不同的风险管控和修复技术对工期总目标进行分解，如土壤原地异位淋洗技术、土壤原地异位热脱附技术、地下水阻隔工程技术、地下水异位抽出处理技术、地下水原位化学氧化/还原技术等。该阶段在按技术进行分解目标的同时，也需考虑整个项目不同风险管控和修复技术共用的功能区以及配套设施等的开工及动用日期，包括办公区、材料仓库、药剂仓库、危险废物仓库、土壤待检区、建筑垃圾清洗及暂存区等。

1. 风险管控和修复系统建设和调试阶段

1）按项目组成分解，确定各单位工程开工及动用日期

同个修复技术设置多套设备，拥有多条运行系统时，应将每个运行的修复系统作为一个单位工程，确定其开工及动用日期，并在总进度计划及工程年度计划中体现，如一个修复项目中两套热脱附设备或淋洗设备。同时各修复运行系统应考虑对应土壤开挖或地下水抽提所需的配套设施，将其作为单位工程，并明确其开工及动用日期，如有机污染土壤进行异位热脱附修复时，在土

壤开挖前建设的土壤开挖大棚；污染地下水使用抽出处理技术时，在地下水抽提前设置的止水隔离屏障等。

2）按承包单位分解，明确分工条件和承包责任

一个单位工程有多个承包单位参加施工时，应按承包单位将单位工程的进度目标进行分解，确定各个分包单位的进度目标，列入分包合同，以便落实分包责任，并根据各专业工程交叉施工方案和前后衔接条件，明确不同承包单位工作面交接的条件和时间。例如，土壤异位热脱附修复工程可按主体工程、辅助工程及配套工程进行分解；土壤开挖大棚建设按土建工程、通风工程等进行分解。

3）按工艺流程或施工阶段分解，划定进度控制分界点

根据修复技术特点，将单个修复技术主体工程按其工艺流程进行分解，如土壤异位直接热脱附主体工程可分为土壤暂存、预处理、进料、热处理、出料与存放、废水处理、检测及控制系统等。另外，根据工程特点，也可将其按施工阶段进行分解，如土壤开挖大棚的土建工程部分可分为基础、结构和内外装修阶段等。

4）按计划期分解，组织综合施工

将风险管控和修复工程系统建设与调试阶段的施工进度控制目标按年度、季度、月（或旬）进行分解，并用实物工程量、货币工作量及形象进度表示，将更有利于环境监理工程师明确对各承包单位的进度要求。同时，还可以据此监督其实施，检查其完成情况。计划期越短，进度目标越细，进度跟踪就越及时，发生进度偏差时也就越能有效采取措施进行纠正。

风险管控工程施工将在这一阶段完成，而修复工程在修复系统建设完成后进入修复系统运行阶段。

2. 修复系统运行阶段

1）按项目组成分解目标，确定各单位工程动用及运行完成日期

各修复系统的动用日期一般为该修复系统的建设和调试完成日期，不同的修复技术以及相同技术不同的修复生产线，因其自身规模及复杂程度等因素，建设和调试工期均不一样。在修复系统运行阶段，应进一步明确各修复系统运行完成日期，即完成各自土壤或地下水计划修复工程量的日期，确保修复施工总进度目标的实现。

这一阶段需要考虑不同污染类型的复合污染以及土壤与地下水复合污染区域等情况对总目标分解后进度计划的影响,如复合污染土壤可能需要两种及两种以上的不同修复技术,土壤与地下水复合污染区域的土壤开挖、修复、回填等顺序与地下水抽提、修复等顺序关系。

2)按计划期分解,把控修复系统运行

将修复工程系统运行阶段的施工进度控制目标按年度、季度、月、周和日进行分解,并用土壤方量、地下水方量表示,有利于环境监理工程师明确对各修复生产系统的进度要求。同时据此监督其实施,检查其完成情况。污染土壤与地下水计划修复方量越少,进度目标越细,进度跟踪就越及时,发生进度偏差时也就越能有效采取措施进行纠正。

6.2.3 施工及效果评估阶段进度控制内容

风险管控和修复工程施工进度控制工作从审核施工单位提交的施工进度计划开始,直至通过效果评估完成备案,其主要工作内容如下。

1. 编制施工进度控制工作细则

环境监理工程师在风险管控和修复工程监理方案的基础上,编制更具有实现和操作性的施工进度控制工作细则,主要包括以下内容:

(1)施工进度控制目标分解图;

(2)施工进度控制的主要工作内容和深度;

(3)进度控制环境监理人员的职责分工;

(4)与进度控制有关各项工作的时间安排及工作流程;

(5)进度控制的方法,包括进度检查周期、数据采集方式、进度报表格式、统计分析方法等;

(6)进度控制的具体措施,包括组织措施、技术措施、经济措施及合同措施等;

(7)施工进度控制目标实现的风险分析;

(8)尚待解决的有关问题。

2. 审查施工进度计划

工程开工前,项目环境监理机构应审查施工单位报审的施工总进度计划和阶段性施工进度计划,提出审查意见。发现问题时应及时向施工单位提出书面修改意见,并对施工单位调整后的进度计划重新审查,发现重大问题时应及时向业主单位报告。施工进度计划由环境监理总监审核签认,报业主单位后实施。施工进度计划审查应包括以下基本内容:

(1) 施工进度计划与施工合同工期要求的相符性;

(2) 主要工程项目是否遗漏,阶段性施工进度计划是否满足总进度控制目标的要求;

(3) 风险管控工程施工顺序和修复工程配套设施建设施工顺序是否符合施工工艺要求;

(4) 修复工程系统建设及运行顺序是否满足修复工艺流程要求;

(5) 复合污染区的土壤及地下水修复治理顺序是否统筹考虑,能否满足协同性要求;

(6) 施工进度计划是否符合业主单位提供的资金、技术方案、施工图纸、地块条件、物资等施工条件。

3. 按年、季、月、周和日编制工程综合计划

在按计划期编制的进度计划中,环境监理工程师应重点解决不同修复模式之间、不同修复技术之间、复合污染区土壤与地下水修复之间、施工进度计划与资源(包括资金、设备、机具、材料、修复药剂及劳动力)保障计划之间及外部协作条件(如热脱附的能源供应、污染土壤外运处置、危险废物外运处置、废水纳管排放手续、施工单位委托第三方实验室检测及环境监测、效果评估验收监测等)的延伸线计划之间的综合平衡与相互衔接问题,并根据上期计划的完成情况对本期计划作必要的调整,从而作为施工单位近期执行的指令性计划。

4. 下达工程开工令

环境监理应根据施工单位和业主单位双方关于工程开工的准备情况,选择合适的时机发布工程开工令。拖延发布开工令,将会导致竣工时间推迟,甚至可能引起施工单位的索赔。为检查双方准备情况,环境监理应主持召开第一次环境监理工作会议(注意行业标准)。业主单位按照合同规定,及时提供施工场地,及时向施工单位支付工程预付款。施工单位应当将各项开工环保

报批手续落实好，将施工现场二次污染控制措施落实好，将开工所需要的人力、材料、修复药剂及设备准备好，同时需要按合同规定为环境监理工程师提供各种条件。

5. 协助施工单位实施进度计划

环境监理要随时了解施工进度计划执行过程中存在的问题，并帮助施工单位予以解决，特别是施工单位无力解决的内外关系协调问题等，如土壤与地下水存在未查明的污染物或污染区域和用地性质变更等问题。

6. 监督施工进度计划的实施

环境监理需经常性对进度计划的实施进行监督，不仅要及时检查施工单位报送的施工进度报表及分析资料，同时还要进行必要的现场实地检查，重点核实所报送的已完成工程量及时间，杜绝虚假申报。同时，环境监理需将其与计划进度比对，判断实际进度是否出现偏差，如存在偏差，环境监理应进一步分析偏差对进度控制目标的影响程度及其产生原因，研究对策，提出纠偏措施。必要时，对后续工程进度计划作适当调整。

7. 组织环境监理会议

环境监理应每月、每周定期组织召开环境监理例会，解决风险管控和修复工程协调配合问题，及时掌握工程进展情况，检查分析工程项目二次污染防治情况等。同时，环境监理也可根据实际现场情况需要临时召开专题会议，针对重大环境问题开展讨论，如突发污染事件及二次污染防治措施落实不到位等。

对于污染情况特别复杂的工程项目，或采用“环境修复+开发建设”模式进行风险管控或修复施工时，平行、交叉施工单位多，工序交接频繁，在工期紧迫的情况下现场协调会议甚至需要每日召开。环境监理需每日核对修复土壤和地下水方量，确定薄弱环节，在技术可行的情况下部署当日赶工任务，以便为次日正常施工创造条件。

8. 签发工程进度款支付凭证

环境监理对施工单位申报的已完成工程量进行核实，涉及异位修复的土壤和地下水经效果评估验收监测合格后，签发工程进度款支付凭证。

9. 审批工程延期

造成风险管控和修复工程进度滞后的原因有两个方面：施工单位自身原

因造成进度滞后，称为工程延误；施工单位以外的原因造成进度滞后，称为工期延期。

(1) 工程延误。出现工程延误时，环境监理工程师应要求施工单位采取有效措施加快施工进度。如经一段时间后仍没有明显改进，且很明显地影响总工期，环境监理工程师应要求施工单位修改进度计划，并提交给环境监理工程师重新确认。

环境监理工程师对修改后施工进度计划的确认，并不是对工期延期的批准，只是要求施工单位在合理的状态下进行风险管控和修复施工。因此，环境监理工程师对进度计划的确认，不能解除施工单位应该负有的一切责任，施工单位需承担赶工的全部额外费用和误期损失赔偿。

(2) 工程延期。出现工程延期时，施工单位有权提出延长工期的申请，环境监理应根据合同审批工程延期时间。经环境监理核实批准的工程延期时间，应纳入合同工期，即新的合同工期等于原合同工期加上环境监理批准的工程延期时间。

10. 向业主提供进度报告

环境监理应随时整理进度资料，并做好风险管控和修复工程记录，定期向业主提交工程进度报告。

11. 督促施工单位整理技术资料和施工及二次污染防治记录

环境监理应根据风险管控和修复工程进展情况，督促施工单位及时整理有关技术资料和施工及修复记录，如施工组织设计、安全技术交底、环境污染事故处理文件资料(如有)、效果评估报验申请资料、材料设备报验资料、工程测量记录、土壤开挖运输台账、地下水抽提记录、土壤与地下水修复记录、危险废物转运记录、环境监测记录台账等。

12. 督促施工单位自检，审核验收申请

督促施工单位在风险管控和修复施工过程中及时进行自检工作，并严格把控合理的自检周期。环境监理应根据自检结果及现场核实情况，对施工单位的验收申请进行审核，审核通过后及时通知效果评估单位进行验收采样。如污染土壤采用异位修复需要开挖时，环境监理需监督施工单位严格按技术方案及施工图纸，结合效果评估采样方案进行污染土壤开挖。施工单位对开挖顺序、范围、深度实时控制，确保最终开挖的基坑符合方案要求后提出对基坑验收的申请，经环境监理资料及现场复核无误后，及时通知效果评估单位进行验收采样。

13. 配合效果评估验收监测

环境监理应与效果评估单位保持充分沟通，配合其做好修复工程的效果评估监测工作，并监督指导效果评估单位全面落实效果评估中各项环境保护措施。同时，环境监理应督促其验收监测采样的响应程度及合理的检测周期，避免因效果评估验收原因导致工期拖延。

14. 配合效果评估评审工作，协助业主单位办理备案手续

环境监理应配合效果评估单位开展效果评估，并及时提供环境监理总结报告等相关资料，同时按合同要求监督竣工报告和效果评估报告编制周期。若效果评估评审会告知“建议根据专家意见修改完善后通过”，环境监理应及时修改环境监理总结报告并给出修改意见回复，提供给效果评估单位，同时督促施工单位和效果评估单位按要求周期进行报告修改，确保最终按进度计划要求协助业主申请备案手续。

6.2.4 施工进度计划实施的检查与调整

施工单位和效果评估单位应保持充分沟通，分别编制施工进度计划和效果评估进度计划，并提交给环境监理审查，审查通过后付诸实施。施工单位在执行施工进度计划的过程中，应接受环境监理工程师的监督与检查。施工单位和环境监理单位均应配合效果评估单位开展效果评估监测工作，同时，效果评估单位在执行效果评估进度计划过程中，应接受环境监理工程师的监督与检查。风险管控和修复工程施工及效果评估阶段进度检查与调整的系统过程如图 6-4 所示。

1. 施工进度的动态检查

风险管控和修复工程施工过程中，由于各种因素的影响，常常会打乱原始的施工进度和效果评估进度计划的安排而出现进度偏差。因此，环境监理工程师应对施工进度和效果评估进度的执行情况进行动态检查，并分析进度偏差产生的原因，以便为进度计划的调整提供必要信息。

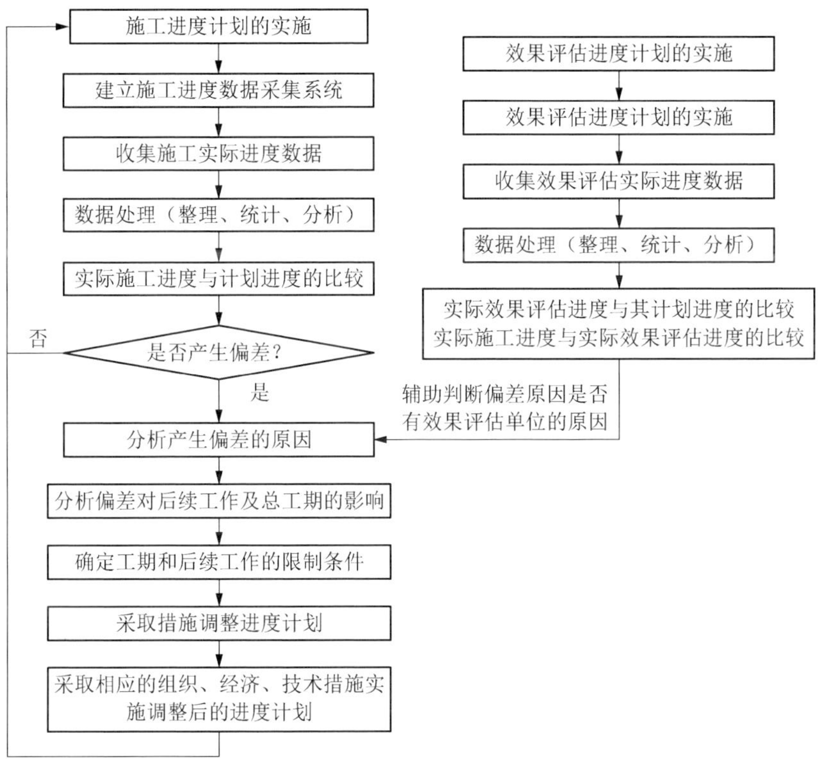

图6-4 风险管控和修复工程施工及效果评估阶段进度检查与调整的系统过程

1）施工进度的检查方式

风险管控和修复工程施工过程中，环境监理工程师可通过以下方式获得实际进展情况：

（1）定期地、经常地收集由施工单位和效果评估单位提交的有关进度报表资料。一般情况下，进度报表格式由环境监理单位提供给施工和效果评估单位，施工单位和效果评估单位按时填写完成后提交给环境监理工程师一并核查。报表的内容根据风险管控和修复模式以及使用技术的不同而有所区别，但施工单位填写的报表一般应包括工作的开始时间、完成时间、持续时间、逻辑关系、实物工程量和工作量（包括土壤与地下水的修复工程量、已验收采样工程量、验收达标工程量等），以及工作时差的利用情况等；效果评估单位填写的报表一般应包括施工单位验收申请时间、验收采样时间、验收结果出具时间、验收采样响应时间、验收检测持续时间、验收内容和部位及结果、样品批次和数量及对应施工报验工程量等。

（2）现场跟踪检查工程的实际进展情况。为避免施工单位超报已完成工程量，环境监理有必要进行现场实地检查和监督，可根据风险管控和修复工程类型、规模、监理范围及施工现场条件确定检查周期，可每月、每半个月或每周检查一次。若在某一施工阶段出现不利情况时，甚至需要每日检查。

2）施工进度的检查方法

施工进度和效果评估进度的检查方法主要是对比法，常用的对比方法有横道图、S 曲线、香蕉曲线和前锋线比较法。其中，横道图比较法可以形象、直观地反映实际进度与计划进度的比较情况；S 曲线比较法可以获得工程项目实际进展状况，包括实际进度超前或拖后的时间和实际超额或拖欠的任务量，如果后期工程按原计划速度进行，还可对后期工程进度进行预测；香蕉曲线比较法能直观地反映工程项目的实际进展情况，获得比 S 曲线更多的信息；前锋线比较法可直观反映出检查日期实际进度与计划进度间的关系，既适用于工作实际进度与计划进度间的局部比较，又可分析和预测工程项目的整体进度状况。

风险管控和修复工程项目常利用横道图编制施工总进度计划，能够清楚地表达工作开始时间、结束时间和持续时间，一目了然，易于理解，并能够为各层次的人员所掌握和运用。同时，在进行实际进度与计划进度比对时，横道图比较法具有记录和比对简单、形象直观、易于掌握、使用方便等特点，常被用于风险管控和修复工程项目某些工作实际与计划进度的局部比较。某土壤修复工程项目部分污染区土壤修复实际进度与计划进度横道图比较示例如图 6－5 所示。

一般通过以下三个方面的进度比较来检查施工进度及偏差原因：① 将经过整理的施工实际进度数据与施工计划进度数据比对；② 将经过整理的效果评估实际进度数据与效果评估计划进度数据比对；③ 将施工实际进度数据与效果评估实际进度数据比对，根据比对结果，可判断是否存在进度偏差和存在偏差的大小以及效果评估实际进度是否跟得上施工进度。

通过检查分析，如果进度偏差比较小，应在分析其产生原因的基础上采取有效措施，解决矛盾，排除障碍，继续执行原计划。若经过努力，确定无法按原

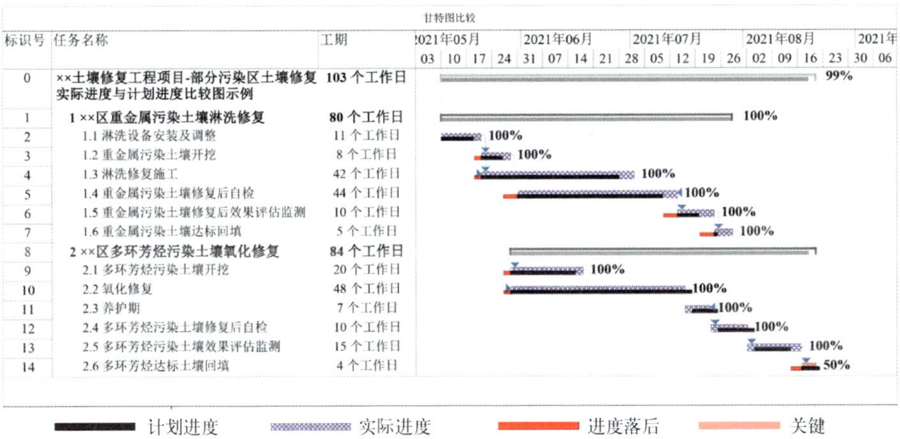

图 6－5　实际进度与计划进度横道图比较示例

计划实现时，再考虑对原计划进行必要的调整，即改变施工速度或适当延长工期。如果效果评估实际进度较计划进度存在滞后，且滞后于施工实际进度，应在分析其产生原因的基础上，进一步分析其是否影响后续施工及总工期，以便及时采取措施，保证施工按原计划顺利进行。

2. 施工进度计划的调整

通过检查分析，当原有进度计划已不能适应实际情况时，为了确保进度控制目标的实现或需要确定新的计划目标，就必须对原有计划进度进行调整，以形成新的进度计划，作为进度控制的新依据。施工进度计划的调整主要通过以下三种方法进行。

1）缩短某些工作的持续时间

在不改变工作间先后顺序关系的情况下，通过缩短网络计划中关键线路上工作的持续时间来缩短工期。一般需要采取以下措施来达到目的。

（1）组织措施。组织工作面，组织更多的施工队伍；增加每日的施工时间；增加劳动力和施工设备的数量；自检样品加急检测，缩短检测周期等。

（2）技术措施。改进施工工艺和施工技术，缩短风险管控工程建设及修复工程配套设施建设的工艺技术间歇时间；采用更先进的施工机械等。

（3）经济措施。实行包干奖励；提高奖金数额；对所采取的技术措施给予相应的经济补偿。

（4）其他配套措施。改善外部配合条件；改善劳动条件；实施强有力的调度等。

2）改变某些工作间的逻辑关系

不改变工作的持续时间，通过改变工作的开始时间和完成时间来达到目的。对于污染总面积较大的土壤污染地块或污染区域较多且分散的地下水污染地块，由于修复施工相互制约比较小，可调整的幅度比较大，故容易采用平行作业的方法来调整施工进度计划。而对于污染类型较多且复杂、复合污染区较多或土壤与地下水复合污染区较多的地块，由于受工作之间工艺关系限制，可调整的幅度比较小，故通常采用搭接作业的方法来调整施工进度计划。

3）调整效果评估进度计划

通过效果评估实际进度与其计划进度比对以及施工实际进度与效果评估实际进度比对，分析影响工期滞后的原因是否存在效果评估单位的因素。如有，效果评估单位有责任在后续工作中采取以下措施进行效果评估进度计划的调整：提高验收申请响应程度，缩短响应时间及时赴现场采样；优先安排本项目样品的检测分析；如遇实验仪器故障等特殊情况或在必要的情况下可委托有资质的第三方对部分样品进行外协等。

除了分别采用上述三种方法来缩短工期外，有时由于工期拖延严重，当采用某种方法进行调整但其可调整的幅度又受到限制时，还可以同时利用以上两种或三种方法对同一施工进度计划进行调整。如调整空间仍不大且进度滞后严重情况下，可经多方协调，同步进行施工单位自检工作和效果评估单位验收采样工作，以满足工期目标的要求。

6.3 影响进度的常见因素及控制措施

环境监理应事前分析风险管控和修复工程项目进度滞后的风险所在，尽早提出相应的预防措施；同时，做好事中控制，及时比对实际进度与计划进度，发现工期滞后时，分析原因，找出对策；另外，环境监理也应做好事后控制，根据工程实际进展情况，适时调整局部进度计划，使其更加合理和有操作性，做好工程延期的审批，避免引起施工单位的索赔。

结合污染地块风险管控和修复工程特点，根据污染土壤与地下水修复技术，总结以往项目发生进度滞后的原因，本节提出影响风险管控和修复工程总进度的常见因素，并分析讨论对应的控制措施，具体见表6-1。

表6-1 影响进度的常见因素及其控制措施

责任单位	影响因素	控制措施
修复技术方案编制单位和工程设计单位	修复技术方案设计的施工周期过于理想化，不符合实际情况	环境监理审核修复技术方案，并督促修复方案编制单位上会评审前及时调整修复技术方案，采用适用的修复技术或增加设施并调整合理工期
	修复技术方案内容明显不合理导致的技术方案变更（如药剂比例明显不对，污染区边界坐标与实际地块不符等）	发现问题后应第一时间向相关单位说明情况，由施工单位申请变更
	未及时向业主提交设计文件	环境监理督促工程设计单位及时出图
	现场施工与设计图纸矛盾	环境监理督促设计单位派驻现场设计代表
施工单位	人力、技术力量不足	要求施工单位增加施工人员，增强技术力量，开展技术培训
	专项施工方案欠佳	要求施工单位进行必要的技术论证
	施工单位原因需要工程变更，如施工单位单方面修改修复技术	及时向环境监理单位与业主单位申请，必要时进行专家论证，及时备案
	出现土壤和地下水修复质量问题	要求施工单位进行现场中试，抓好修复质量控制，杜绝返工
	出现施工质量问题，如阻隔工程工程性能指标不达标	要求严把工程质量，杜绝返工
	基坑开挖不到位，出现基坑验收超标	施工单位及时对开挖基坑测量，环境监理复核

续 表

责任单位	影响因素	控制措施
施工单位	修复药剂过期或因药剂质量问题失效	加强修复药剂质量检查,杜绝药剂失效
	修复药剂贮存不当引起药剂失效	要求施工单位按药剂贮存要求,建立药剂仓库,并派专人看管
	工程材料、产品质量差	加强质量检查,采购优质产品
	施工不当造成交叉污染,如未明显划分污染土壤和验收合格土壤等	要求施工单位严抓施工过程,杜绝交叉污染
	施工不当造成二次污染,如污染土壤短驳过程掉落地面,未及时收集、处理;危险废物、修复药剂贮存不当,引起二次污染等	严格把控易产生二次污染环节的施工过程,避免二次污染发生
	基坑积水未及时抽出,影响基坑验收,造成工期滞后	要求施工单位时刻关注天气,及时抽提基坑积水,做好收集并处置
	危险废物处置管理手续办理滞后,影响工期	要求施工单位尽早签订危险废物处置合同,办理相关手续
	废水纳管手续办理滞后,影响工期	要求施工单位工程开工后,尽早办理废水纳管手续
	施工废水验收超标,如淋洗废水、基坑废水	要求施工单位严格把控废水处理过程,保证处理质量
	修复中间产物超标	要求施工单位做好技术把关,严控修复过程
	报验申请不及时,报验计划提交滞后或计划经常性不准确	要求施工单位每周提前制订报验计划,做好与环境监理、效果评估单位的沟通
	与效果评估单位沟通存在问题	要求施工单位将现场施工进度情况及施工内容变化及时与效果评估单位沟通

续 表

责任单位	影响因素	控制措施
施工单位	因施工单位原因造成潜在二次污染区域效果评估监测超标	要求施工单位提高环保意识，做好现场二次污染控制
效果评估单位	人力、技术力量不足	效果评估单位增加采样人员，增强技术力量，开展技术培训
	效果评估进度计划与施工进度计划不匹配	效果评估单位按施工进度计划，调整效果评估进度计划
	对验收申请响应不及时	效果评估单位提高验收申请响应程度，缩短响应时间及时赴现场采样
	实验仪器故障	效果评估单位在必要的情况下可委托有资质的第三方对部分样品进行外协
	施工过程参与工程较少，缺乏良性沟通，对项目不了解	效果评估单位积极参与环境监理例会，及时提出要求及建议；复杂项目应派驻人员驻场
	现场采样过程不规范，引起局部二次污染	环境监理监督指导效果评估单位全面落实效果评估中各项环境保护措施
业主单位	资金投资不足，不能及时到位	及时汇报，研究对策使资金及时到位
	图纸未及时到位	协助业主及时与工程设计单位联系，把设计图纸按时交至施工单位，向业主汇报情况
	业主原因导致修复技术方案变更，如地块用地性质发生变更、修复边界变化等	协助业主及时与修复技术方案编制单位联系，及时变更完成备案
	由法律法规等变化引起工程发生变更	施工单位提出申请，环境监理单位协助业主及时与修复方案编制单位联系，及时变更完成备案

续 表

责任单位	影响因素	控制措施
业主单位	环保意识薄弱,一味追求施工进度	向业主单位相关人员提供环保培训
	发现存在未查明的污染物或污染区域(包括范围和深度)	协助业主及时向生态环境部门报告,重新开展污染状况调查
	基坑验收超标	效果评估单位应及时提供超标数据,并告知相关单位。施工单位及时向业主单位、环境监理单位说明情况,提出扩挖申请

第7章　投 资 控 制

投资控制就是在项目实施的各个阶段,把污染地块风险管控和修复工程投资控制在批准的投资限额以内,随时纠正发生的偏差,以保证项目投资目标的实现,以求在污染地块风险管控和修复工程中能合理使用人力、物力、财力,取得较好的投资效益和社会效益。投资控制不只是为了防止突破投资额,还对污染地块风险管控和修复工程项目的管理等起到促进作用。

7.1　投资控制的目标

投资控制的最终目的是确保投资目标的实现。只有明确的投资控制目标,才能进行项目投资实际支出值与目标值的比较,从而在工程实施过程中找出投资目标偏差程度,制定针对性的投资控制措施。对于投资控制的目标,既要按照既定的投资目标去执行,也要允许对脱离实际的既定投资控制目标进行必要的调整。因此,环境监理工程师必须编制资金使用计划,合理地确定投资控制目标值。编制资金使用计划过程中最重要的步骤,就是项目投资目标的分解。根据投资控制目标和要求的不同,投资目标的分解可以分为按照子项目进行分解、按投资构成进行分解、按时间进度进行分解三种类型。

1. 按不同修复模式和修复技术分解的投资目标

污染地块风险管控和修复工程子项目通常按不同修复模式和修复技术分类。例如:可以将项目投资总目标分解为开挖及修复大棚单项工程投资目标、防渗地坪单项工程投资目标、热脱附土壤修复工程投资目标、淋洗土壤修复工程投资目标、高级氧化土壤修复工程投资目标、植物修复工程投资目标、地下水抽出处理工程投资目标等。

2. 按投资构成分解的投资目标

污染地块风险管控和修复工程项目的投资总目标可以按照投资的构成分解为：① 建设工程投资，包括主体工程和辅助工程的直接建设投资以及工程间接投资。其中，直接费用包括地块施工准备、原材料、主体设备、设施建设等费用，间接费用包括工程设计、许可、启动、意外事故等费用。② 运行投资，如人员工资、培训、防护等费用，修复设施运行能源资源费与维护费，运行过程中二次污染防治费、修复效果监测费、工程应急费等。③ 后期投资，如日常管理费、定期监测费等。

3. 按时间进度分解的投资目标

污染地块风险管控和修复工程项目的投资一般是分阶段、分期支出的，资金应用是否合理与资金的时间安排有密切的关系。为了减少资金的占用和利息支出，有必要将项目总投资按其使用时间进行分解。按时间进度分解投资目标常采用网络计划图进行，同时需要考虑时间进度与投资控制对项目划分的不同要求，首先确定完成各项工程所需花费的时间进度，同时确定完成这一工程的合适的投资费用，做到二者兼顾。

以上三种投资目标分解的方法并不是相互独立的，在实践中，往往是将这几种方法结合起来使用，从而达到扬长避短的效果。例如：将按不同修复模式和修复技术分解的投资目标与按投资构成分解的投资目标两种方法相结合，有助于检查各分项工程投资构成是否完整，有无重复计算；将按不同修复模式和修复技术分解的投资目标与按时间进度分解的投资目标两种方法相结合，有助于促进项目进度管理。

7.2 投资控制的程序

投资控制的程序参考《建设工程投资控制》（土木建筑工程），结合修复工程实践总结污染地块风险管控和修复工程投资控制流程如图7－1所示。

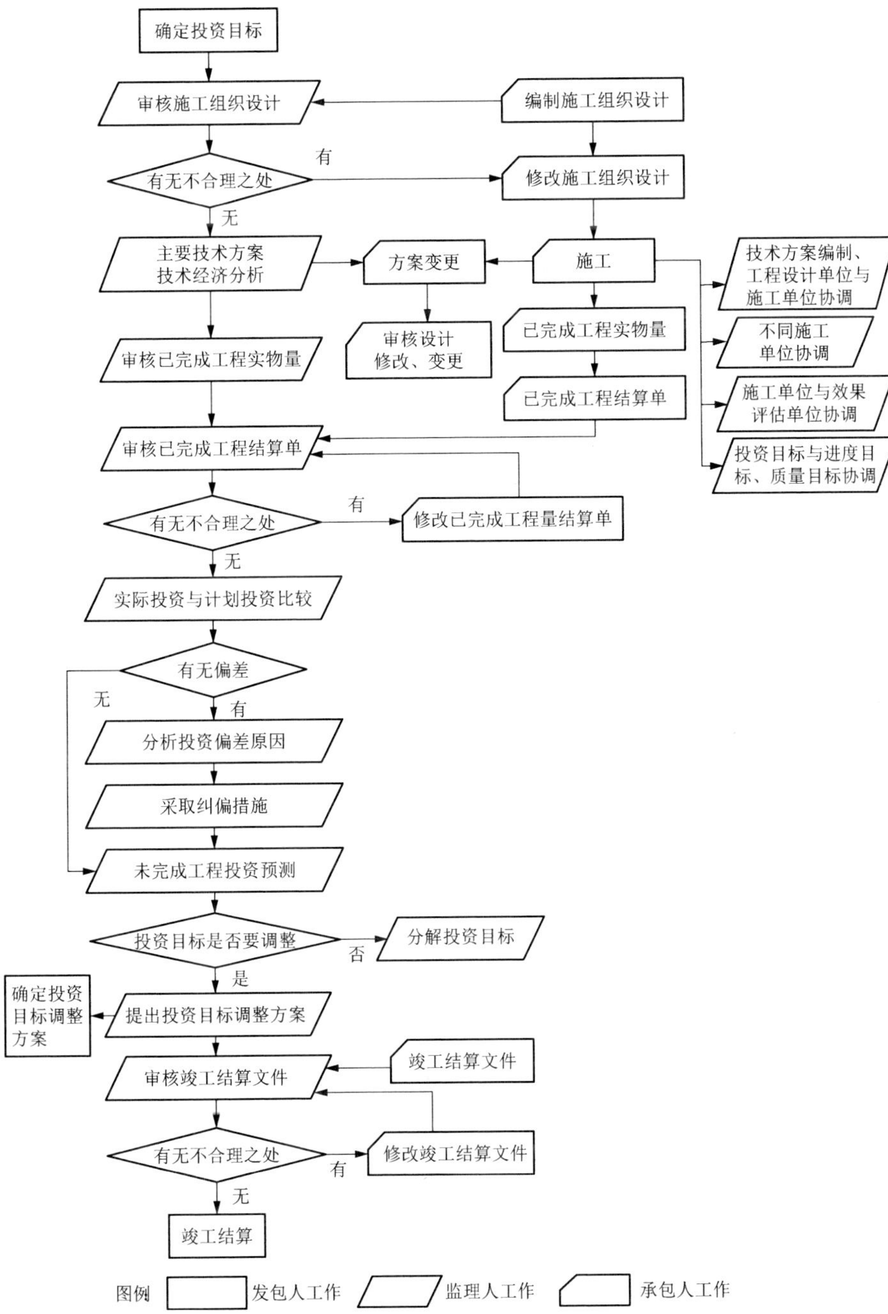

确定投资目标
审核施工组织设计
编制施工组织设计
有无不合理之处
有
修改施工组织设计
无
主要技术方案
技术经济分析
方案变更
施工
技术方案编制、
工程设计单位与
施工单位协调
审核设计
修改、变更
已完成工程实物量
不同施工
单位协调
审核已完成工程实物量
已完成工程结算单
施工单位与效果
评估单位协调
审核已完成工程结算单
投资目标与进度目
标、质量目标协调
有无不合理之处
有
修改已完成工程量结算单
无
实际投资与计划投资比较
有无偏差
无
有
分析投资偏差原因
采取纠偏措施
未完成工程投资预测
投资目标是否要调整
分解投资目标
否
是
确定投资
目标调整
方案
提出投资目标调整方案
竣工结算文件
审核竣工结算文件
有无不合理之处
修改竣工结算文件
有
无
竣工结算
图例
发包人工作
监理人工作
承包人工作

图 7－1 投资控制流程

7.3 投资控制的重点工作

工程量的正确计量是发包人向承包人支付合同价款的前提和依据。目前,风险管控和修复工程在全国尚无统一的工程量计算规则,一些省市陆续发布了土壤修复工程的相关造价指引,如福建省环境保护产业协会于 2020 年 6 月 26 日发布了《福建省建设用地土壤污染治理行业指导价(试行)》(闽环协〔2020〕25 号),广东省环境保护产业协会于 2021 年发布了《广东省土壤修复工程造价指引》等。为环境监理人员现场工程量复核工作顺利开展,本节结合《土壤污染防治先进技术装备目录典型应用案例》、各地修复工程的价格指引及大量修复工程监理项目经验,介绍环境监理在工程计量方面的依据、程序、方法和内容。

7.3.1 工程量计量

1. 工程计量的依据

目前,修复工程计量的依据主要有报验申请表及效果评估检测报告、修复技术方案及设计图纸和其他资料。

(1) 报验申请表及效果评估检测报告。对于施工单位已完成的工程,并不是全部进行计量,只有修复质量达到修复技术方案要求及合同标准,经环境监理确认的已完成工程才予以计量。施工单位需对已完成工程报验申请,并经效果评估单位验收监测,只有效果评估检测报告验收数据合格的工程才予以计量。

(2) 修复技术方案及设计图纸。单价合同以实际完成的工程量进行结算,但被环境监理计量的工程数量并不一定是施工单位实际施工的数量。计量的几何尺寸要以修复技术方案和设计图纸为依据。环境监理对承包人超出设计图纸要求增加的工程量和自身原因造成返工的工程量,不予计量。如在某修复工程中,污染土壤开挖的计量支付条款中规定按照修复技术方案和设计图纸以方量计量,如果施工单位实际开挖方量为 505 m^3(实际开挖范围的面积和深度折算),而方案设计方量为 500 m^3,则只计量 500 m^3,发包人按500 m^3

付款，因基坑验收超标扩挖的方量另外计量。

（3）其他资料。其他资料包括工程联系单、工程材料报验申请表等。如基坑扩挖方量和设计方量外的地下水抽提修复方量等的计量，可依据经环境监理确认的工程联系单（附效果评估检测报告的超标数据）；危险废物处置计量可依据经环境监理确认的工程联系单（附危险废物处置合同、转移联单及签收量等资料）。

2. 工程计量的程序

根据以往修复工程项目经验，结合《建设工程施工合同（示范文本）》（GF－2017－0201），除专用合同条款另有约定外，单价合同的计量可参照如下约定进行：

（1）施工单位应于每月固定时间向环境监理报送上月已完成的工程量报告，并附具进度款申请单、已完成工程量报表和有关资料。合同有约定按完成工程量比例分段结算，则施工单位应按合同条款完成相应工程量后向环境监理报送已完成的工程量报告，并附具进度款申请单、已完成工程量报表和有关资料。

（2）环境监理复核施工单位提交的工程量报表，以确定实际完成的工程量。对有异议的计量项目和数量，可要求施工单位到现场进行共同复核。施工单位应协助环境监理进行复核并按要求补充计量资料，施工单位未按环境监理要求参加复核的，环境监理复核修正的工程量可视为施工单位实际完成的工程量。

（3）环境监理认为有必要时，可通知施工单位、业主单位共同进行联合测量、计量。

（4）施工单位完成工程量清单中每个子目的工程量后，环境监理应要求施工单位共同对每个子目的计量报表进行汇总，以核实最终结算工程量。施工单位未派人参加的，环境监理最终核实的工程量视为施工单位完成的该子目的准确工程量。

（5）收到施工单位提交的工程量报表后，环境监理应在约定期限内进行复核，环境监理未在约定时间内复核的，施工单位提交的工程量报表中的工程量视为施工单位实际完成的工程量。

3. 工程计量的方法

环境监理可参照以下方法进行工程量计量:

(1) 图纸法。工程量清单中,很多项目都可采取按照设计图纸所示的尺寸进行计量,如水泥搅拌桩的桩长、抽提井的深度、污染土壤和地下水的面积和深度等。

(2) 凭据法。该方法是按照施工单位提供的费用支付发票类票据进行计量支付的方法,如工程保险费、第三方责任险保险费、履约保证金等项目,一般按凭据法进行计量支付。

(3) 均摊法。均摊法是对清单中某些项目的合同价款按合同工期平均计量,如保养测量设备、保养气象记录设备、维护工地清洁和整洁等,每月均有发生,故可采用均摊法进行计量支付。

(4) 计量法。计量法主要用于地下水抽出处理技术,对于地下水抽提、修复工程,可在水处理设施前端、后端及纳管口前端分别安装电磁流量计,用于每日计量地下水抽提、修复及纳管方量。

(5) 现场测量法。工程量清单中,某些项目不可仅按图纸进行计量,需进行现场尺寸测量方法计量其工程量,如土壤筛分出建筑垃圾方量的计量;污染土壤开挖范围内遇到废弃桩基础,其占用污染土方量的计量。

(6) 称重法。称重法主要用于危险废物处置量的计量。开挖过程遇到的不明物质经鉴定为危险废物以及修复施工过程产生的危险废物的,需对其进行称重,作为计量依据。

4. 工程计量的内容

环境监理一般对以下三方面进行计量:① 工程量清单中的全部内容;② 合同文件中规定的全部内容;③ 由于工程变更后增减的内容。其中,不同的修复模式和技术的工程计量内容有所区别。在已确定修复技术的前提下,修复施工的费用主要受修复深度、污染程度、修复要求等影响。一般情况下,环境监理现场核实计量的工程量包括以下专项内容。

异位土壤修复:污染土壤开挖,污染短驳,修复后土壤回填,污染土壤修复处理,建筑垃圾清洗,废水处理,修复后土壤检测,钢板桩(如有),地坪破碎(如有),建筑垃圾外运(如有),土方场外运输(如有)。

原位土壤修复：根据合同要求，可按不同修复技术分类，待效果评估验收合格后依据图纸分别计量。

地下水异位修复：根据合同要求，可按不同修复技术分类，分别对抽出地下水修复方量进行计量。

地下水原位修复：根据合同要求，待原位地下水验收合格后，按不同修复技术依据施工图纸分别计量。

7.3.2 工程索赔与现场签证

工程索赔是指在合同履行过程中，对于非己方的过错而应由对方承担责任的情况造成的损失，向对方提出补偿的要求；现场签证是指项目发包人与承包人就施工过程中涉及的责任事件所作的签认证明。

1. 工程索赔

工程索赔主要分为承包人向发包人的索赔和发包人向承包人的索赔两种类型。

1）承包人向发包人的索赔

参考国家发展和改革委员会、财政部、住房和城乡建设部等九部委第 56 号令发布的《标准施工招标文件》中通用条款的内容，结合风险管控及修复工程实践，总结承包人向发包人费用索赔情况如表 7－1 所示。

表 7－1 承包人向发包人费用索赔情况

序号	参考条款号	承包人向发包人费用索赔
1	1.10.1	施工过程发现文物、古迹以及其他遗迹、化石、钱币或物品
2	4.11.2	承包人遇到不利物质条件，如污染区内的地下管道
3	5.2.4	发包人要求向承包人提前交付修复药剂、材料和工程设备
4	5.2.6	发包人提供的修复药剂、材料和工程设备不符合合同要求
5	8.3	发包人提供资料错误导致承包人的返工或造成工程损失
6	11.3	发包人的原因造成工期延误

续 表

序号	参考条款号	承包人向发包人费用索赔
7	11.6	发包人要求承包人提前竣工
8	12.2	发包人原因引起的暂时停工
9	12.4.2	发包人原因引起造成暂时停工后无法按时复工
10	13.1.3	发包人原因造成风险管控和修复质量达不到合同约定的效果评估验收标准的
11	13.5.3	监理人对隐蔽工程重新检查,经检验证明工程质量符合合同要求的
12	16.2	法律变化引起的价格调整
13	19.2	发包人原因导致的风险管控工程缺陷

2）发包人向承包人的索赔

（1）工期延误索赔。在工程项目实施过程中,由于修复工程工期延误,影响发包人对地块的开发利用,给发包人带来损失,例如工程延误而引起的贷款利息增加、工程延误带来的附加环境监理费、土地利用盈利损失等。

（2）土壤与地下水修复质量不达标索赔。承包人的修复质量达不到效果评估验收标准,由承包人承担返工修复费用,发包人可对重新效果评估验收检测费用向承包人进行索赔。

（3）二次污染索赔。工程实施过程中承包人原因导致的二次污染,由承包人承担因二次污染产生的修复费用,发包人可对增加的效果评估验收检测费用向承包人进行索赔。

（4）承包人不合理地放弃工程的索赔。承包人不合理放弃工程,则发包人有权从承包人手中收回由新的承包人完成工程所需的工程款与原合同未付部分的差额。

2. 现场签证的常见情况

结合污染地块风险管控和修复工程特点,根据污染土壤与地下水修复工程实践经验，总结现场签证的常见情况如下：

（1）基坑验收超标导致的扩挖土方量；

（2）发包方要求对合同外土壤和地下水的检测费用；

（3）施工合同以外零星工程的确认（例如：合同外的地坪破碎）；

（4）工程变更后需现场确认增加的工程量；

（5）工程变更导致的措施费用增加；

（6）地下水抽出达到设计方量后，效果评估原位监测不达标，额外增加的地下水抽提修复工程量；

（7）其他非承包方原因导致的费用增加情况。

进行现场签证时，需注意时效性问题，及时办理签证，避免现场情况变化导致签证内容与实际不符的情况发生；还需注意重复计量问题，签证工程量与合同内工程量的计量方法可能不同，会导致工程量重复计量的情况，需环境监理工程师仔细核实，严格计量。

7.3.3　期中支付与竣工结算支付

期中支付的合同价款包括预付款、进度款、安全文明施工费。竣工结算是发包方与承包方之间办理工程价款结算的一种方法，是指工程项目竣工以后甲乙双方对该工程发生的应付、应收款项作最后清理结算。

1. 费用支付的依据

1）工程量清单

在工程量清单中列出了承包人需要完成的全部工程项目及其内容，以及承包人和发包人签订的合同价。环境监理可根据工程量清单核查承包人是否完成工程量清单中规定的全部内容，并以工程量清单中所报的单价作为支付工程进度款和竣工结算的依据。对于发生工程变更、索赔、增加新的工程项目等情况时，可以选用或者参照工程量清单的合同单价来确定变更项目或索赔项目的单价和相关费用。

2）合同条款

合同条款是工程款支付的重要依据，在合同文件中不仅规定了支付的内容，对支付的程序和期限也有较为明确的规定，而且对于工程变更等在工程量清单之外的内容，在合同条款中也会给出一些原则性的规定。因此，环境监理必须将合同条款约定的原则与工程实施中的日常记录结合起来进行支付工作的审查。

3）其他依据

其他依据主要包括承包人的投标文件、污染地块风险管控和修复工程技术方案、工程设计文件等。

2. 费用支付的审查

1）期中支付的审查

（1）对于预付款申请，应审查是不是合同中约定的主要材料和设备的预付款项，进场材料和修复药剂是否有环境监理的计量确认，是否提交了材料和修复药剂的付款凭证。预付款支付百分率是否与合同条款的规定相符，预付款金额是否计算无误。

（2）对承包人所完成的工程进度价款，应审查所完成工程量质量是否合格，是否具有效果评估单位出具合格的验收检测报告，是否有环境监理总监签认的相应的工程量确认单，采用的单价是否与工程量清单中的单价相符，工程量计量和费用计算结果是否准确无误。

（3）对于基坑超标扩挖增加的工程量付款申请，应审查是否有效果评估单位出具的基坑超标的验收检测报告及相应扩挖土壤修复后合格的验收检测报告，是否有书面的基坑扩挖指令，是否有发包人的工程量计量签证，费用计算结果是否准确无误。

（4）对变更工程增加的工程量付款申请，应审查是否有书面工程变更指令，所完成的变更工程量是否已通过效果评估验收合格，所采用的单价是否符合合同条款，是否有发包人的计量签证，计算结果是否准确无误。

（5）对其他款项的付款申请审查，如逾期付款违约金，应审查其计算方法和计算过程是否准确，如费用索赔，应审查是否有相应的索赔审批证书。

对于付款申请书的格式和内容应满足合同的要求；各项资料、证明文件手续必须齐全；所有款项计算与汇总无误。审查中若发现各项资料、证明文件不齐全，则要求承包人补充；若发现所列出的数量不正确或修复工程质量不符合要求，或各方面出入较大、计算有重大失误，则拒绝签发付款证书，退回给承包人修改后重新申请。

2）竣工结算支付的审查

（1）核对合同条款，首先对竣工工程内容是否符合合同条款要求、工程是否有效果评估单位出具合格的验收检测报告进行审核，只有按合同要求完成全部工程并经效果评估单位验收合格才能竣工结算；其次按合同规定的结算方法、计价定额、取费标准和优惠条款等，对工程竣工结算进行审核。

（2）检查修复工程效果评估验收记录，包括基坑报验申请单、修复后土壤报验申请单、修复后的地下水报验申请单、隐蔽工程报验申请单，以及效果评估单位出具合格的验收检测报告。

（3）落实工程变更签证资料，工程变更应有经业主单位和环境监理单位、效果评估单位审查同意并签认的工程变更指令，涉及重大变更应有生态环境管理部门关于修复技术方案重新备案的意见。

（4）按修复技术方案核实工程量，竣工结算的工程量应依据设计方案、工程变更单和现场签证等进行核算，并按计算规则计量工程量。

（5）严格执行合同单价，结算单价应按合同约定或招标规定的计价定额与计价原则执行。

（6）防止各种计算误差，工程竣工结算子目多，应认真核算，防止出现计算误差。

3. 费用支付的程序

进行工程费用支付时，由承包人负责编制工程款支付申请，环境监理机构负责审核并报送发包人核准支付。在环境监理机构内部，由环境监理总监组织环境监理工程师审核工程款支付申请，审核无误后由环境监理总监签章并报送发包人核准付款。期中支付程序如图 7－2 所示，竣工结算支付程序如图 7－3 所示。

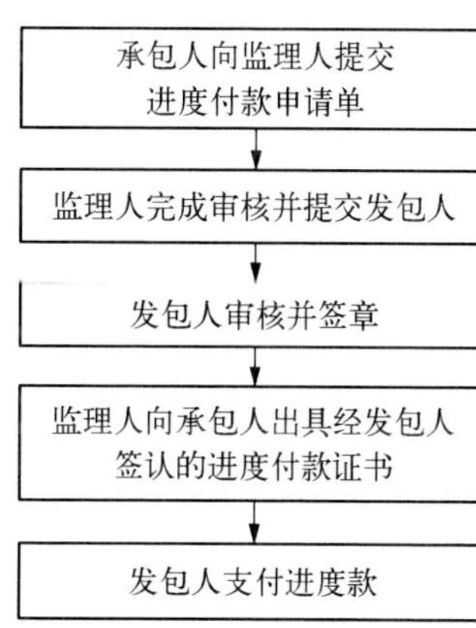

图 7－2　期中支付程序

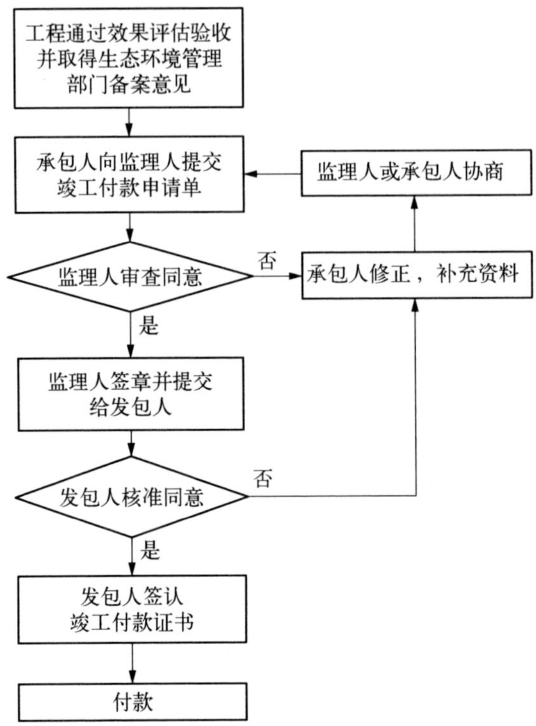

图 7-3 竣工结算支付程序

7.3.4 投资偏差分析

投资目标确定之后，为有效进行投资控制，环境监理工程师需定期进行投资计划值与实际值的比较，当实际值偏离计划值时，分析产生偏差原因，采取适当的纠偏措施，以使投资超支尽可能小。

1. 赢得值法

环境监理可采用赢得值法（Earned Value Management）进行投资、进度偏差分析，其基本参数有三项，即已完成工作预算投资（BCWP）、计划工作预算投资（BCWS）和已完成工作实际投资（ACWP），在此基础上，可确定赢得值法的四个评价指标，为投资偏差（CV）、进度偏差（SV）、投资绩效指数（CPI）和进度绩效指数（SPI），详见表 7-2。

（1）已完成工作预算投资，指在某一时间点已完成的工作（或部分工作），以预算为标准所需的资金总额。

（2）计划工作预算投资，指在某一时间点根据进度计划应当完成的工作（或部分工作），以预算为标准所需的资金总额。

（3）已完成工作实际投资，指在某一时间点已完成的工作（或部分工作）实际花费的总金额。

表7－2　赢得值法计算汇总

参数名称		计算公式	解　释
基本参数	BCWP	已完成工作量×预算单价	/
	BCWS	计划工作量×预算单价	/
	ACWP	已完成工作量×实际单价	/
四个评价指标	CV	BCWP-ACWP	正值：实际投资在预算投资之内； 零：实际投资与预算投资持平； 负值：实际投资超出预算投资
	SV	BCWP-BCWS	正值：进度提前，实际进度快于计划进度； 零：实际进度在进化进度上； 负值：进度滞后，实际进度落后于计划进度
	CPI	BCWP/ACWP	>1：投资节支，实际投资在预算投资之内； =1：实际投资与预算投资持平； <1：投资超支，实际投资超出预算投资
	SPI	BCWP/BCWS	>1：进度提前，实际进度快于计划进度； =1：实际进度在进化进度上； <1：进度滞后，实际进度落后于计划进度

2. 偏差原因分析和纠偏措施

偏差分析的一个重要目的就是要找出引起偏差的原因，从而有可能采取有针对性的措施，减少或避免相同原因的再次发生。在进行偏差原因分析时，首先应当将已经导致和可能导致偏差的各种原因逐一列举出来，进而有针对性地采取纠偏措施，从而实现投资的动态控制和主动控制。投资偏差的具体原因详见表7－3。

表 7－3 投资偏差的具体原因

序号	投资偏差原因	
1	物价上涨	人工涨价、材料涨价、设备涨价、修复药剂涨价、利率、汇率变化等
2	修复方案设计原因	修复模式和技术选择不当、设计错误、设计漏项、技术方案和图纸提供不及时等
3	业主原因	地块规划变化、基坑验收超标、协调不佳、修复技术方案未备案等
4	施工原因	施工方案不当、材料及修复药剂随意替代、修复质量存在问题、赶进度、工期拖延、施工不当造成二次污染等
5	客观原因	自然因素、社会原因、法规变化等

纠偏首先要确定纠偏的主要对象,但有些偏差原因是无法避免和控制的,如自然因素、法规变化等客观原因,故仅可对其中少数原因做到防患于未然,力求减少该原因所造成的经济损失。对于风险管控和修复施工原因所导致的经济损失通常由施工单位自己承担,从投资控制的角度只能加强合同的管理,避免被施工单位索赔。所以,这些偏差原因都不是纠偏的主要对象。纠偏的主要对象是发包人原因和方案设计原因造成的投资偏差。在确定纠偏的主要对象之后,就需要采取有针对性的纠偏措施。纠偏可采用组织措施、经济措施、技术措施和合同措施等。导致不同风险管控和修复工程产生投资偏差的原因具有一定共性,从发包人和修复方案设计两个方面对风险管控和修复工程项目的投资偏差的常见原因及纠偏措施进行归纳、总结,如表 7－4 所示。

表 7－4 投资偏差的常见原因及纠偏措施

责任单位	偏差原因	纠偏措施
业主原因	地块用地性质发生变更	环境监理协助业主及时向生态环境管理部门报告,及时与健康风险评估单位、修复技术方案编制单位联系,督促其重新开展风险评估及修复技术方案编制

续　表

责任单位	偏差原因	纠偏措施
业主原因	发现存在未查明的污染物或污染区域(包括范围和深度)	环境监理协助业主及时向生态环境部门报告,重新开展污染状况调查
	业主原因导致需要重新备案的修复变更。如:业主要求修复模式或技术变更,业主要求最终处理去向变更等情况	环境监理协助业主及时向生态环境管理部门报告,组织专家对风险管控和修复技术方案等报告重新评审,并重新备案
	土壤或地下水污染风险管控和修复的理论方量减少或增加一定程度,导致修复技术方案重新评审备案的	环境监理做好现场工程量计量,协助业主及时向生态环境管理部门报告,组织专家对风险管控和修复技术方案等报告重新评审,并重新备案
	基坑验收超标	环境监理督促效果评估单位应及时提供超标数据,施工单位及时说明情况,提出扩挖申请
	协调不佳	环境监理做好业主与施工及效果评估单位的沟通协调,邀请业主代表参加例会
	修复技术方案存在重大变更时未及时重新备案	环境监理协助业主单位对修复技术方案进行重新备案
方案设计原因	修复模式和技术选择不当	环境监理协助业主督促修复技术方案编制单位和工程设计单位及时进行修复技术方案变更
	设计错误	环境监理协助业主寻找新的、更好更省的、效率更高的设计
	设计漏项	环境监理协助业主督促工程设计单位开展遗漏项的设计工作
	图纸提供及更新不及时	环境监理协助业主督促工程设计单位及时提供图纸
	修复技术方案内容明显不合理导致的技术方案变更(如药剂比例明显不对,污染区边界坐标与实际地块不符等)	环境监理和施工单位开工前应尽快现场踏勘,发现问题后应第一时间向相关单位说明情况,由施工单位申请变更

第8章　职业健康与安全生产管理

为加强污染地块修复工程施工现场职业健康与安全生产管理，有效控制职业健康与安全事故发生，保障修复工程作业人员职业健康和生命财产安全，改善作业人员工作环境和生活条件，防控修复工程施工过程中职业健康和安全生产风险，需要做好修复工程职业健康与安全生产管理，进一步提高施工现场职业健康与安全生产管理水平。本章将重点分析污染地块修复工程施工过程中可能存在的职业健康危害因素、防治措施以及安全生产监督管理要点与安全管理措施。

8.1　职业健康管理

为规范污染地块修复工程各责任主体落实和开展修复工程职业健康管理工作，防控职业健康风险，提升作业人员职业健康水平，依据《中华人民共和国职业病防治法》《建设项目职业病防护设施"三同时"监督管理办法》《工作场所职业卫生管理规定》等法律、法规，在污染地块治理与修复期间，督促土壤污染责任人或者土地使用权人以及修复施工单位落实修复工程职业健康危害防治主体责任，采取有效职业健康危害防治措施，消除修复工程职业健康各种危害因素，预防和控制职业健康危害，保障劳动者健康和相关权益。本节重点从职业健康危害因素、危害防治措施以及应急管理和事故处置三个方面进行详细介绍，消除或控制职业健康危害，提升职业健康管理水平。

8.1.1　职业健康危害因素

1. 危害因素

为贯彻落实《中华人民共和国职业病防治法》，切实保障劳动者健康权益，根据职业病防治工作需要，原国家卫生计生委、安全监管总局、人力资源社会保障部和全国总工会联合组织对职业病危害因素分类目录进行了修订，发布了《职业病危害因素分类目录》（国卫疾控发〔2015〕92 号）。结合《职业病危害因素分类目录》及污染地块修复工程项目特点，可将污染地块修复工程项目职业病危害因素分为粉尘、化学因素、物理因素和生物因素。

1）粉尘

粉尘是指悬浮在空气中的固体微粒。污染地块修复工程中的粉尘来源主要包括以下几点：

（1）气候干燥、风力较大时裸露土壤未覆盖，使得沉积在地面的粉尘又浮游于空气中。

（2）施工材料、机械设备进场后在场地内运输、装卸过程，施工机械对地块进行清理、平整过程，施工道路浇筑、临时钢板铺设等过程，水泥材料搅拌产生水泥粉尘，金属材料加工、切割过程产生电焊烟尘，这些施工准备过程极易产生粉尘颗粒悬浮在空气中。

（3）挖掘机对污染土壤进行清挖，镐头机对地面及地下构筑物进行破碎，土方车对土壤进行运输、回填，ALLU 筛分斗、土壤修复一体机对污染土壤进行筛分、修复，钻机进行管井钻孔，土壤热脱附过程排放的尾气，土壤和地下水气相抽提处理排放的尾气，废气处理及水处理使用的活性炭更换产生活性炭粉尘，这些修复施工过程会产生粉尘颗粒，悬浮在空气中（图 8－1）。工作场所空气中典型粉尘职业接触限值如表 8－1 所示。

图 8－1 粉尘污染

表 8－1　工作场所空气中典型粉尘职业接触限值

序号	中文名	CAS 号	职业接触限值(OELs)/(mg/m³)			临界不良健康效应
			最高容许浓度(MAC)	时间加权平均容许浓度(PC－TWA)	短时间接触容许浓度(PC－STEL)	
1	水泥粉尘(游离 SiO_2 含量<10%)	—	—	总尘 4 呼尘 1.5	—	水泥尘肺
2	电焊烟尘	—	—	总尘 4	—	电焊工尘肺
3	活性炭粉尘	64365－11－3	—	总尘 5	—	尘肺病
4	其他粉尘	—	—	总尘 8	—	—

注：肺尘埃沉着病又称尘肺。

2）化学因素

（1）修复施工过程排放有毒有害重金属、无机污染物及有机污染物。施工现场可能释放出有毒有害的化学物质，主要源自污染土壤与地下水中的重金属和无机物、挥发性有机污染物、半挥发性有机污染物、有机农药类、石油烃、多氯联苯、多溴联苯和二噁英类。其中重金属和无机物主要包括砷、镉、铬（六价）、铜、铅、汞、镍、锑、铍、钴、甲基汞、钒、氰化物。挥发性有机污染物主要包括苯、甲苯、乙苯、间－二甲苯+对－二甲苯、邻二甲苯、氯乙烯、氯苯、1,2－二氯苯、1,4－二氯苯、苯乙烯、四氯化碳、氯仿、氯甲烷等。半挥发性有机污染物主要包括苯并[*a*]芘、苯并[*a*]蒽、苯并[*b*]荧蒽、苯并[*k*]荧蒽、二苯并[*a*,*h*]蒽、茚并[1,2,3－*cd*]芘、䓛、萘、硝基苯、苯胺、2－氯酚等。有机农药类主要包括：阿特拉津、氯丹、*p*,*p*′－滴滴滴、*p*,*p*′－滴滴伊、滴滴涕、敌敌畏、乐果、流丹、七氯、α－六六六、β－六六六、γ－六六六、六氯苯、灭蚁灵等。

一般情况下，现场燃油施工机械（发电机、重型车辆、挖掘机等）运行产生的废气、污染土壤和地下水气相抽提处理排放的废气以及污染土壤热脱附工艺产生的废气，都含有颗粒物、二氧化硫、氮氧化物和碳氢化合物等特征污染物。

（2）含有害修复施工化学药剂。含有害修复施工化学药剂主要包括水泥、生石灰、硫化钠、硫代硫酸钠等固化稳定化药剂；无机酸、碱、盐等无机化合物，人工螯合剂乙二胺四乙酸，天然有机螯合剂柠檬酸、草酸以及化学、生物表面活性剂等化学淋洗药剂；活化过硫酸盐、过氧化氢、高锰酸钾、臭氧等化学氧化药剂；硫化氢、亚硫酸氢钠、硫酸亚铁等化学还原药剂等。

作业人员接触工作场所空气中化学有害因素浓度应低于《工作场所有害因素职业接触限值第 1 部分：化学有害因素》（GBZ 2.1－2019）中相关职业接触限值。工作场所空气中典型化学有害因素职业接触限值见表 8－2。

表 8－2　工作场所空气中典型化学有害因素职业接触限值

序号	中文名	CAS 号	职业接触限值（OELs）/（mg/m^3）			临界不良健康效应
			最高容许浓度（MAC）	时间加权平均容许浓度（PC－TWA）	短时间接触容许浓度（PC－STEL）	
1	苯	71－43－2	—	6	10	头晕、痛意识障碍；全血细胞减少；再障；白血病
2	甲苯	108－88－3	—	50	100	麻醉作用；皮肤黏膜刺激
3	乙苯	100－41－4	—	100	150	上呼吸道及眼刺激；中枢神经系统损害
4	汞-金属汞（蒸气）	7439－97－6	—	0.02	0.04	肾损害
5	汞-有机汞化合物（按 Hg 计）	—	—	0.01	0.03	中枢神经系统损害；肾损害

续 表

序号	中文名	CAS 号	职业接触限值(OELs)/(mg/m^3)			临界不良健康效应
			最高容许浓度(MAC)	时间加权平均容许浓度(PC-TWA)	短时间接触容许浓度(PC-STEL)	
6	镉及其化合物(按 Cd 计)	7440-43-9	—	0.01	0.02	肾损害
7	萘	91-20-3	—	50	75	溶血性贫血;肝、肾损害;上呼吸道和眼刺激
8	过氧化氢	7722-84-1	—	1.5	—	上呼吸道和皮肤刺激;眼损伤
9	臭氧	10028-15-6	0.3	—	—	刺激
10	氢氧化钠	1310-73-2	2	—	—	上呼吸道、眼和皮肤刺激

3）物理因素

(1) 噪声。污染地块修复工程施工中产生的噪声污染来源主要包括：基坑开挖(挖掘机、镐头机)、基坑围护及阻隔(打拔桩机、搅拌桩机、钻孔灌注桩机、混凝土振捣器和输送泵、支撑切割机和破碎机、钢筋切割机)施工等产生的噪声;污染土壤与地下水修复设备、修复药剂、混凝土搅拌车、起重机械等重型运输车辆进出场,土壤场内短驳运输及回填,土壤外运等渣土车产生的噪声;污染地下水抽提井钻井施工过程产生的噪声;修复工程施工过程中使用的机械设备包括 ALLU 筛分斗、土壤修复一体机、地下水地面处理设施、移动空压机和发电机、降尘除味雾炮机等施工机械产生的噪声;修复工程施工过程中开挖、修复密闭大棚的送排风系统以及尾气处理系统产生的噪声(图 8-2);施工现场因人为活动产生的除施工噪声之外干扰周围生活环境的噪声等,噪声污染不仅对人们的生产、生活产生严重影响,还对我们城市形象造成不良影响。噪声对人体健康危害很大,主要表现在以下几个方面:干扰人的正常工作和学习;影响人的睡眠和休息;损害人的听力;引起人体其他疾病,例如,长期的噪声污染对人的神经系统、心血管系统、内分泌系统等造成一定影响,极强的噪声还可能会导致人死亡等。工作场所噪声强度应符合《工作场所有害因素职业接触限值 第 2 部分:物理因素》(GBZ 2.2-2007)中噪声职业接触限值要求,按照《工作场所物理因素测量 第 8 部分:噪声》(GBZ/T 189.8-2007)规定的方法测量。

图 8-2　噪声污染

(2) 振动。施工单位应对施工现场作业活动中机械振动危害进行检测和评价,确保施工人员振动接触限值符合相关标准。修复工程产生振动的作业主要有混凝土破碎机、混凝土振动棒、电钻等手持振动工具以及挖掘机、ALLU 筛分机、土壤修复一体机、打拔桩机、钻孔机、搅拌桩机、推土机、压路机作业等(图 8-3)。工作场所振动应符合《工作场所有害因素职业接触限值 第 2 部分:物理因素》(GBZ 2.2-2007)中手传振动职业接触限值要求,按照《工作场所物理因素测量 第 9 部分:手传振动》(GBZ/T 189.9-2007)规定的方法测量。

(3) 高温。高温作业是指有高气温、强烈的热辐射或伴有高气湿(相对湿度≥80%RH)相结合的异常作业条件,湿球黑球温度指数(WBGT 指数)超过规定限值的作业,包括高温天气作业和工作场所高温作业。高温天气是指地市级以上气象主管部门所属气象台站向公众发布的日最高气温 35℃以上的

图 8－3　机械振动

天气,高温天气作业是指用人单位在高温天气期间安排劳动者在高温自然气象环境下进行的作业;工作场所高温作业是指在生产劳动过程中,工作地点平均 WBGT 指数≥25℃的作业。污染地块修复工程中的高温作业主要有修复工程夏天露天施工作业、密闭开挖及修复大棚内作业、原位及异位热脱附作业等。高温作业应符合《工作场所有害因素职业接触限值 第 2 部分:物理因素》(GBZ 2.2－2007)中高温作业职业接触限值要求,按照《工作场所物理因素测量 第 7 部分:高温》(GBZ/T 189.7－2007)规定的方法测量。

4)生物因素

可能接触生物因素的作业主要有旧建筑物和污染构筑物的拆除作业、污染土壤开挖、污染地下水抽提等,可能存在炭疽、森林脑炎、布鲁氏菌病、虫媒传染病、寄生虫病、新型冠状病毒感染等传染性疾病。

2. 产生危害

根据《中华人民共和国职业病防治法》及《工作场所职业卫生管理规定》(国家卫生健康委员会令第 5 号)有关规定,国家卫生健康委组织修订了《建设项目职业病危害风险分类管理目录》(以下简称《目录》),《目录》是在《职业病危害因素分类目录》(国卫疾控发〔2015〕92 号)基础上,按照《国民经济行业分类》(GB/T 4754－2017)对建设项目和用人单位可能存在职业病危害的风险程度进行的行业分类。《目录》中,环境治理业(危险废物治理、放射性废物治理)被列为严重的职业病危害风险类别项目,环境治理业(其他)被列为一般的职业病危害风险类别项目。作业工人存在可能发生职业性化学中毒

(硫化氢中毒、慢性苯中毒)、化学性皮肤灼伤、化学性眼部灼伤、接触性皮炎、职业性噪声聋、尘肺病(水泥尘肺)、职业性哮喘、冻伤、窒息、中暑等职业病危害的风险。

8.1.2 职业健康危害防治措施

职业健康危害防治控制工作坚持预防为主、防治结合的方针,实行分类管理、综合治理,依法为施工人员创造符合国家职业卫生标准和卫生要求的工作环境和条件,预防和减少职业健康危害因素对施工人员健康的损害或者影响,根据《中华人民共和国职业病防治法》《建设项目职业病防护设施“三同时”监督管理办法》等法律法规,在污染地块修复工程开展期间,加强和规范修复工程职业健康危害防护措施的监督管理,消除或者降低工作场所的职业健康危害因素的浓度或者强度,保障施工人员的健康。本节从职业健康危害防治管理要点、职业健康危害防治措施和职业健康危害警示标识等方面对职业健康危害防治进行介绍。

1. 职业健康危害防治管理要点

(1) 职业健康管理制度的建立。施工单位应建立健全的职业健康管理制度和操作规程,相关制度应包含:职业健康危害防治责任制度、职业健康危害警示与告知制度、职业健康危害防治宣传教育培训制度、职业健康防护设施维护检修制度、职业健康防护用品管理制度、职业健康危害监测及评价管理制度、劳动者职业健康监护及其档案管理制度、职业健康危害事故处置与报告制度、职业健康危害应急救援与管理制度、岗位职业卫生操作规程、法律法规规定的其他职业危害防治制度。环境监理应检查管理制度制定与落实情况。

(2) 制订职业健康危害防治计划。施工单位应按照要求制订职业健康危害防治计划,其内容应包括以下几点:① 设计依据;② 项目概况及工程分析;③ 职业健康危害因素分析及危害程度预测;④ 计划采取的职业健康防护措施和应急救援设施的名称、规格、型号、数量和分布;⑤ 辅助用室及卫生设施的设置情况;⑥ 防护设施和应急救援设施的预期效果及评价;⑦ 投资预算。环境监理应对施工单位制定的职业健康危害防治计划进行审核。

(3) 设置或指定职业健康管理机构。施工单位应设置或者指定职业健康管理机构或者组织,配备专职或者兼职的职业健康管理人员,职业健康管理人员配备应符合《工作场所职业卫生管理规定》(国家卫生健康委员会令第5号)的要求。施工单位应组织施工人员进行上岗前职业健康检查,并将检查结果书面告知劳动者。

(4) 职业健康档案的建立。施工单位应建立职业健康档案,并做好资料的收集,主要资料包括:① 职业健康危害防治责任制文件;② 职业健康管理规章制度、操作规程;③ 工作场所职业健康危害因素种类清单、岗位分布等资料;④ 职业健康防护设施、应急救援设施基本信息,以及其配置、使用、维护与更换等记录;⑤ 工作场所职业健康危害因素检测、评价报告与记录;⑥ 职业健康防护用品配备、发放、维护与更换等记录;⑦ 主要负责人、职业健康管理人员和施工人员职业健康培训资料;⑧ 职业健康危害事故报告与应急处置记录;⑨ 劳动者职业健康检查结果汇总资料;⑩ 其他有关职业健康管理的资料或者文件。环境监理应检查施工单位职业健康档案的落实情况。

(5) 职业健康培训。施工单位应对职业健康管理人员和施工人员进行职业健康培训,培训内容应包括:① 职业健康相关法律、法规、规章和国家职业健康标准;② 职业健康危害预防和控制的基本知识;③ 职业健康管理相关知识。

(6) 职业健康公告栏的设置。施工单位应在醒目位置设置公告栏,公布有关职业健康危害防治的规章制度、操作规程、职业健康危害事故应急救援措施和工作场所职业健康危害因素检测结果。对产生严重职业健康危害的作业岗位,应当在其醒目位置,设置警示标识和中文警示说明,警示标识的设置应满足《工作场所职业病危害警示标识》(GBZ 158－2003)的要求。

(7) 总平面布置图的设计。施工单位对施工现场进行总平面布置设计时,应符合下列职业健康危害防治要求:① 布局合理,有害作业与无害作业分开;② 工作区域与办公、生活区域分开,工作区域不得安置工人宿舍;③ 应包含与职业健康危害防治有关的防护设施;④ 应设置更衣间、洗浴室等卫生设施;⑤ 设备、工具等设施符合保护劳动者生理、心理健康的要求。

2. 职业健康危害防治措施

1) 防粉尘措施。施工单位应根据污染地块修复工程粉尘产生情况制定相应的防尘措施,主要包括以下几点:

(1) 作业场所防护措施：在易产生扬尘位置设置警示标识，如在污染土壤清挖区域、修复区域附近设置警示标识；现场配备洒水车、雾炮机等洒水降尘设备，对清挖区域周边、运输道路及车辆周转区域定期洒水降尘，保持路面清洁、湿润；对现场裸露土壤区域和建筑垃圾堆放区域采用防雨布覆盖（图 8－4）。

图 8－4　施工现场降尘措施

(2) 个人防护措施：施工人员在进行相关作业时应按要求佩戴口罩，口罩选择可参考《呼吸防护用品的选择、使用与维护》（GB/T 18664－2002），并且避免施工人员超时工作。

(3) 检查措施：检查作业场所警示标识、防尘设备等落实情况，检查施工人员个人防尘措施落实情况，并指导作业人员减少扬尘的操作方法和技巧。

在污染土壤修复施工期间，环境监理应每日巡视检查施工单位扬尘防控措施落实情况，若落实不到位，可签发《环境监理整改通知单》要求施工单位进行整改。

2) 防毒措施。污染地块修复工程可能释放出有毒有害化学物质的场所主要是密闭大棚，在密闭大棚施工期间，主要的防毒措施包括以下几点：

(1) 作业场所防护措施：作业场所防护措施包括密闭大棚设置通风排毒设施和设置有毒气体检测警报点。密闭大棚污染土壤清挖和修复过程中，通风设施维持负压操作排出有毒有害气体，通风设施应同时设计尾气净化设施，尾气达到国家或地方排放标准的要求方可排放；密闭大棚施工期间，施工单位应在易聚集毒气的死角处设置固定式有毒气体检测警报点。有毒气体检测警报点的确定可参考《工作场所有毒气体检测报警装置设置规范》（GBZ/T 223－

2009),其规定了工作场所有毒气体检测警报点和警报值的确定,以及检测报警仪的选型、安装、管理、维护等的要求和方法。

图 8－5　个人防护

(2) 个人防护措施:进入密闭大棚应按要求穿戴个人防护用品,个人防护用品的配备可参考《建筑施工作业劳防用品配备及使用标准》(JGJ 184－2009),个人防护用品包括口罩或面罩、安全帽、防护服、工作鞋、手套、护目镜等,个人防护用品的选用和佩戴要求应满足相关规定(图 8－5),相关人员完成现场作业后,先经过喷淋房,在更衣室更换防护服后,方可进入办公区域。

(3) 检查措施:环境监理和施工单位宜使用便携式检测报警仪根据污染因子对密闭大棚定期监测,加强巡视检查和事故检查。监督施工人员按要求佩戴口罩,并加强施工人员中毒事故自救与救人方面的知识和意识。

3) 防噪声措施。施工单位应根据污染地块修复工程噪声产生来源制定相应的防噪声措施,主要包括以下几点:

(1) 作业场所防护措施:对高噪声源的机械设备设置建筑隔声结构来降低源头噪声的产生,如移动发电机、空压机、雾炮机、输送泵等高噪声源设备,采用外加隔声罩(棚)等降噪措施(图 8－6)。污染土壤开挖、修复以及地下水

图 8－6　设置隔声罩(棚)的降噪措施

地面处理过程在密闭空间内进行，降低源头噪声对周围环境的影响。对噪声传播途径进行隔声处理，可采用具有一定高度的隔声墙或隔声屏障。例如，在场界四周及高噪声源的机械施工区四周设置隔离围挡（图 8－7），减少施工过程产生的噪声污染对周围环境影响。

图 8－7　设置隔离围挡的降噪措施

（2）个人防护措施：采用工程控制技术措施仍达不到《工作场所有害因素职业接触限值 第 2 部分：物理因素》（GBZ 2.2－2007）要求的，应根据实际情况合理设计劳动作息时间，采取轮流作业，杜绝操作人员超时工作。并采取适宜的个人防护措施，个人防护措施主要通过耳塞、耳罩和防噪声头盔等防护用品防止过量的声能侵入外耳道，使人耳避免噪声的过度刺激，减少听力损失。

（3）检查措施：加强现场巡检力度，检查作业现场降噪措施落实情况，采用便携式检测仪器对现场噪声进行监测，以及监督施工人员按要求佩戴防护耳塞。

4）防振动措施。施工单位应根据污染地块修复工程振动产生来源制定相应的防振动措施，主要包括以下几点：

（1）作业场所防护措施：振动措施的防控首先应控制振动源，通过选用振动较小的设备，降低振源，使得手传振动接振强度符合《工作场所有害因素职业接触限值 第 2 部分：物理因素》（GBZ 2.2－2007）的要求。其次，在作业场所设置相应的职业健康危害警示标识，加强作业人员意识。

（2）个人防护措施：相关人员施工要持证上岗，并按要求佩戴振动防护手套,施工单位应根据实际情况合理设计劳动作息时间,杜绝作业人员的超时工作。

(3) 检查措施:检查警示标识的设置位置和要求是否满足《工作场所职业病危害警示标识》(GBZ 158-2003)的要求,其次检查工人持证上岗及防振手套佩戴等情况。

5) 防暑防寒措施。当作业地点日最高气温≥35℃时,应采取局部降温和综合防暑措施;在近十年每年最冷月气温≤8℃的月数≥3个月的地区,应采取防寒措施,防暑防寒措施包括以下几点:

(1) 作业场所防护措施:在高温期间,避开高温期进行施工,防止中暑等情况出现,露天作业要有遮挡,避免在烈日下长时间暴晒。特殊高温作业如挖机驾驶室、搅拌桩操作室等应有良好的隔热措施,同时应配备相应的防暑降温物品。针对密闭大棚高温作业,应设置休息室,休息室应远离热源,采取通风、降温、隔热等措施,使温度≤30℃。现场配备医药箱,满配清凉油、十滴水、仁丹、创可贴等常用药品。对于寒冷天气作业,应设置集中采暖设施,当工作地点不固定需持续低温作业时,应在工作场所附近设置取暖室。

(2) 个人防护措施:高温作业期间,对可能受到暴晒的部位制定防止暴晒的措施。特殊低温雨雪天气做好防滑、防冻工作,对人员行走通道采取铺设麻袋等方式防滑;落实冬季劳防用品的发放,包括棉手套、棉工作鞋等。

(3) 检查措施:高温作业期间,检查饮水、防中暑物品配备的落实情况。特殊低温雨雪天气检查防滑、防冻工作的落实情况。

6) 防生物危害措施。防生物危害措施包括以下几点:① 加强健康教育,使施工人员掌握现场生物因素的危害、个人防护要点;② 根据施工现场具体情况,配备相应的管理组织机构;③ 配备相应的防护设备。如应对新型冠状病毒感染,施工单位首先应制定疫情防控组织架构,明确相关人员职责,并制定相应的防控管理制度,包括人员进出登记台账、应急处置措施。其次,加强生活区、办公区的管理,相关的管理要求须满足国家和地方政府的要求,如《关于下发九个重点场所预防性消毒技术要点的通知》(沪疾控传防〔2020〕32号)中,指导并规范了施工工地的预防性消毒工作,制定了施工工地消毒技术要点。施工现场应配备足够的口罩、测温计、消毒剂等疾病控制用品,储备不得少于一周的用量。

3. 职业健康危害警示标识

(1) 工作场所职业健康危害警示标识

工作场所职业健康危害警示标识是一套可以使劳动者对职业健康危害产生警觉,并采取相应防护措施的图形标识,通过简洁明了的图形让劳动者快速识别工作场所存在的职业健康危害,避免在无意识、无保护的情况下,误入危险区域、误用危险设备,为劳动者提供一个安全的工作环境。工作场所职业健康危害警示标识可分为以下四种:① 红色禁止标志,禁止人们不安全行为的图形标志;② 黄色警告标志,提醒人们对周围环境引起注意,以避免可能发生危险的图形标志;③ 蓝色指令标志,强制人们必须做出某种动作或采取防范措施的图形标志;④ 绿色提示标志,向人们提供某种信息(如标明安全设施或场所等)的图形标志。工作场所职业健康危害警示标识的设置可参考《工作场所职业病危害警示标识》(GBZ 158－2003)。修复工程工作场所职业健康危害警示标识汇总见表 8－3。

表 8－3　工作场所职业健康危害警示标识汇总

类　别	名　称	设置范围和地点	标志示意图
禁止类(红色)	禁止入内	可能产生职业健康危害的设备发生故障或维护检修时,根据现场实际情况设置	
	禁止启动	设备检修、更换零件时设置在设备附近,如水处理设备检修或更换活性炭时	
警告类(黄色)	当心腐蚀	存在腐蚀物质的场所,如存放有腐蚀药剂的仓库	

续 表

类　别	名　称	设置范围和地点	标志示意图
警告类（黄色）	注意防尘	产生粉尘的场所，如污染土壤异位修复筛分处置过程	
	注意高温	高温作业场所，如热脱附设备区域	
	当心有毒气体	存在有毒气体场所，如密闭大棚	
	噪声有害	产生噪声的场所，如搅拌桩机、挖掘机等施工区	
指令类（蓝色）	戴防护镜	对眼睛有危害的场所，如污染土壤添加修复药剂区域	
	戴防毒面具	可能中毒的场所，如密闭大棚作业	
	戴防尘口罩	粉尘浓度超过国家标准的作业场所，如密闭大棚作业	

续　表

类　别	名　称	设置范围和地点	标志示意图
指令类（蓝色）	戴护耳器	噪声超过国家标准的作业场所，如密闭大棚作业、挖掘机作业	
	戴防护手套	需对手部进行保护的作业，如修复药剂添加，基坑、土壤和地下水采样	
	穿防护鞋	进入施工区域需穿防护鞋	
	穿防护服	需穿防护服的作业，如密闭大棚作业、药剂添加作业	
	紧急出口	安全疏散的紧急出口，如密闭大棚、临时设施场所附近	
	急救站	施工单位设立的紧急医学救助场所	
提示标志（绿色）	救援电话	救援电话附近	

（2）作业岗位职业健康危害告知卡

告知卡是针对某一职业健康危害因素，告知劳动者危害后果及其防护措施的提示卡。告知卡设置在存在职业健康危害作业岗位的醒目位置。使用职业健康危害告知卡的目的是预防和减少职业病的产生，因此，凡已知存在职业健康危害的场所都应在显眼处张贴相对应的职业健康危害告知卡，以保护工作人员健康安全。《工作场所职业病危害警示标识》（GBZ 158－2003）中规定了在工作场所设置的可以使劳动者对职业病危害产生警觉，并采取相应防护措施的图形标识、警示线、警示语句和文字。《用人单位职业病危害告知与警示标识管理规范》（安监总厅安健〔2014〕111 号）中规定告知卡应当标明职业病危害因素名称、理化特性、健康危害、接触限值、防护措施、应急处置及急救电话、职业病危害因素检测结果及检测时间等（图 8－8）。

<table>
<tr><th colspan="3">作业可能产生噪声，对听力有损害，请注意防护</th></tr>
<tr><td rowspan="2">
噪声有害</td><td>健康危害</td><td>理化特性</td></tr>
<tr><td>长时间处于噪声环境，使听力减弱、下降，时间长可引起永久性耳聋，并引发消化不良、呕吐、头痛、血压升高、失眠等全身性疾病。</td><td>声强和频率的变化都无规律、杂乱无章的声音</td></tr>
<tr><td rowspan="4">
必须戴护耳器</td><td colspan="2">应急处理</td></tr>
<tr><td colspan="2">使用防声器，如耳塞、耳罩、防声帽等，并紧闭门窗，如发生听力异常，及时到医院检查。</td></tr>
<tr><td colspan="2">注意防护</td></tr>
<tr><td colspan="2">利用吸声材料或吸声结构来吸收声能；佩戴耳塞；用隔声罩、隔声间、隔声屏，将空气传播的噪声挡住、隔开。</td></tr>
<tr><td>急救电话：120</td><td colspan="2">职业卫生咨询电话：×××××××</td></tr>
</table>

图 8－8　职业健康危害告知卡示例

8.1.3　职业健康应急管理和事故处置

1. 应急管理

施工单位现场职业健康管理人员应针对识别出的风险，建立、健全科学合理的职业健康危害事故应急预案和控制措施，应根据应急预案配备应急救援设施、设备、用品等，并根据应急预案开展应急救援培训，组织应急演练。

(1) 施工单位应在可能发生职业损伤的有毒、有害工作场所，设置报警装置，有毒气体检测报警装置设置规范可参照《工作场所有毒气体检测报警装置设置规范》(GBZ/T 223－2009)；配置应急喷淋洗眼器和急救箱，急救箱配备内容可根据修复工程规模、职业病危害性质、接触人数等实际需要确定，配置可参照《工业企业设计卫生标准》(GBZ1－2010)，具体参考清单见表 8－4。

表 8－4 急救箱配置参考清单

序号	药品名称	储存数量	药品用途
1	医用酒精	1 瓶	消毒伤口
2	过氧化氢溶液	1 瓶	清洗伤口
3	0.9%生理盐水	1 瓶	清洗伤口
4	2%碳酸氢钠	1 瓶	处置酸灼伤
5	2%醋酸或 3%硼酸	1 瓶	处置碱灼伤
6	脱脂棉签	5 包	清洗伤口
7	中号胶布	2 卷	粘贴绷带
8	绷带	2 卷	包扎伤口
9	剪刀	1 个	急救
10	镊子	1 个	急救
11	医用手套、口罩	按实际需要	防止施救者被感染
12	烫伤软膏	2 支	消肿/烫伤
13	创可贴	8 个	止血护创
14	防暑降温药品	5 盒	夏季防暑降温
15	体温计	2 支	测量体温
16	手电筒	2 个	急救
17	急救使用说明	1 个	—

(2) 现场急救用品、冲洗设备等应当设置在便于劳动者取用的地点,并在醒目位置设置清晰的标识。

(3) 施工单位应设置专人定期检查应急救援设施、设备、用品,定期检查、更新、保养维护,以确保其正常运行。

(4) 施工单位宜通过自动化、信息化、智能化等手段改善工作环境,减少暴露频率,消除或控制职业病危害,提升职业健康管理水平。

2. 事故处置

(1) 施工单位在发生职业健康危害事故时,应立即暂停导致职业健康危害事故的作业。

(2) 施工单位应立即启动应急预案,组织成立指挥小组,并统一指挥实施。现场指挥部应根据情况划定警戒隔离区域,立即抢救、撤离遇险人员并承担所需费用,制订现场处置措施;对发生的职业健康危害事故进行调查分析,根据对事故分析的原因,制定防止类似事故再次发生的措施。

(3) 施工单位在开展自救的同时,应在 1 小时内向所在地安全生产监督主管部门和有关部门报告,并通知可能受到事故影响的单位和人员,保持应急通信联系。

(4) 各有关单位如发现职业病病人或者疑似职业病病人时,应当按照国家规定及时向所在地卫生行政部门和其他有关部门报告。

8.2 安全生产管理

为规范污染地块修复工程各责任主体落实和开展修复工程安全生产管理工作、防控安全生产风险、提高施工现场安全生产与文明施工管理水平,依据《中华人民共和国安全生产法》《建设工程安全生产管理条例》等法律、法规,在污染地块治理与修复期间,要督促土壤污染责任人或土地使用权人以及修复施工单位落实修复工程安全生产主体责任,采取有效安全生产控制措施,消除修复工程安全生产各种危害因素,保障劳动者生命和财产安全。本节重点从安全监督管理、安全文明施工、修复药剂安全管理以及基坑工程安全管理四个方面进行详细介绍,消除修复工程中存在的安全隐患,提升施工现场安全生产管理水平。

8.2.1　安全监督管理

安全监督管理是为施工项目实现安全生产开展的监督管理活动，坚持“安全第一、预防为主、综合治理”的方针，加强施工现场的安全监督管理，可有效降低安全事故发生的概率，避免事故伤害，保障现场人员的生命和财产安全。在污染地块修复工程开展期间，环境监理机构应全方位地监督施工单位落实修复工程安全生产工作，消除修复工程中存在的安全隐患。本节从检查施工单位安全生产管理体系、审核施工组织设计（方案）及专项施工方案、审查安全生产投入、施工现场安全隐患排查、应急预案的审核与应急措施的检查等方面对修复工程环境监理安全监督管理工作要点进行介绍，进一步提高污染地块修复工程环境监理安全监督管理工作。

1. 检查施工单位安全生产管理体系

（1）核查施工单位提交的资质证书及安全生产许可证。重点核查施工单位资质等级证书和安全生产许可证有效期限。

（2）核查施工单位安全管理体系中的管理机构。重点核查项目经理和项目人员相应资格证书，项目经理、安全管理人员和特种作业人员必须持证上岗。

（3）审核施工单位安全生产管理制度。施工单位安全管理制度应包括以下基本制度：安全生产责任制、安全生产教育培训制度、安全生产检查与隐患排查制度、安全生产投入保障制度、机械设备管理制度、安全施工技术交底制度、消防安全管理与消防安全责任制度、危险性较大的分部分项工程安全管理制度、安全施工报告处理制度。

2. 审查施工组织设计（方案）及专项施工方案

（1）核查编审程序与相关规定的相符性。

（2）审查安全管理及安全保证体系的组织机构，确定方案中项目经理及相关人员配置与施工合同的相符性。

（3）审查施工安全生产责任制、安全管理规章制度和安全操作规程制定情况。

（4）审核修复工程施工所用机械设备与国家和地方规定的相符性。如《上海市建筑施工机械安全监督规定》（沪住建规范〔2020〕4 号）明确机械设备应经工商登记,按规定在资质、许可范围内从事相关活动。

(5) 审核事故应急预案制定情况。应急预案的制定应满足《生产安全事故应急预案管理办法》(国家安全生产监督管理总局令第 88 号)、《突发事件应急预案管理办法》(国办发〔2013〕101 号)要求。

3. 审查安全生产投入

(1) 核查施工单位安全生产投入保障制度。安全生产投入是推进工程文明施工的基础,环境监理应核查施工单位安全生产投入保障制度与国家及地方政府规定的相符性,如《上海市建设工程文明施工管理规定》(市政府令 48 号)中,明确施工单位应当承担建设工程文明施工的主体责任,根据业主单位的文明施工书面意见,在施工组织设计文件中明确文明施工的具体措施,并予以实施。

(2) 核查安全生产措施落实情况。环境监理应根据施工合同、修复技术方案、施工组织设计(方案)和相关法律法规对施工单位安全生产措施落实情况进行核查,重点检查内容包括:① 施工现场易发生事故或危险场所应设置明显的、符合标准要求的安全警示牌;② 施工现场的材料堆放、消防器材、临时用电、施工现场出入口设置的标志等应与安全生产投入使用计划一致。

4. 施工现场安全隐患排查

环境监理机构应按照一定频次对修复现场开展巡视检查,对现场安全生产措施落实情况进行检查,在巡视过程中发现存在安全隐患问题时,应及时签发环境监理整改通知单,要求施工单位整改并提交环境监理整改消项单。当情况较为严重时,应及时报告业主单位,取得业主单位同意后签发工程暂停令,可采用专题会议的方式,分析安全隐患并制定改进措施,在施工单位完成整改后,环境监理机构对相应问题的整改情况进行跟踪检查,并审核确认施工单位提交的工程复工令。

5. 应急预案的审核与应急措施的检查

(1) 明确应急预案体系。施工单位根据组织管理体系、生产规模、危险源的性质以及可能发生的事故类型确定应急预案体系,收集相关法律法规、技术标准、相同或类似项目事故资料、周边环境状况、修复技术方案等制订应急预案。环境监理应审核应急预案与修复技术方案以及修复工程特点的相符性。

(2) 建立应急组织机构。施工单位应根据修复工程实际情况建立应急组织机构，应急组织形式及组成单位或人员，可用结构图的形式表示，明确构成部门的职责。应急组织机构根据事故类型和应急工作需要，可设置相应的应急工作小组，并明确各小组的工作任务及职责。

（3）建立应急预案培训制度。施工单位应明确对相关人员开展的应急预案培训计划、方式和要求，使有关人员了解相关应急预案内容，熟悉应急职责、应急程序和现场处置方案。

（4）检查现场应急处置措施。施工单位针对可能发生的危险化学品泄漏、坍塌、机动车辆伤害等，从人员救护、工艺操作、事故控制、消防、现场恢复等方面制定明确的应急处置措施。环境监理可采用巡视检查的方式确认应急措施落实情况与应急预案的相符性。

8.2.2　安全文明施工

安全文明施工是施工项目在施工过程中科学地组织安全生产，规范化、标准化管理现场，使施工现场能够保持良好的施工环境和施工秩序，是现场管理的一项基础性工作。落实安全文明施工，能够确保施工安全，减少现场安全隐患，使现场拥有良好的施工环境和施工秩序、施工程序和步骤更加规范，同时，为施工人员提供了保护伞，施工队伍能够安心于施工，从而有效提高工作效率并为修复工程质量提供保障。在污染地块修复工程开展期间，环境监理单位应当将安全文明施工纳入环境监理范围，监督施工单位落实安全文明施工，保证现场安全文明施工措施落实到位。本节从人员管理、材料管理、机械设备管理、施工现场封闭管理、消防安全管理、临时用电安全管理、公示标牌和安全标志等方面对环境监理现场安全文明施工管理工作内容进行介绍。

1. 人员管理

（1）修复工程开工前，环境监理机构应审查施工单位报审的人员资料。审查要点包括：① 项目经理的资格证书应与修复工程相适应；② 项目人员配置情况与施工合同、施工组织设计（方案）中一致；③ 特种作业人员应具有相应的操作证书，且操作证书应在有限期限内，《特种作业人员安全技术培训考核管理规定》（国家安全生产监督管理总局 30 号令）明确规定特种作业人员必须经专门的安全技术培训并考核合格，取得《中华人民共和国特种作业操作证》后，方可上岗作业；④ 后续进场工人安全教育培训落实情况。

（2）核查施工单位相关作业人员安全技术交底落实情况。施工负责人在分派施工任务时，应对相关管理人员、施工作业人员进行书面安全技术交底（图 8－9）。

图 8－9　安全技术交底

（3）修复工程施工过程中，环境监理可通过巡视检查的方式，抽查特种作业人员持证上岗情况和人证相符情况。

（4）环境监理可通过巡视检查的方式，监督施工现场人员按要求佩戴劳防用品，包括安全帽、手套、反光背心等。

2. 材料管理

（1）材料管理制度的建立。施工单位应建立健全的材料管理制度、材料管理操作规程，相关管理制度及操作规程应上墙或悬挂。环境监理应审核施工组织设计（方案），确认施工单位材料管理制度建立情况，以及采用现场巡视检查的方式，确认材料管理制度落实情况。

（2）材料出入库管理。材料进场后，由相关管理人员清点数量，确认无误后按要求按类别码放到指定地点。对于材料的发放，应做好台账记录，对于领用的材料管理，应执行"谁领用谁负责"的原则。

（3）材料存放管理。进场材料应根据材料的不同性质存放于符合要求的库房，做好防火、防潮、防腐蚀工作，材料的堆放应按照平面布置规划码放整齐，并标明名称、规格等。环境监理可采用现场巡视的方式，确认材料是否按照平面布置规划的要求码放。

(4) 报审材料的审核。施工单位根据材料需用量,在材料进场前需提交材料报审表给环境监理,环境监理应审核报审材料与施工组织设计(方案)中的计划一致性。进场材料应具有相应资质的检测机构出具的产品检测合格证明,环境监理应现场确认进场材料的数量、质量与报审材料的一致性。

(5) 材料的施工安全管理。施工单位应在材料使用时落实相关安全管理措施,并在作业前对作业人员进行安全教育培训,作业时安排相关管理人员进行监督,作业完成后做到现场工完、料净、场清。如施工单位需对修复区域进行 HDPE 膜铺设,在作业前首先应对相关作业人员进行安全教育培训,培训内容包括用电安全要点、焊接安全要点和施工作业完成清理要求,其次应对焊接工具进行检查并安排人员做好电源线路检修保证通电畅通。在 HDPE 膜铺设作业时,应安排相关人员现场进行监督,保证作业过程符合质量要求和安全要求。施工作业完成后,应安排专人对现场进行清理,保证现场清洁。

3. 机械设备管理

加强机械设备的管理,采用科学有效的手段可避免施工过程中不安全因素的出现,确保修复工程的稳定性、高效性和安全性。修复工程施工过程中使用的机械设备包括搅拌桩机、挖机、镐头机、ALLU 筛分斗、重金属污染土壤淋洗设备、热脱附设备、污染地下水打井设备、地下水处理设备、移动空压机等。环境监理对于机械设备的安全管理工作包括以下几点。

(1) 审核施工单位机械设备管理制度。施工单位应建立机械设备管理制度,管理制度应包括机械设备检查制度、机械设备维修制度、机械设备安全操作制度、机械设备维护保养制度、机械设备定期检查和隐患整改制度、机械设备事故预防措施、机械设备操作规程,并应根据修复工程实施情况不断完善机械设备管理制度。修复工程开工前,环境监理机构应对施工单位的机械设备管理制度进行审查,并对施工单位报审的机械设备进行核查。

(2) 审核施工单位机械设备管理机构。施工单位应建立健全设备管理机构,对设备的管理统一规划并派专人负责,明确机械设备管理人员的职责与权限,条件允许则可实行定机、定人、定岗位的责任制度。

(3) 机械设备操作的管理。机械设备施工前,施工单位应对机械设备操作人员进行相关培训,包括操作技能、注意事项和安全问题。机械设备操作人员应具有与设备相符的资质，机械作业时操作人员不得擅自离开工作岗位，严禁非专业人员进行操作。

4. 施工现场封闭管理

（1）施工现场围挡。施工单位应在施工现场四周设置连续、封闭的围挡，施工围挡的设置应当符合下列要求：① 采用符合规定强度的硬质材料，基础牢固，表面整洁和美观；② 市区主要路段的工地应设置高度不小于 2.5 m 的封闭围挡，一般路段的工地应设置高度不小于 1.8 m 的封闭围挡；③ 距离住宅、医院、学校等建筑物不足 5 m 的施工现场，应设置具有降噪功能的围挡。环境监理对修复工程进行踏勘时，应对施工围挡进行检查，确认施工围挡满足上述要求。

（2）施工场地设置。施工单位在施工组织设计（方案）中对施工区域、办公区域和道路进行设计，施工场地的设置应包含以下几点：① 施工现场主要道路及修复区域地面应进行硬化处理；② 施工现场应设置排水设施；③ 施工现场应设置防扬尘措施。环境监理对修复工程进行踏勘时，应确认修复区域、主要道路的硬化情况和排水设施与施工组织设计（方案）的相符性。

5. 消防安全管理

（1）审核施工单位消防安全管理与消防安全责任制度。消防安全管理与消防安全责任制度应满足《消防安全责任制实施办法》（国办发〔2017〕87 号）中的要求。

（2）核查施工单位消防安全措施落实情况。施工单位消防安全措施应包含以下几点：① 施工现场临时设施安全保障措施；② 易燃易爆化学危险品管理措施；③ 消防安全教育培训计划；④ 应急疏散预案。

（3）灭火器的设置。施工单位应在下列场所配置灭火器：① 易燃易爆化学危险品存放及使用场所；② 可燃材料存放、加工及使用场所；③ 厨房操作间、办公用房、设备用房、宿舍等临时用房；④ 密闭大棚；⑤ 其他具有火灾危险的场所。环境监理可采用巡视检查的方式，检查施工单位在相应场所设置灭火器的情况，灭火器的配置数量按现行国家标准《建筑灭火器配置设计规范》（GB 50140 - 2005）的有关规定经计算确定，且每个场所的灭火器数量不应少于 2 具。

（4）灭火器的定期检查。环境监理应监督施工单位落实灭火器检查台账记录(图 8－10),并根据以下几点对灭火器进行定期检查:① 灭火器的类型、规格、灭火级别和配置数量与设计的相符性;② 灭火器的指针应指在绿色区;③ 灭火器的有效期;④ 检查施工单位对灭火器的维修保养记录。

图 8－10　灭火器的检查

(5) 消防安全警示标志的设置。施工单位应在消防安全管理场所设置安全警示标志,消防安全标志的设置要求可参照《消防安全标志设置要求》(GB 15630－1995),其中规定了消防安全标志的设置场所、原则、要求和方法等。消防安全标志的设置可参考《消防安全标志 第 1 部分:标志》(GB 13495.1－2015),其规定了用于消防安全领域的标志。修复工程消防安全标志汇总见表 8－5。

表 8－5　消防安全标志汇总

名　　称	说　　明	标　　志
消防按钮	标示火灾报警按钮和消防设备启动按钮的装置	
火警电话	标示火警电话的位置和号码	

续 表

名　　称	说　　明	标　　志
消防电话	标志火灾报警系统中消防电话及插孔的位置	
手提式灭火器	标志手提灭火器的位置	
地上消火栓	标志地上消火栓的位置	
禁止烟火	禁止吸烟或各种形式的明火,如密闭大棚	
禁止放易燃物	禁止存放易燃物的场所	
禁用水灭火	表示禁止用水做灭火剂或用水灭火	
当心氧化物	存放具有氧化性质的场所,如存放过硫酸钠的药剂仓库	

6. 临时用电安全管理

（1）审核《临时用电施工组织设计》。根据《施工现场临时用电安全技术规范》（JGJ 46－2005）的要求，当施工现场临时用电设备在 5 台及 5 台以上或设备总容量在 50 kW 及 50 kW 以上时，应编制临时用电施工组织设计。临时用电施工组织设计的内容应满足《建设工程安全生产管理条例》（国务院第 393 号）和地方性法规的要求。

（2）电工及用电人员管理。电工及用电人员管理包含以下几点：①《施工现场临时用电安全技术规范》（JGJ 46－2005）明确规定电工必须经过按国家现行标准考核合格后，持证上岗工作，其他用电人员必须通过相关安全教育培训和技术交底，考核合格后方可上岗工作；② 各类用电人员应掌握安全用电基本知识和所用设备的性能；③ 电工作业前应穿戴和配备好相应的劳动防护用品。

（3）核查临时用电安全技术档案。核查内容包括以下几点：① 临时用电组织设计全部资料；② 临时用电技术交底资料；③ 定期检查表；④ 用电设备调试记录。

（4）检查施工现场配电箱。《施工现场临时用电安全技术规范》（JGJ 46－2005）明确规定配电系统应设置配电柜或总配电箱、分配电箱、开关箱，实行三级配电。总配电箱应设在靠近电源的区域，分配电箱应设在用电设备或负荷相对集中的区域，分配电箱与开关箱的距离不得超过 30 m，开关箱与其控制的固定式用电设备的水平距离不宜超过 3 m。每台用电设备必须有各自专用的开关箱，严禁用同一个开关箱直接控制 2 台及 2 台以上用电设备。各级配电箱应编号、标明线路走向，并应有用途标记，箱体上标有责任单位、责任人和联系电话（图 8－11），配电箱应设置防雨设施，且配电箱四周不得堆放其他杂物，施工单位应按照《建筑灭火器配置设计规范》（GB 50140－2005）中的要求在配电箱四周设置灭火器。

（5）临时用电安全警示标志设置。施工单位应在配电箱和用电设备场所设置安全警示标志，临时用电安全警示标志可参照《施工现场临时用电安全技术规范》（JGJ 46－2005），其中规定了临时用电安全警示标志的设置场所、要求和方法等。

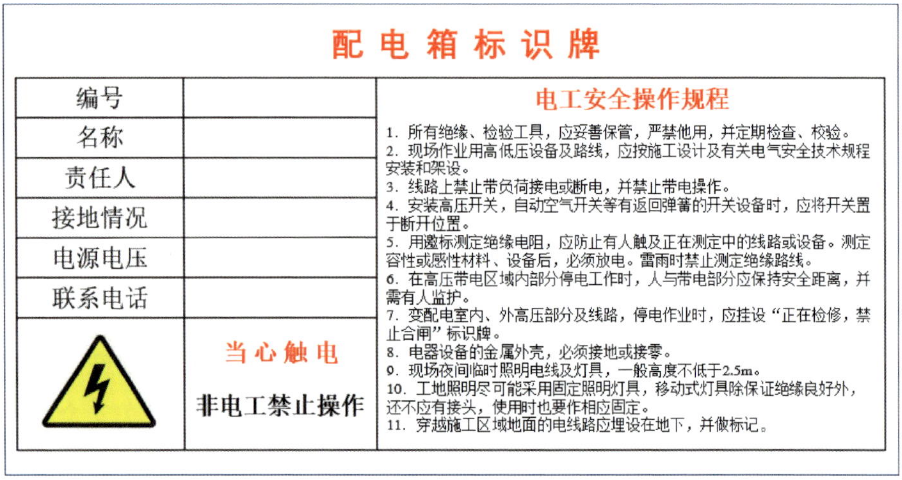

图 8－11　配电箱标识牌

7. 公示标牌和安全标志

（1）“五牌一图”和信息公告牌的设置。施工现场应设置“五牌一图”，且应固定在场内主要进出口，“五牌一图”应包含工程概况牌、管理人员名单及监督电话牌、消防安全制度牌、安全生产制度牌、文明和环保制度牌，以及施工现场平面图。“五牌一图”的设置应满足国家和地方规范的要求，如上海市《文明施工规范》(DGJ 08－2102)明确了“五牌一图”的内容、尺寸、制作材料和摆放位置。修复工程应当在修复现场出入口或其他显眼位置设立公告牌和警示标识，公开工程基本情况，公告牌和警示标识的设置应满足国家和地方规范的要求，如《广东省建设用地土壤污染修复现场环境信息公开与标识指南（试行）》中明确公告牌和警示标识主要内容包括修复工程名称、地理位置、污染物类型、修复工程量、修复技术、修复目标、修复工期计划、相关单位及负责人、环境影响保护措施、联系单位等修复工程基本信息。公告牌的设置如图 8－12 所示。“五牌一图”的设置如图 8－13 所示。

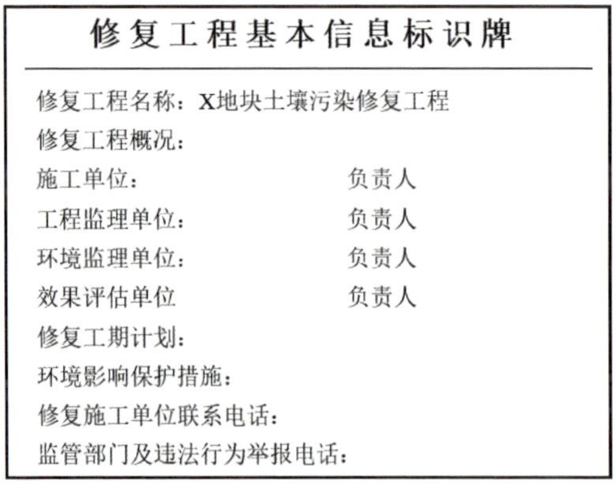

图 8－12　修复工程基本信息标识牌

工程概况牌

工程名称	XX地块土壤污染修复工程
项目地址	
污染方量	
目标污染物	
建设单位	
施工单位	
监理单位	
效果评估单位	

管理人员名单及监督电话牌

姓名	职务	联系电话
	项目经理	
	技术负责人	
	施工员	
	质量员	
	安全员	
	资料员	
	材料员	
建设单位联系人： 监理单位联系人： 效果评估单位联系人： XX生态环境局，		联系电话： 联系电话： 联系电话： 联系电话：

消防安全制度牌

一、外来人员进入施工现场必须登记，未经许可不得进入作业区域。
二、严禁吸“游烟”，易燃易爆场所及油漆间、木工间严禁明火作业。
三、焊割作业必须严格执行“十不烧”规定，未经批准不得动用明火。
四、存放氧气、乙炔的仓库必须统一设置，必须安装技防装置。
五、固定消防器材不得挪作他用，周围不准堆物，保证通道畅通。
六、宿舍内禁止使用电加热器、液化气及乱拉电线，禁止男女混居或擅自留宿他人。
七、消除火灾隐患。发生灾情积极参与扑救，并及时报告有关部门组织力量抢险。

安全生产制度牌

一、进入施工现场必须戴好安全帽、扣好帽带，正确使用个人劳动防护用品。
二、二米以上的高空、悬空作业，无安全设施的，必须戴好安全带、扣好保险钩。
三、高空作业时，不准往下或向上乱抛材料和工具等物件。
四、各种电动机械设备必须有可靠有效的安全接地和防雷装置，方能开动使用。
五、不懂电气和机械的人员，严禁使用和玩弄机电设备。
六、吊装区域非操作人员严禁入内，吊装机械必须完好，把杆垂直下方不准站人。

文明和环保制度牌

一、认真执行上级文明施工管理标准，加强职工文明施工思想意识的教育。
二、文明施工、环境卫生纳入施工组织设计，由项目经理负责组织实施。
三、施工现场要做到清洁、整齐、文明。不乱扔遗弃物，并做到工完场地清。
四、施工现场的各种材料、构件等要按照规定位置摆放整齐，并设置标牌。
五、施工作业区、办公区、生活区必须封闭隔开，严禁施工人员及小孩在工地穿行玩耍。
六、施工现场管理人员、务工人员必须持证上岗，并按规定佩戴劳动防护用具。
七、不得随意倾倒生活垃圾。生活用具清洁、整齐放置。
八、施工现场食堂应布局合理，符合卫生要求，并取得“卫生许可证”。
九、设施联系通畅的排水设施，泥浆不外流。
十、对操作人员进行文明施工教育培训，严禁野蛮施工，降低施工过程产生的噪声。

施工现场平面图

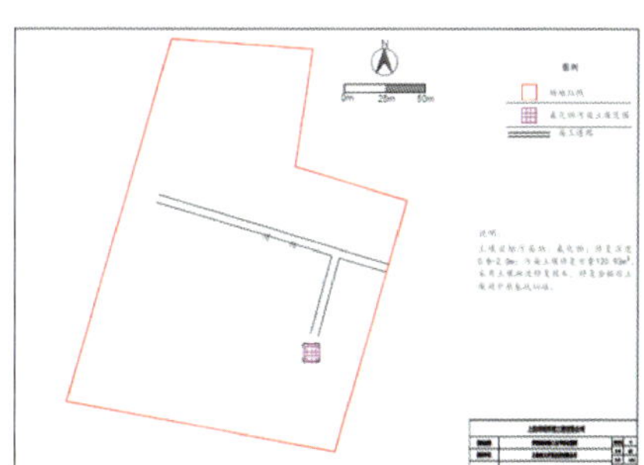

图 8－13　“五牌一图”示例

（2）施工现场信息管理与标识。为便于修复工程现场施工安全管理，除依法应予信息公开的内容外，土地使用权人还可公开修复作业信息。如《广东省建设用地土壤污染修复现场环境信息公开与标识指南（试行）》中明确可公开修复作业信息包括在修复作业出入口或显眼位置设置修复工程一览牌；在修复作业区内部，按照施工功能分区，设置修复作业分区信息标识牌，包括但不限于各区域名称、面积、用途、作业概况和二次污染防治措施。

（3）安全标志。安全标志是向工作人员警示工作场所或周围环境的危险状况，指导人们采取合理行为的标志。安全标志能够提醒工作人员预防危险，从而避免事故发生。安全标志由图形符号、安全色、几何形状（边框）或文字构成。安全标志可分为以下四种：① 红色禁止标志，禁止人们不安全行为的图形标志；② 黄色警告标志，提醒人们对周围环境引起注意，以避免可能发生危险的图形标志；③ 蓝色指令标志，强制人们必须做出某种动作或采取防范措施的图形标志；④ 绿色提示标志，向人们提供某种信息（如标明安全设施或场所等）的图形标志。施工单位应在主要施工区域、危险部位、相关设施设置安全标志，并应根据现场实际情况对安全标志设置位置进行调整。安全标志的设置可参考《安全标志及其使用导致》（GB 2894－2008），其规定了传递安全信息的标志及其设置、使用的原则。修复工程安全标志汇总见表 8－6。

表 8－6　安全标志汇总

类　别	名　称	设置范围和地点	标志示意图
禁止类（红色）	禁止吸烟	有甲乙丙类火灾危险物质的场所和禁止吸烟的公共场所等，如药剂仓库、密闭大棚	
	禁止通行	有危险的作业区，如基坑清挖区域	

续　表

类　别	名　称	设置范围和地点	标志示意图
禁止类（红色）	禁止攀登	不可攀爬的危险地点，如密闭大棚烟筒	
	禁止跨越	禁止跨越的危险地段，如作业现场的沟、坎、坑等	
	禁止靠近	不允许靠近的危险区域，如输电设备附近	
	禁止触摸	禁止触摸的设备或物体附近，如具有毒性、腐蚀性物体等	
警告类（黄色）	注意安全	易造成人员伤害的场所及设备，如大型机械设备、基坑附近	
	当心触电	有可能发生触电危险的电器设备和线路，如配电箱、开关等	
	当心坑洞	具有坑洞易造成伤害的地点，如基坑附近	

续　表

类　别	名　称	设置范围和地点	标志示意图
警告类（黄色）	当心塌方	有塌方危险的地段，如基坑下作业场所、基坑开挖	
	当心叉车	有叉车通行场所，如药剂仓库附近	
指令类（蓝色）	必须佩戴安全帽	进入施工区域必须佩戴安全帽	
	必须佩戴安全带	易发生坠落危险的作业场所，如密闭大棚的建设及拆除	
	必须接地	防雷、防静电场所	
	必须拔出插头	设备维修、故障、长期停用、无人值守时	
提示标志（绿色）	紧急出口	安全疏散的紧急出口，如密闭大棚、临时设施场所附近	

8.2.3　修复药剂安全管理

为加强污染地块修复工程修复药剂的存放、使用和管理工作，预防和减少修复工程危险化学品事故，保障人体安全和健康，保护和改善生态环境，根据《中华人民共和国环境保护法》《中华人民共和国安全生产法》《危险化学品安全管理条例》等法律、法规，在污染地块治理与修复期间，要督促土壤污染责任人或者土地使用权人以及修复施工单位落实修复工程安全生产主体责任，采取有效安全防护措施，消除修复工程化学品存放、使用和管理中各种不安全因素，保障劳动者的生命财产安全。本节重点从修复药剂的安全管理要点、安全管理措施以及安全储存要求三个方面进行详细介绍，可作为地方安全监管部门组织安全督查及企业开展隐患排查内容，避免修复工程化学品存放、使用和管理中可能导致的安全问题，做好现场日常安全检查、安全隐患排查及整改、安全监控工作，进一步提高施工现场安全文明施工管理水平。

污染土壤与地下水修复工程实施过程中使用的药剂种类多，按修复技术主要分为固化稳定化药剂（例如水泥、生石灰、粉煤灰、沸石、硫化钠、硫代硫酸钠等），化学淋洗药剂（例如清水、无机酸、碱、盐等无机化合物，人工螯合剂乙二胺四乙酸，天然有机螯合剂柠檬酸、草酸以及化学、生物表面活性剂等），化学氧化药剂（例如活化过硫酸盐、过氧化氢、高锰酸钾、臭氧），化学还原药剂（例如硫化氢、亚硫酸氢钠、硫酸亚铁、多硫化钙、零价铁等），以及生物药剂。危险化学品是指具有毒害、腐蚀、爆炸、燃烧、助燃等性质，对人体、设施、环境具有危害的剧毒化学品和其他化学品。根据《危险化学品目录（2015 版）》，过硫酸钠（CAS 号：7775－27－1）、过氧化氢溶液［含量>8%］（CAS 号：7722－84－1）属于危险化学品，须按照危险化学品的相关管理办法进行储存和管理。鼓励施工单位使用绿色、低毒、环境友好的修复药剂。

1. 修复药剂安全管理要点

（1）管理制度的建立。施工单位应建立健全危险化学品安全生产责任制、危险化学品安全管理规章制度，编制危险化学品安全管理操作规程。相关管理制度及操作规程应上墙或悬挂，环境监理现场检查管理制度落实情况。

（2）岗位职责的落实。施工单位应建立健全主要负责人、安全生产管理人员、工程技术人员、岗位操作人员、特种作业人员的安全职责,做到“一岗一责”。安全生产管理人员应具备危险化学品安全使用知识和危险化学品事故应急处置能力。应采用理论和实操方式对危险化学品安全生产管理人员进行专业基础知识和岗位技能培训,经考核合格后才能上岗(图 8-14)。

图 8-14　化学品专业技能教育培训

(3) 作业场所安全警示标志的设置。施工单位应在修复药剂作业场所的出入口、反应容器等醒目位置设置安全警示标志,化学品作业场所安全警示标志可参照《化学品作业场所安全警示标志规范》(AQ 3047-2013)(图 8-15),其中规

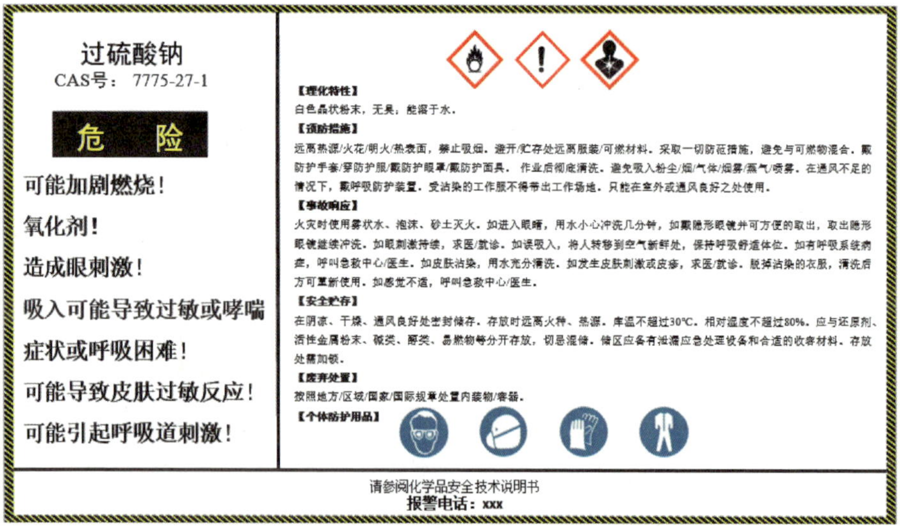

图 8-15　过硫酸钠化学品作业场所安全警示标志

定了有关定义、内容、编制与使用要求。过硫酸钠化学品作业场所安全警示标志如图 8－15 所示。

（4）出入库的管理。化学品出入库前均应进行检查、登记台账，经核对后方可入库、出库，检查内容至少应包括品种、数量、包装、危险标志，检查包装有无变形、泄漏或破损。施工单位应提供与其生产的化学品相符的化学品安全技术说明书（MSDS），并在危险化学品包装上粘贴与包装内危险化学品相符的化学品安全标签。化学品安全技术说明书和化学品安全标签所载明的内容应当分别符合《化学品安全技术说明书内容和项目顺序》（GB/T 16483－2008）、《化学品安全技术说明书编写指南》（GB/T 17519－2013）、《化学品安全标签编写规定》（GB 15258－2009）的要求，化学品安全技术说明书应上墙或悬挂（图 8－16），环境监理现场检查“一书一签”相关落实情况。过硫酸钠安全标签如图 8－17 所示。

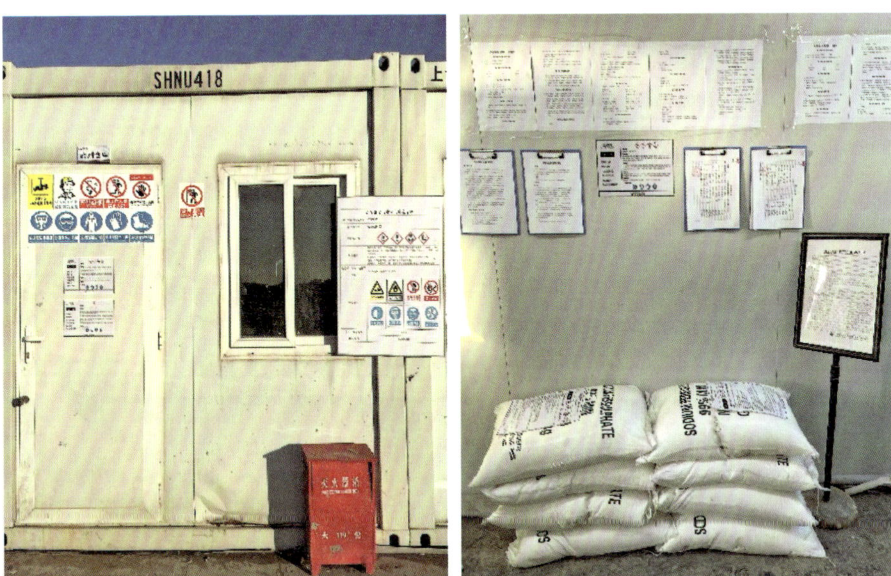

图 8－16　化学品储存场所及安全技术说明书上墙

（5）修复药剂使用台账的建立。使用修复药剂应由专人领用、管理调配，并建立修复药剂使用台账。根据《上海市建设用地土壤污染风险管控和修复

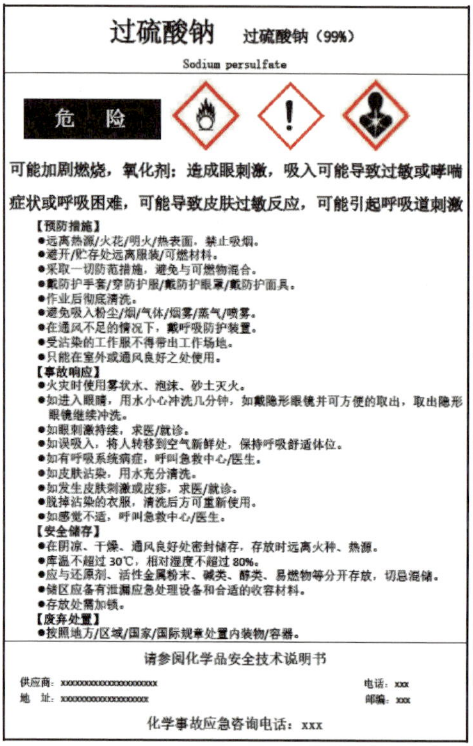

过硫酸钠 过硫酸钠（99%）

Sodium persulfate

危 险

可能加剧燃烧，氧化剂：造成眼刺激，吸入可能导致过敏或哮喘症状或呼吸困难，可能导致皮肤过敏反应，可能引起呼吸道刺激

【预防措施】
●远离热源/火花/明火/热表面，禁止吸烟。
●避开/贮存处远离服装/可燃材料。
●采取一切防范措施，避免与可燃物混合。
●戴防护手套/穿防护服/戴防护眼罩/戴防护面具。
●作业后彻底清洗。
●避免吸入粉尘/烟/气体/烟雾/蒸气/喷雾。
●在通风不足的情况下，戴呼吸防护装置。
●受沾染的工作服不得带出工作场地。
●只能在室外或通风良好之处使用。

【事故响应】
●火灾时使用雾状水、泡沫、砂土灭火。
●如进入眼睛，用水小心冲洗几分钟，如戴隐形眼镜并可方便的取出，取出隐形眼镜继续冲洗。
●如眼刺激持续，求医/就诊。
●如误吸入，将人转移到空气新鲜处，保持呼吸舒适体位。
●如有呼吸系统病症，呼叫急救中心/医生。
●如皮肤沾染，用水充分清洗。
●如发生皮肤刺激或皮疹，求医/就诊。
●脱掉沾染的衣服，清洗后方可重新使用。
●如感觉不适，呼叫急救中心/医生。

【安全储存】
●在阴凉、干燥、通风良好处密封储存，存放时远离火种、热源。
●库温不超过30℃，相对湿度不超过80%。
●应与还原剂、活性金属粉末、碱类、醇类、易燃物等分开存放，切忌混储。
●储区应备有泄漏应急处理设备和合适的收容材料。
●存放处需加锁。

【废弃处置】
●按照地方/区域/国家/国际规章处置内装物/容器。

请参阅化学品安全技术说明书

供应商：xxxxxxxxxxxxxxxxxxxxx 电话：xxx
地　址：xxxxxxxxxxxxxxxxxxx 邮编：xxx

化学事故应急咨询电话：xxx

图 8-17 过硫酸钠安全标签示例

施工过程环境管理技术要求（试行）》（沪环土〔2021〕166 号），施工单位应建立修复药剂使用台账，记录药剂的进场和使用情况，在药剂领用当天记录药剂品名、领用人、领用时间、领用数量等信息，并于 2 天内录入信息平台系统，环境监理每日现场对修复药剂进行巡视检查并记录使用情况（图 8-18）。

（6）修复药剂的安全隐患排查治理。施工单位应根据安全生产法律法规和安全风险管控情况，按照修复过程安全管理的要求，结合修复技术和工艺特点，针对可能发生修复药剂安全隐患的风险点，全面开展修复药剂的安全隐患排查治理（图 8-19），做到安全隐患排查全覆盖，责任到人。环境监理单位应加强对修复药剂重点部位、关键环节以及重大危险源的巡视检查力度，存在问题及时通知施工单位严格落实整改措施，全面消除安全隐患。

图 8-18 修复药剂进场使用情况的检查

图 8-19　修复药剂现场安全隐患排查

(7) 修复药剂的应急处置。施工单位应根据《易燃易爆性商品储存养护技术条件》(GB 17914-2013)、《腐蚀性商品储存养护技术条件》(GB 17915-2013)、《毒害性商品储存养护技术条件》(GB 17916-2013)中规定的易燃易爆性化学品、腐蚀性化学品和毒害性化学品的灭火方法,针对使用修复药剂的危险性质,在明显和便于取用的位置,按《建筑设计防火规范》(GB 50016-2014)、《建筑灭火器配置设计规范》(GB 50140-2005)的规定设置灭火器、灭火毯、砂箱、消防铲以及其他必要消防器材,并确保完好有效(图 8-20)。施工单位应编制符合《生产经营单位生产安全事故应急预案编制导则》(GB/T 29639-2020)要求的危险化学品现场处置方案;现场应配备应急保健医药箱;应定期组织人员进行应急预案演练,并做好相关记录;废弃危化品的分类收集、储存、运输及处置应符合相关要求。

图 8-20　修复药剂应急处置情况检查

2. 修复药剂安全管理措施

(1) 修复药剂仓库应按《工业建筑供暖通风与空气调节设计规范》(GB 50019－2015)规定安装通风设备。

(2) 应根据储存化学品的特性,确定储存温湿度条件,设置温湿度计,采取控制措施,将温湿度控制在条件允许的范围内。

(3) 修复药剂仓库地面应防潮、平整、坚实、易于清扫,不发生火花。储存腐蚀性修复药剂仓库的地面、踢脚应防腐。

修复药剂仓库设置如图 8－21 所示。

图 8－21　修复药剂仓库设置

(4) 修复药剂仓库及其出入口应设置视频监控设备,记录修复药剂材料的进出库情况、存放情况及配制使用情况。视频监控系统的建设可参照《上海市建设用地土壤污染风险管控和修复施工过程环境管理技术要求(试行)》(沪环土〔2021〕166 号)、《深圳市建设用地污染地块风险管控、修复、环境监理和效果评估工作指引(试行)》等相关要求。修复药剂仓库视频监控设置如图 8－22 所示。

(5) 施工单位应在施工前对员工进行化学品安全技术说明书(MSDS)、危险物质辨认、正确搬运及使用等方面的培训。

(6) 施工单位应在药剂配制使用过程中,关注其危险性、禁配物料,并落实相应个人防护用品,根据《个体防护装备选用规范》(GB/T 11651－2008)、《个体防护装备配备基本要求》(GB/T 29510－2013)等标准的要求选择、正确佩戴个人劳动防护用品(图 8－23),主要包括防护服、防护手套、护目镜、防护面罩、防护口罩、防毒面具、安全帽、安全鞋等。

图 8-22　修复药剂仓库视频监控设置

图 8-23　修复药剂配制使用时穿戴个人防护用品

(7) 装卸、搬运修复药剂时，应做到轻装、轻卸，严禁摔、碰、撞、击、拖拉、倾倒和滚动(图 8-24)。现场使用叉车、平板车或斗车运输药剂时严禁超载，药剂应放置均匀防止侧翻，包装袋应完整封闭防止遗撒。

图 8-24　修复药剂搬运轻装、轻卸

（8）原则上风险管控和修复治理项目施工单位应严格遵循修复技术方案中指定的药剂种类开展后续现场中试验证及工程实施，不得擅自变动修复技术或修复药剂种类、投加量等。对修复活动实施过程中涉及变更的，应督促修复施工单位履行相关手续，可参照《上海市生态环境局关于加强建设用地土壤污染调查报告评审及修复方案备案管理工作的通知》（沪环土〔2020〕232号）相关规定。

3. 修复药剂安全储存要求

（1）施工单位应在施工现场设置专用仓库存放修复药剂，仓库必须具备干燥、通风、防雨、防晒、防火、防泄漏等措施。

（2）原则上鼓励化学品类修复药剂随用随进，不在现场储存。现场如需存储化学品，可参照《常用化学危险品贮存通则》（GB 15603－1995）化学品的相关管理办法进行储存和管理。易燃易爆化学品、腐蚀性化学品、毒害性化学品的储存方法可分别参照 GB 17914－2013、GB 17915－2013 和 GB 17916－2013 执行。

（3）根据修复药剂的性能分区、分类、分库贮存，不得超量、超品种储存危险化学品，各类危化品不应与相禁忌的化学品混放。

（4）根据化学品性质、包装规格采用适当的堆垛方法，要求货垛整齐，堆码牢固，禁止超高，禁止倒置，禁止开口存放。

（5）危化品包装不应泄漏、生锈和损坏，封口应严密，摆放要做到安全、牢固、整齐、合理。不应使用通常用于储存生活用品的容器存放危化品。

8.2.4 基坑工程安全管理

为了避免污染地块修复工程中出现基坑安全事故，保护和改善生态环境的同时保障修复工程及人员的安全，有效管理施工现场，规范人员操作，根据《中华人民共和国环境保护法》《中华人民共和国建筑法》《建设工程安全生产管理条例》《建设工程质量管理条例》等法律、法规，在污染地块治理与修复期间，要督促土壤污染责任人或者土地使用权人以及修复施工单位落实修复工程相关安全责任，采取安全防护有效措施，防止出现修复工程及人员安全事故。本节重点从基坑工程支护结构形式、基坑工程安全监督管理要点以及基坑工程安全隐患排查及治理措施三个方面进行详细介绍，旨在避免污染地块修复施工全过程中可能导致的安全问题，督促参建各方在施工过程中严格落实安全防护措施，规范安全行为，防控修复工程中的安全风险。

1. 基坑工程支护结构形式

（1）放坡开挖

放坡是指为了防止基坑侧壁塌方，确保施工安全，当挖方超过一定深度或填方超过一定高度时，其边沿应放出的足够的边坡，土方边坡一般用边坡坡度和坡度系数表示。现场放坡开挖如图8－25所示。

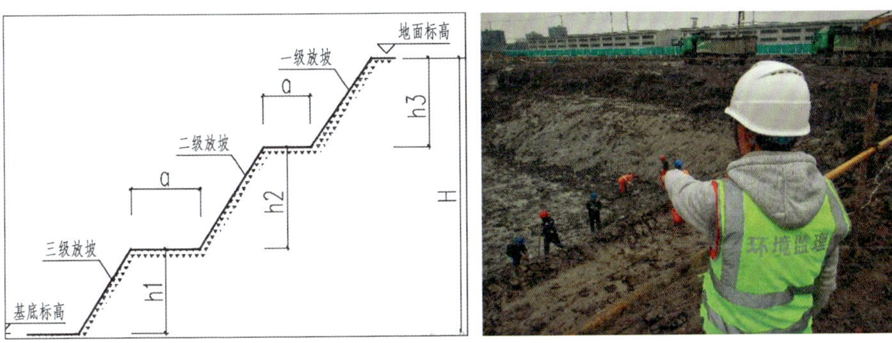

图8－25 放坡开挖

（2）重力式水泥土墙

重力式水泥土墙是通过搅拌桩基将水泥与土进行搅拌，形成柱状的水泥加固土（搅拌桩），而构成重力式支护结构。常见的重力式水泥土墙包括双轴搅拌桩、三轴搅拌桩（图8－26）、高压旋喷桩、SMW工法桩（图8－27）等。

图8－26 双轴搅拌桩、三轴搅拌桩施工

图 8－27　高压旋喷桩、SMW 工法桩施工

（3）土钉墙

土钉墙是将基坑边坡通过由钢筋制成的土钉进行加固，边坡表面铺设一道钢筋网再喷射一层砼面层和土方边坡相结合的边坡加固型支护施工方法（图 8－28）。其构造为设置在坡体中的加筋杆件（即土钉或锚杆）与其周围土体牢固黏结形成的复合体，以及面层所构成的类似重力挡土墙的支护结构。

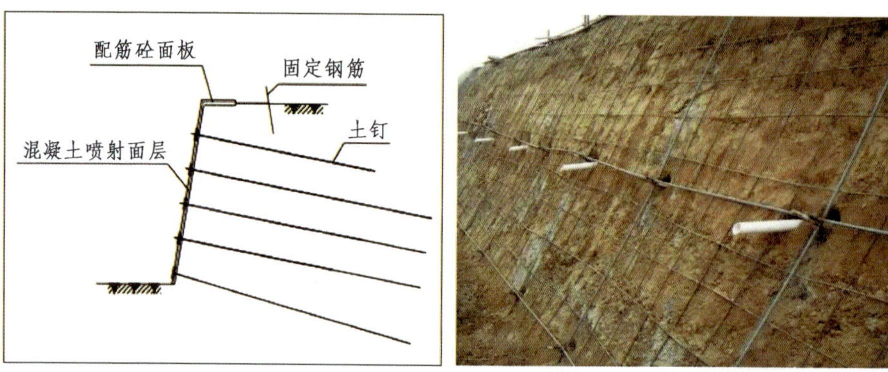

图 8－28　土钉墙施工

（4）支挡式结构

支挡式结构是用来支撑、加固填土或山坡体，防止其坍滑，以保持稳定的一种建筑物结构。常见的支挡式结构包括悬臂排桩、排桩+锚索、地连墙+锚索、排桩+钢筋砼支撑、拉森钢板桩+锚索、拉森钢板桩+钢支撑、SMW+钢筋砼支撑。悬臂排桩、拉森钢板桩+锚索支护如图 8－29 所示；拉森钢板桩+钢支撑、SMW+钢筋砼支撑如图 8－30 所示。

图8－29　悬臂排桩、拉森钢板桩+锚索支护

图8－30　拉森钢板桩+钢支撑、SMW+钢筋砼支撑

2. 基坑工程安全监督管理要点

1）专项施工方案的编制

（1）污染地块修复工程涉及开挖深度超过3 m（含3 m）的基坑（槽）的土方开挖、支护、降水工程等危险性较大的分部分项工程，应当严格按照《危险性较大的分部分项工程安全管理规定》（住房和城乡建设部令第37号）的有关规定编制危险性较大分部分项工程专项施工方案。危大工程专项施工方案的主要内容应当包括工程概况、编制依据、施工计划、施工工艺技术、施工安全保证措施、施工管理及作业人员配备和分工、验收要求、应急处置措施、计算书及相关施工图纸等。

（2）专项施工方案应当由施工单位技术负责人审核签字、加盖单位公章，并由工程监理总监审查签字、加盖执业印章后方可实施。对于超过一定规模的危大工程，施工单位还应当组织召开专家论证会对专项施工方案进行论证，专家论证前专项施工方案应当通过施工单位审核和工程监理总监的审查。

（3）发现施工单位未按照专项施工方案实施的，应当要求其进行整改；情节严重的，应当要求其暂停施工，并及时报告业主单位；施工单位拒不整改或者不停止施工的，应当及时报告业主单位和工程所在地住房城乡建设主管部门。

2）基坑支护

① 基坑开挖应设置符合安全要求的安全边坡；② 基坑支护的施工应符合基坑支护设计方案的要求；③ 应有针对性支护设施产生变形的防治预案，并及时采取措施；④ 应严格按基坑支护设计及专项施工方案的要求进行土方开挖；⑤ 基坑支护施工作业的安全监督管理，可参照现行国家标准《建筑基坑支护技术规程》(JGJ 120－2012)的相关规定。

3）基坑降排水

① 基坑开挖深度范围内有地下水，应采取有效的降排水措施(图 8－31)，抽提出的地下水应收集并处理达标后排放；② 深基坑边界周围地面必须设置排水沟；③ 基坑施工时坑底四周设置有效的排水沟和集水井等排水措施，及时排除积水，积水应收集并处理达标后排放；④ 深基坑降水施工必须有防止临近建筑及管线沉降的措施。

图 8－31　基坑降排水

4）基坑开挖

① 土方开挖前的准备工作应到位，具备开挖条件后方可进行；② 基坑支护结构必须在达到设计要求的强度后，方可开挖下层土方；③ 基坑开挖应严格按专项施工方案执行，宜采用分层、分区、对称、均衡开挖的方法，严格控制

开挖面坡度和分层厚度，防止边坡和挖土机下的土体滑动，严禁超挖，及时浇筑混凝土垫层；④ 基坑开挖过程中应采取措施防止碰撞基坑围护和支撑结构、工程桩、疏干井等，尽快形成围护支撑，缩短围护结构无支撑暴露时间；⑤ 每道支撑安全通道和临边防护的搭设应及时；⑥ 施工机械进场需进行查验，操作人员应持证上岗，应有专人指挥施工机械挖土，无违章、冒险作业；⑦ 基坑开挖施工作业的安全监督管理，可参照《建筑深基坑工程施工安全技术规范》(JGJ 311－2013)、《建筑施工土石方工程安全技术规范》(JGJ 180－2009)的相关规定。现场基坑开挖如图 8－32 所示。

图 8－32　基坑开挖

5) 临边防护

① 基坑开挖深度为 2 m 及以上的，必须设置符合规范要求的临边防护措施；② 基坑边缘堆置施工材料等，距基坑边最小距离必须满足设计规定，禁止基坑边堆置弃土，施工机械施工行走路线必须按专项施工方案执行；③ 基坑施工必须设置符合规范要求的人员上下专用通道。基坑临边防护及安全通道如图 8－33 所示。

6) 基坑工程监测

(1) 对于按照规定需要进行第三方监测的危大工程，业主单位应当委托具有相应勘察资质的单位进行监测(图 8－34)。

(2) 基坑开挖前，基坑监测单位应当编制监测方案，监测方案的主要内容应当包括工程概况、监测依据、监测内容、监测方法、人员及设备、测点布置与保护、监测频次、预警标准及监测成果报送等。

图 8－33　基坑临边防护及安全通道

图 8－34　基坑工程监测

（3）监测方案由监测单位技术负责人审核签字并加盖单位公章，报送工程监理单位后方可实施。监测单位应当按照监测方案开展监测，及时向业主单位报送监测成果，并对监测成果负责；发现异常时，及时向业主单位、基坑设计单位、施工单位、工程监理单位报告，业主单位应当立即组织相关单位采取处置措施。

（4）基坑工程监测的安全监督管理，可参照《建筑基坑工程监测技术标准》(GB 50497－2019)的相关规定。

7) 基坑拆除

① 采用专业方法拆除支撑的施工队伍必须具备专业施工资质;② 基坑支撑结构的拆除方式、拆除顺序应符合专项施工方案要求;③ 机械拆除作业时,施工荷载不得大于支撑结构承载能力;④ 人工拆除作业时,应按规定设置防护设施;⑤ 采用切割等非常规拆除方式应符合国家现行相关规范要求。基坑拆除施工如图 8－35 所示。

图 8－35　基坑拆除

8) 作业环境

① 基坑内作业人员必须有足够的安全作业面,土方机械、施工人员的安全距离应符合规范要求(图 8－36);② 垂直作业必须有隔离防护措施;③ 在各种管线范围内挖土应设专人监护。

图 8－36　作业环境保障

9）应急预案

① 按要求编制基坑工程应急预案，内容完善；② 应急物资、材料、工具机具储备应存放在施工现场且设立专门仓库（图 8－37）。

图 8－37　应急物资储备

3. 基坑工程安全隐患排查及治理措施

污染地块修复工程中常见的基坑工程安全隐患及治理措施见表 8－7。

表 8－7　基坑工程安全隐患及治理措施

序号	基坑工程安全隐患	基坑工程治理措施
（一）基坑坍塌安全隐患及治理措施		
1	地质勘察不详，未深度了解掌握地质土层及水文资料，导致设计中放坡或支护结构类型不合理	基坑开挖前必须具备完整的地勘报告资料，以地勘报告给定的岩土物理指标及水文地质指标为依据进行边坡稳定性计算
2	基坑开挖及支护作业前，未编制开挖及支护专项方案，对超过一定规模的深基坑边坡稳定性未计算	基坑开挖前针对现场周边环境、岩土地质、地下管线、地下水等情况，编制专项施工方案。必要时，专项施工方案应经专家评审
3	基坑开挖及支护过程中，对边坡沉降变形监测工作未落实，监测达到变形报警值未及时上报，未采取应急处置措施	基坑开挖前编制应急预案，开挖过程落实基坑监测，监测点布置、监测频率合理有效，监测数据及时上报

续　表

序号	基坑工程安全隐患	基坑工程治理措施
4	基坑开挖未严格执行专项施工方案要求，开挖顺序、路线、分层厚度等与基坑支护设计施工不衔接，技术要求不一致	基坑开挖根据深度分层、分段开挖，施工过程中设置技术人员专职负责，严格执行专项施工方案
5	基坑周边未按专项方案设置挡水措施，地表水流入基坑，导致基坑侧壁承载力下降	了解季节性来水情况，编制专项排水方案
6	基坑专项方案中对周边规定的范围内进行超负荷堆载，造成基坑变形	开挖施工时，禁止在基坑侧壁计算滑移线内超负荷堆载，严格执行专项施工方案
7	施工单位随意改变审查通过的基坑支护设计图纸方案	严格执行支护设计图纸及专项方案，对需要改变的基坑应重新进行设计计算，并经专家评审论证，满足要求后方可进行
8	基坑邻近有工程施工，包括打桩、基坑开挖、降水等影响基坑侧壁安全的活动	针对邻近工程的影响，应加强基坑变形监测，做好基坑防护措施
（二）基坑高处坠落安全隐患和治理措施		
1	基坑周边未按方案设置围挡封闭，或围挡封闭不牢、有疏漏处，围挡与基坑边缘间距太近，未设置挡脚板	基坑周边依据专项方案设置围挡封闭，围挡应牢靠稳固，并验收合格，在围挡下部必须设置连续且满足要求高度的挡脚板
2	未搭设或搭设不合格的人员通道，栏杆间距及密目网不完善，通道底板与杆件固定不牢，通道踏步宽度不足，底板未设置防滑条	搭设基坑通道应牢固，高宽比满足专项方案要求且不宜大于 2 m，通道架体搭设固定的斜抛撑，并在通道两侧进行围挡防护，设置挡脚板，通道严禁堆放材料和杂物，保持通道畅通
3	基坑夜间施工现场照明亮度不满足夜间施工要求，导致人员上下通道存在隐患	基坑四周安装夜间施工现场照明灯，其亮度满足夜间施工要求，保持通道通畅

续　表

序号	基坑工程安全隐患	基坑工程治理措施
4	基坑边搭设平台不牢固,作业人员未按要求使用安全带	基坑四周及纵横通道搭设必须牢固,连续封闭,基坑边施工人员必须正确使用安全带
（三）基坑施工物体打击安全隐患和治理措施		
1	基坑施工中因边坡垮塌或上部坠物对施工作业人员造成的打击和伤害	依据专项方案要求,在基坑周边规定范围内进行围挡封闭,并设符合标准要求的挡脚板,防止有物体坠入基坑内
2	基坑侧壁未设围挡,或围挡不牢,未设挡脚板,使周转材料或其他物体坠落造成对基坑内施工作业人员的伤害	依据专项方案要求,在基坑周边规定范围内进行围挡封闭,并设符合标准要求的挡脚板,防止有物体坠入基坑内
3	基坑四周有在建工程施工,临边未搭设水平防护棚和竖向防护网	在基坑四周在建工程的施工通道上搭设水平双层防护棚,并在明显处悬挂安全警示牌
4	特殊天气时,上部物件落下对下部施工人员造成伤害	极端天气应停止施工作业
（四）基坑施工机械伤害安全隐患和治理措施		
1	机械操作人员无证上岗、违章操作或酒后作业	特种作业人员必须持有效证件上岗,禁止违章操作及酒后作业,并设置专人管理
2	多台机械同时作业,安全距离不满足要求,机械作业半径范围内有人工作业	施工作业前由技术负责人及安全员对机械操作人员进行安全技术交底,多机作业时,应保持相互安全距离进行,操作人员应对周边环境观察,确保无安全隐患后启动机械作业
3	机械未及时进行维修保养,使机械带病作业	施工机械作业前应及时进行检查维修,杜绝机械带病作业
4	设备安装、作业、拆除时未按操作规程	严格执行施工方案的要求,遵守机械设备安装、作业、拆除的操作规程

续　表

序号	基坑工程安全隐患	基坑工程治理措施
（五）触电伤害安全隐患和治理措施		
1	照明线路开关箱内漏电保护器失灵或未设置漏电保护器，开关箱未做接零	照明线路应设置符合临时用电要求的开关箱，并定时进行检查，开关箱接零可靠
2	用电线路未架空或者埋地，随地乱拉、乱布，线路接头未正确包扎防护	施用电线路的敷设通过道路时，采用穿钢管埋地措施，其他地段可采用架空或埋地。架空时采用绝缘材料作架空支撑，线路接头包扎防护应有防水要求
3	未设置专人（电工）对临时用电进行管理	施工现场临时用电必须由专业电气人员进行管理，专业电工必须持证上岗
4	现场临时用电未单独编制临时用电施工组织设计方案，电气设备未做到"一机、一闸、一漏、一箱"的要求	由专业电气工程师单独编制临时用电施工组织设计，现场每个电气设备必须做到"一机、一闸、一漏、一箱"

第9章 环境监测

环境监测是运用现代科学技术手段，监视、监控和测定环境污染和环境质量的各种环境要素，从而科学地评价环境质量及其变化趋势的操作过程。在污染地块治理修复工程中，为判断废水、废气、噪声、固废等二次污染物排放情况以及基坑清挖效果、污染土壤与地下水修复效果是否达到修复技术方案和相关标准规范的要求，环境监理可通过便携式环境监测仪器（如便携式挥发性气体检测仪PID、便携式重金属检测仪XRF、便携式噪声监测仪和常规水质监测仪等）或者委托第三方有资质的环境监测单位开展环境监测工作。污染地块修复工程环境监测主要工作是针对各项治理修复技术措施的实施效果，以及评价治理修复后的地块是否达到已确定的修复目标所展开的相关监测，可分为二次污染物排放监测以及污染土壤和地下水修复和风险管理效果评估监测，跟踪并监督污染地块治理修复过程中环境监测方案的落实，主要包括环境监测项目、监测指标、监测点位、监测频次、评价标准等内容，定期监督监测污染地块治理修复工程中污染物达标情况。

9.1 二次污染物排放监测

污染地块修复工程二次污染物排放的监测，主要是对治理修复过程中可能排放的污染物及中间产物进行布点监测，包括施工过程中产生的废水、废气、场界环境噪声及固体废弃物等。

9.1.1 废水排放监测

在污染地块修复治理施工期间，环境监理单位针对修复工程施工期产生的废水来源、排放量、水质指标及废水处理设施的建设过程、沉淀池定期清理和处理效果等进行监督，对施工单位开展的废水环境监测过程进行见证取样，必要时环境监理单位应加强二次污染防控中废水环境监测的抽检频次（图 9－1），如实反映施工现场的废水环境状况，根据水质监测结果判断收集处理废水是否达到排放或回用标准要求，并将监测结果及时告知施工单位。如废水环境监测结果超过修复技术方案中确定的污染地下水修复目标值或者超过国家及地方相关环境标准值，环境监理单位应督促施工单位及时调整和落实二次污染措施，并对该废水经处理达标后再进行处置。

图 9－1 环境监理单位对施工期产生废水的 pH 进行抽检

1. 监测项目

对污染地块修复过程产生的基坑废水、车辆及设备冲洗废水、建筑垃圾冲洗废水以及土壤和地下水修复过程产生的废水进行监测。

2. 监测方法

废水样品的采集、保存、运输、交接、分析、数据处理、质量保证与质量控制等技术要求，依据《污水监测技术规范（HJ 91.1－2019）》等相关要求开展水质监测，水样采集方式通过手工监测采样方式进行。

3. 监测点位

在废水处理设施总排放口处设置废水监测点。

4. 监测指标

监测指标主要包括污染土壤和地下水关注污染物，可能产生的中间产物以及纳管常规指标（如 pH、色度、SS、BOD_5、COD_{cr}、NH_3-N、TN、TP、石油类）

等。水温、pH等能在现场测定的监测项目或分析方法中要求须在现场完成测定的监测项目，应在现场测定。

5. 监测频次

对污染地块修复过程产生的施工废水，经收集处理后，可根据修复进度在每批次纳管排放或回用等最终处置之前，分批次进行监测。采用序批式处理方式对废水进行收集处理时，监测采样按照每个批次地下水设置1个采样单元，且至少在污染地块修复工程实施过程中、施工完成后各监测1次。

6. 评价标准

废水监测评价标准根据废水排放去向或回用用途等不同方式进行确定，参照依据主要包括：修复技术方案中确定的污染地下水修复目标值，《地下水质量标准》（GB/T 14848－2017）Ⅳ类标准限值和《上海市建设用地地下水污染风险管控筛选值补充指标》《污水排入城镇下水道水质标准》（GB/T 31962－2015）、《污水综合排放标准》（GB 8978－1996）、《上海市污水综合排放标准》（DB 31/199－2018）等。污染地块修复工程废水环境监测指标、评价标准值见表9－1。

表9－1　污染地块修复工程废水环境监测指标及评价标准值

序号	监测指标	评价标准值	评价标准
1	污染土壤和地下水关注污染物及可能产生的中间产物	修复目标值	修复技术方案
2	pH（量纲为1）	6.5～9.5	《污水排入城镇下水道水质标准》（GB/T 31962－2015）B级，纳管排放时参考
		6～9	《上海市污水综合排放标准》（DB 31/199－2018）三级标准，纳管排放时参考
		5.5～6.5 8.5～9.0	《地下水质量标准》（GB/T 14848－2017）中Ⅳ类标准限值，回用时参考

续 表

序号	监测指标	评价标准值	评价标准
3	色度（稀释倍数）	64	《污水排入城镇下水道水质标准》(GB/T 31962－2015)B级,《上海市污水综合排放标准》(DB 31/199－2018)三级标准,纳管排放时参考
		25	《地下水质量标准》(GB/T 14848－2017)中Ⅳ类标准限值,回用时参考
4	悬浮物(SS)	400 mg/L	《污水排入城镇下水道水质标准》(GB/T 31962－2015)B级,《上海市污水综合排放标准》(DB 31/199－2018)三级标准,纳管排放时参考
5	五日生化需氧量(BOD_5)	350 mg/L	《污水排入城镇下水道水质标准》(GB/T 31962－2015)B级,纳管排放时参考
		300 mg/L	《上海市污水综合排放标准》(DB 31/199－2018)三级标准,纳管排放时参考
6	化学需氧量(COD_{cr})	500 mg/L	《污水排入城镇下水道水质标准》(GB/T 31962－2015)B级,《上海市污水综合排放标准》(DB 31/199－2018)三级标准,纳管排放时参考
7	氨氮(NH_3-N)	45 mg/L	《污水排入城镇下水道水质标准》(GB/T 31962－2015)B级,《上海市污水综合排放标准(DB 31/199－2018)》三级标准,纳管排放时参考
8	总氮(TN,以N计)	70 mg/L	《污水排入城镇下水道水质标准》(GB/T 31962－2015)B级,《上海市污水综合排放标准》(DB 31/199－2018)三级标准,纳管排放时参考
9	总磷(TP,以P计)	8 mg/L	《污水排入城镇下水道水质标准》(GB/T 31962－2015)B级,《上海市污水综合排放标准》(DB 31/199－2018)三级标准,纳管排放时参考

续 表

序号	监测指标	评价标准值	评 价 标 准
10	石油类	15 mg/L	《污水排入城镇下水道水质标准》(GB/T 31962－2015)B级,《上海市污水综合排放标准》(DB 31/199－2018)三级标准,纳管排放时参考
11	硫酸盐	600 mg/L	《污水排入城镇下水道水质标准》(GB/T 31962－2015)B级,纳管排放时参考
		350 mg/L	《地下水质量标准》(GB/T 14848－2017)中Ⅳ类标准限值,回用时参考

注:根据《生态环境标准管理办法》,地方污染物排放标准优先于国家污染物排放标准。

9.1.2 废气排放监测

在污染地块修复治理施工期间,环境监理单位针对修复工程施工期产生的废气来源、排放指标以及废气处理设施的建设过程和处理效果等进行监督,对施工单位、效果评估单位开展的施工期废气环境监测过程进行见证取样,必要时环境监理单位应加强二次污染防控中废气环境监测的抽检频次,如实反映施工现场的废气环境状况,根据废气监测结果判断收集处理的废气是否达到排放要求,并将监测结果及时告知施工单位。如废气环境监测结果超过修复技术方案中确定的排放限值或者超过国家及地方相关环境标准值,环境监理单位应督促施工单位及时调整和落实二次污染防控措施,确保废气处理后达标排放。环境监理定期巡视检查时应重点检查废气收集系统的风机、阀门、管道是否完好;检查布袋是否存在掉袋、松口、破损、受潮等情况,必要时进行布袋更换;结合风量、压力、温度的检测,检查废气处理系统是否正常运行;检查活性炭性状,结合使用周期及时更换;增加废气监测频次,降低和减少对周边环境产生影响。

1. 有组织排放监测

污染地块修复工程有组织排放是指污染地块修复施工过程中产生的废气经过排气筒向空气中排放,包括污染土壤和地下水修复处理设施中污染物集中收集、处理及排放等内容。

1）检测项目

检测项目为对污染土壤与地下水修复处理设施末端有组织排放产生的废气进行监测。

2）监测方法

监测方法包括颗粒物、气态污染物及恶臭污染环境监测手工采样和测定技术方法，以及便携式仪器监测方法，可参照《固定污染源排气中颗粒物测定与气态污染物采样方法》（GB/T 16157－1996）及其修改单、《固定源废气监测技术规范》（HJ/T 397－2007）、《环境空气质量手工监测技术规范》（HJ/T 194－2005）、《恶臭污染环境监测技术规范》（HJ 905－2017）等相关技术规范要求开展有组织排放监测。根据监测方案确定的监测内容，准备现场监测和实验室分析所需仪器设备，属于国家强制检定目录内的工作计量器具，必须按期送计量部门检定，检定合格，取得检定证书后方可用于监测工作。测试前还应进行校准和气密性检验，使其处于良好的工作状态。必要时应设置采样平台，采样平台应有足够的工作面积使工作人员安全、方便地操作，平台面积应不小于 1.5 m^2，并设有 1.1 m 高的护栏和不低于 10 cm 的脚部挡板，采样平台的承重应不小于 200 kg/m^2，采样孔距平台面为 1.2～1.3 m。在选定的测定位置上开设采样孔，采样孔的内径应不小于 80 mm，采样孔管长应不大于 50 mm。不使用时应用盖板、管堵或管帽封闭。针对排气筒高度的相关规定，新污染源的排气筒一般不应低于 15 m（图 9－2）。

3）监测点位及采样位置

（1）监测点位：有组织排放监测布点设置在废气处理设施排放口，主要包括含挥发性有机污染土壤处理工艺中的废气收集处理装置排气筒，含挥发性有机污染地下水处理工艺中的废气收集处理装置排气筒。

（2）采样位置：应优先选择在垂直管段，应避开烟道弯头和断面急剧变化的部位。采样位置应设置在距弯头、阀门、变径管下游方向不小于 6 倍直径，和距上述部件上游方向不小于 3 倍直径处。对矩形烟道，其当量直径 $D=2AB/(A+B)$，式中 A、B 为边长。采样断面的气流速度最好在 5 m/s 以上。

4）监测指标

监测指标主要包括污染土壤和地下水关注污染物，可能产生的中间产物

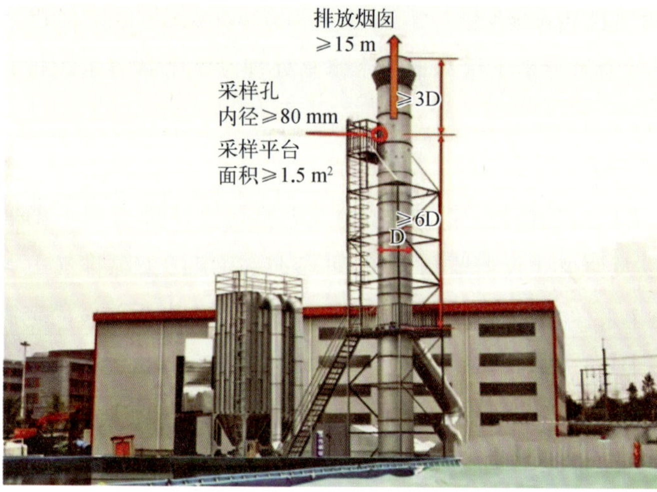

图 9-2　含挥发性有机污染土壤处理工艺中的废气收集处理装置排气筒

以及颗粒物、非甲烷总烃、臭气浓度等。

5）采样频次和监测频次

（1）采样频次：排气筒中废气的采样以连续 1 h 的采样获取平均值，或在 1 h 内，以等时间间隔采集 3~4 个样品，并计算平均值。若某排气筒的排放为间断性排放，排放时间小于 1 h，应在排放时段内实行连续采样，或在排放时段内等间隔采集 2~4 个样品，并计算平均值；若某排气筒的排放为间断性排放，排放时间大于 1 h，则应在排放时段内按连续 1 h 的采样获取平均值，或在 1 h 内，以等时间间隔采集 3~4 个样品，并计算平均值。

（2）监测频次：污染土壤与地下水修复处理设施末端有组织排放产生的废气，经收集处理后，可根据修复进度在修复过程废气排放过程中进行手工监测采样，原则上至少每月监测 1 次，施工期不少于 2 次。

6）评价标准

有组织排放监测评价标准参照依据主要包括《大气污染物综合排放标准》（GB 16297 - 1996）、《上海市大气污染物综合排放标准》（DB 31/933 - 2015）、《恶臭污染物排放标准》（GB 14554 - 93）、《上海市恶臭（异味）污染物排放标准》（DB 31/1025 - 2016）等。污染地块修复工程废气环境监测指标、排放限值如表 9 - 2 所示。

表 9-2 污染地块修复工程有组织排放环境监测指标及排放限值

序号	监测指标	最高允许排放浓度	最高允许排放速率	评价标准
1	其他颗粒物	120 mg/m^3	3.5 kg/h	《大气污染物综合排放标准》(GB 16297-1996)有组织排放限值二级标准
		30 mg/m^3	1.5 kg/h	《上海市大气污染物综合排放标准》(DB 31/933-2015)有组织排放限值
2	非甲烷总烃	120 mg/m^3	10 kg/h	《大气污染物综合排放标准》(GB16297-1996)有组织排放限值二级标准
		70 mg/m^3	3.0 kg/h	《上海市大气污染物综合排放标准》(DB 31/933-2015)有组织排放限值
3	臭气浓度	2 000(量纲为1)	排气筒高度:15 m	《恶臭污染物排放标准》(GB 14554-93)恶臭污染物排放标准值
		1 000(量纲为1)	排气筒高度:15 m≤H<30 m	《上海市恶臭(异味)污染物排放标准》(DB 31/1025-2016)有组织排放限值

注:根据《生态环境标准管理办法》,地方污染物排放标准优先于国家污染物排放标准。

环境监理应对效果评估单位现场开展有组织排放监测过程进行旁站记录,如图 9-3 所示。

2. 无组织排放监测

污染地块修复工程无组织排放是指污染地块修复施工过程中产生的废气不经过排气筒的无规则排放。

1) 监测项目

监测项目一般包括污染土壤清挖、运输、暂存、修复、回填或外运以及污染地下水抽提、修复、纳管或回用等修复工程实施过程中的废气无组织排放。

图 9-3 对效果评估单位现场开展有组织排放监测过程进行旁站记录

2）监测方法

监测方法有颗粒物、气态污染物及恶臭污染环境监测手工采样和测定技术方法，以及便携式仪器监测方法，可参照《大气污染物无组织排放监测技术导则》(HJ/T 55－2000)、《环境空气质量手工监测技术规范》(HJ/T 194－2005)、《恶臭污染环境监测技术规范》(HJ 905－2017)等相关技术规范要求开展无组织排放监测。监测仪器应通过计量监督部门的性能检定合格，并在使用前做必要调试和检查。

3）监控点设置和数目

（1）监控点设置：无组织排放监控点一般应设于周界外 10 m 范围内，但若现场条件不允许(例如周界沿河岸分布)，可将监控点移至周界内侧。雨、雪天气下，因污染物会被吸收，影响监测数据的代表性，不宜进行恶臭无组织排放监测。

（2）监控点数目：在无组织排放源上、下风向分别设置参照点和监控点，上风向只设 1 个参照点，下风向最多可设 4 个监控点。

4）监测指标

监测指标主要包括污染土壤和地下水关注污染物，可能产生的中间产物以及颗粒物、非甲烷总烃、臭气浓度等。

5）采样频次和监测频次

（1）采样频次：按规定对无组织排放实行监测时，实行连续 1 h 的采样，或者实行在 1 h 内等时间间隔采集 4 个样品计算所得的 1 h 平均值，以最多四个监控点中的浓度最高点测值扣除参照点测值所得之差值，作为“无组织排放监控浓度值”，同排放标准中“无组织排放监控浓度限值”进行比较，以判断该污染源的无组织排放是否达到或超过标准值。

(2) 监测频次：污染地块修复工程无组织排放产生的废气，原则上至少每月1次，施工期不少于2次，且在污染地块修复工程实施前和修复施工完成后至少各监测1次，可根据现场施工情况加强监测频次。

6) 评价标准

无组织排放监测评价标准参照依据主要包括《大气污染物综合排放标准》(GB 16297－1996)、《上海市大气污染物综合排放标准》(DB 31/933－2015)、《恶臭污染物排放标准》(GB 14554－93)、《上海市恶臭(异味)污染物排放标准》(DB 31/1025－2016)等。污染地块修复工程废气环境监测指标、排放限值见表9－3。

表9－3 污染地块修复工程无组织排放环境监测指标及排放限值

序号	监测指标	无组织排放监控浓度限值	评价标准
1	其他颗粒物	1.0 mg/m^3	《大气污染物综合排放标准》(GB 16297－1996)无组织排放监控浓度限值
		0.5 mg/m^3	《上海市大气污染物综合排放标准》(DB 31/933－2015)厂界大气污染物监控点浓度限值
2	非甲烷总烃	4.0 mg/m^3	《大气污染物综合排放标准》(GB 16297－1996)无组织排放监控浓度限值
		4.0 mg/m^3	《上海市大气污染物综合排放标准》(DB 31/933－2015)厂界大气污染物监控点浓度限值
3	臭气浓度	20(量纲为1)	《恶臭污染物排放标准》(GB 14554－93)恶臭污染物厂界标准值二级标准
		20(量纲为1)	《上海市恶臭(异味)污染物排放标准》(DB 31/1025－2016)周界监控点臭气浓度限值

注：根据《生态环境标准管理办法》，地方污染物排放标准优先于国家污染物排放标准。

环境监理应对施工单位现场开展无组织排放监测过程进行见证取样，如图 9－4 所示。同时，环境监理单位应按相关标准要求开展无组织排放监测，如图 9－5 所示。

图 9－4　对施工单位现场开展无组织排放监测过程进行见证取样

图 9－5　环境监理单位开展无组织排放监测

在污染地块修复工程实施时，为更好地开展污染控制，提示现场作业人员做好健康安全防护、提升环保自动监测能力、提高施工现场环境管理水平，上海市生态环境局发布了《上海市建设用地土壤污染风险管控和修复施工过程环境管理技术要求（试行）》，提出涉及含挥发性有机污染物治理修复工程，例如在污染土壤开挖、短驳、封闭式大棚异位修复、尾气处理及排放、项目周边存在敏感人群等情形下，施工单位应开展挥发性有机物在线监测（图 9－6），根据项目现场情况选择具体的在线监测设备，根据监测结果及时调整二次污染防控措施，确保达到修复技术方案中的环境目标要求，并及时将施工过程中的各项环境监测资料上传至信息平台，相关监测数据应做好资料保存及归档，纸质材料和电子文档保存时间不低于 3 年。在线监测指标可根据地块关注污染物及周围环境特点确定，可包括臭气浓度、TVOCs、O_2、$PM_{2.5}$、PM_{10}、噪声、温度、湿度等，可对恶臭（异味）情况进行 24 h 连续在线监控。在挥发性有机污染物修复治理施工期间，环境监理单位应加强二次污染防控监测的抽检频次，如实反映施工现场的环境状况，并将监测结果及时告知施工单位。如监测结果超过风险管控目标值或修复目标值，或者超过国家及本市相关环境标准值，环境监理单位应督促施工单位调整和落实二次污染措施。

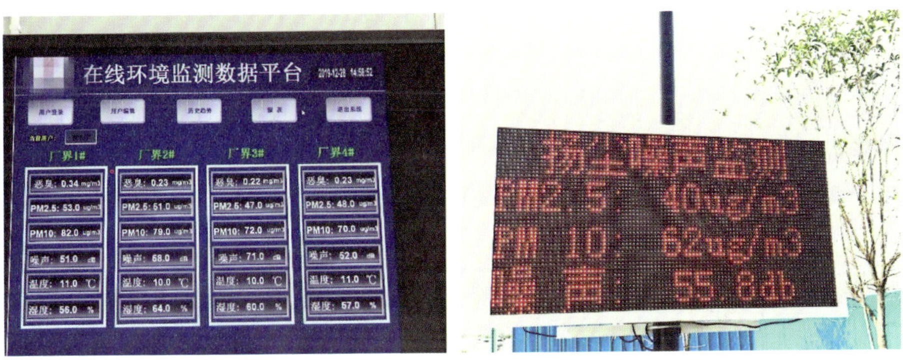

图 9－6　污染地块修复工程在线监测

9.1.3　场界环境噪声监测

为监督土壤和地下水污染修复区域及其影响区域的声环境质量达到相应的标准，及时掌握场界噪声污染排放情况，在污染地块修复工程施工期间，环境监理可通过便携式快速监测仪器，或委托第三方专业监测单位对场界噪声质量进行监测。噪声污染源环境监理主要监督检查污染地块修复工程施工过程中常用的污染土壤清挖、运输、修复设备，污染地下水钻井、抽提、处理设备，开挖大棚、修复大棚的送排风系统以及尾气处理系统等设备主要噪声源、数量及运行状况；检查修复工程影响区域内声环境敏感目标的功能、规模、与工程的相对位置关系及受影响的人数；检查施工单位采取的降噪措施和实际降噪效果等。施工单位要合理安排工期,缩短夜间施工时间,减少夜间施工噪声,必须严格按照许可时限和许可范围进行夜间施工,并在施工现场进出口的显著位置公示夜间施工许可证明,公告附近居民;限制夜间进行有强噪声污染的施工作业,采取有效措施尽可能减少对周围环境的影响,确保施工区域及其影响区域的噪声环境质量达到相应的标准。若场界环境噪声监测结果超过国家和地方规定的排放限值,环境监理单位应督促施工单位及时调整和落实二次污染防治措施,降低和减少对周边环境产生的影响。

1. 监测项目

对污染土壤清挖、运输、暂存、修复、回填或外运以及污染地下水抽提、修复、纳管或回用等修复工程实施过程中排放的噪声进行监测。

2. 监测方法

场界噪声环境监测方法,可参照《环境噪声监测技术规范 城市声环境常规监测》(HJ 640 - 2012)、《环境噪声监测技术规范 噪声测量值修正》(HJ 706 -2014)、《功能区声环境质量自动监测技术规范》(HJ 906 - 2017)、《建筑施工场界环境噪声排放标准》(GB 12523 - 2011)等相关标准规范要求开展监测。测量仪器为积分平均声级计或噪声自动监测仪,测量仪器和校准仪器应定期检定合格,并在有效使用期限内使用;每次测量前、后必须在测量现场进行声学校准。

3. 监测点位

一般监测点设置在建筑施工场界外 1 m,高度 1.2 m 以上的位置。当场界有围墙且周围有噪声敏感建筑物时,测点应设在场界外 1 m,高于围墙 0.5 m 以上的位置,且位于施工噪声影响的声照射区域;当场界无法测量到声源的实际排放时,如声源位于高空、场界有声屏障、噪声敏感建筑物高于场界围墙等情况,测点可设在噪声敏感建筑物户外 1 m 处;当在噪声敏感建筑物室内测量时,测点设在室内中央、距室内任一反射面 0.5 m 以上、距地面 1.2 m 高度以上,在受噪声影响方向的窗户开启状态下测量。对于修复过程中的噪声监测气象环境条件,应尽量选择无雨雪、无雷电、风速为 5 m/s 以下的天气,且选择在场地平坦、无大反射物的场地中进行监测。污染地块修复工程场界环境噪声监测点位布置示意如图 9 - 7 所示。

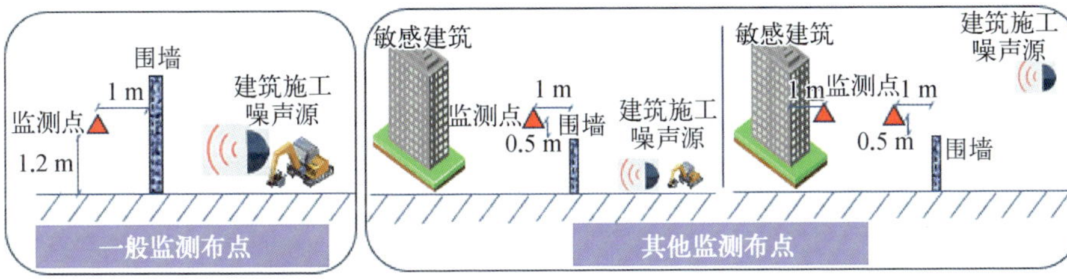

图 9 - 7 污染地块修复工程场界环境噪声监测点位布置示意

4. 监测指标

等效连续 A 声级。

5. 采样频次和监测频次

(1) 采样频次：污染地块修复施工期间，测量连续 20 min 的等效声级，夜间同时测量最大声级。

(2) 监测频次：污染地块修复工程场界环境噪声监测频次，原则上至少每月 1 次，施工期不少于 2 次，且在污染地块修复工程实施前和修复施工完成后至少各监测 1 次。周边有环境敏感点的，应增加监测频次。

6. 评价标准

场界环境噪声监测评价标准可参照《建筑施工场界环境噪声排放标准》(GB 12523 - 2011)，夜间噪声最大声级超过限值的幅度不得高于 15 dB(A)。污染地块修复工程场界环境噪声监测指标、排放限值见表 9 - 4。施工单位及环境监理单位开展场界环境噪声监测如图 9 - 8 所示。

表 9 - 4 污染地块修复工程施工场界环境噪声监测指标、排放限值

监测指标	排放限值		评价标准
	昼间	夜间	
等效连续 A 声级	70 dB(A)	55 dB(A)	《建筑施工场界环境噪声排放标准》(GB 12523 - 2011)

图 9－8 施工单位及环境监理单位开展场界环境噪声监测

9.1.4 固体废弃物排放监测

污染地块修复工程实施过程中固体废物主要来源包括施工人员的生活垃圾、施工作业中产生的建筑垃圾、修复施工药剂包装袋、水处理运行产生的污泥和废气处理运行产生的废活性炭等。环境监理应根据固体废物利用或处置的相关政策、规定和要求，核查污染地块修复工程产生的固体废物种类、属性、来源、数量，核实固体废物的处置方式是否符合规范要求，对不符合环保要求的行为进行现场处理并要求限期整改，使施工区达到环境安全和现场清洁要求。固体废物污染控制标准参考《一般工业固体废物贮存和填埋污染控制标准》(GB 18599－2020)和《危险废物贮存污染控制标准》(GB 18597－2023)。

修复施工过程产生的生活垃圾应按照《生活垃圾分类制度实施方案》(国办发〔2017〕26 号)及各地方性生活垃圾管理条例等进行垃圾分类，并统一收集后由环卫部门外运处理，不得随意抛弃或填埋，保证工程所在现场清洁整齐，对环境无污染。污染土壤开挖发现的不明固体废物、超积累重金属植物、高浓度残土、废弃防护用品、废活性炭、水处理污泥、石棉等，经鉴定为危险废物的按危险废物管理要求，委托具有相应资质的单位进行处置。含有或沾染毒性、感染性危险废物的废弃包装物、容器、过滤吸附介质属于《国家危险废物名录(2021 年版)》中 HW49 其他废物类别的危险废物，修复药剂(属危险化学品)包装袋，按危险废物管理要求，委托具有相应资质的单位进行处置(图 9－9)。

图 9－9　危险废物处置

9.2　污染土壤与地下水修复和风险管控效果评估监测

对污染土壤和地下水效果评估监测，主要工作是判断污染土壤清挖效果、污染土壤与地下水修复和风险管控效果是否到位，考核和评价污染地块治理修复后是否达到已确定的修复目标及修复技术方案中所提出的相关要求。

9.2.1　污染土壤清挖效果监测

1. 监测项目

对完成污染土壤清挖后基坑的监测，包括基坑的四周侧壁和底部。

2. 监测方法

污染土壤清挖效果监测方法，可参照《建设用地土壤污染风险管控和修复监测技术导则》(HJ 25.2－2019)、《污染地块风险管控与土壤修复效果评估技术导则(试行)》(HJ 25.5－2018)等相关标准规范要求开展监测。基坑底部采用系统布点法,基坑侧壁采用等距离布点法(图 9－10)。

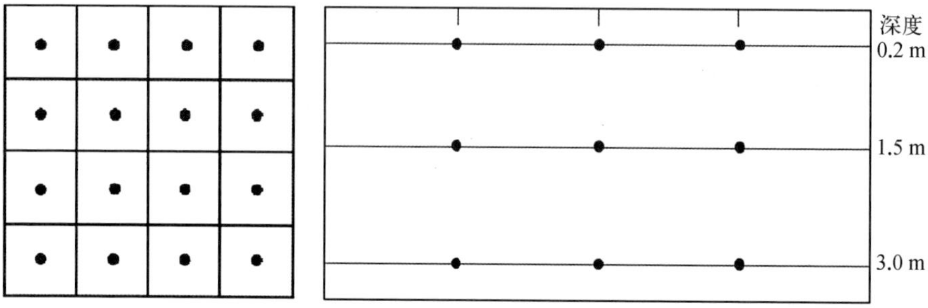

(a) 基坑底部——系统布点法　　(b) 基坑侧壁——等距离布点法

图 9－10　基坑底部与侧壁布点示意

3. 监测点位

根据污染地块大小和污染的强度,将污染土壤清挖后的基坑侧壁等分成段,每段最大长度不应超过 40 m,在每段上均匀采集 9 个表层土壤样品制成混合样(测定挥发性有机物项目的样品除外),当基坑深度大于 1 m 时,侧壁应进行垂向分层采样,各层采样点之间垂向距离不大于 3 m,具体根据实际情况确定;将基坑底部均分工作单元,单元的最大面积不应超过 1 600 m^2,在每个工作单元中均匀分布地采集 9 个表层土壤样品制成混合样(测定挥发性有机物项目的样品除外)。若基坑侧壁采用基础围护,则宜在基坑清理同时进行基坑侧壁采样,或于基础围护实施后在围护设施外边缘采样。

4. 监测指标

基坑监测指标一般为对应修复范围内土壤中的关注污染物,存在相邻基坑时,应考虑相邻基坑土壤中的关注污染物。

5. 监测频次

对污染土壤清理后遗留的基坑底部与侧壁,应在基坑清理之后、回填之前进行采样,可根据工程进度对基坑进行分批次采样监测。

6. 评价标准

污染土壤清挖效果评价标准参照依据主要包括修复技术方案中确定的污

染土壤清理目标值和《土壤环境质量 建设用地土壤污染风险管控标准(试行)》(GB 36600－2018)等。对于基坑超标区域根据监测结果确定基坑二次清挖的边界范围,二次清挖后再次对超标区域基坑底部或侧壁进行监测,直至达到相应基坑清理目标值要求。

9.2.2 污染土壤修复效果监测

1. 监测项目

污染土壤修复效果监测对象为异位修复后的土壤堆体、原位修复后的土壤以及修复过程中的潜在二次污染区域。

2. 监测方法

污染土壤修复效果监测方法,可参照《土壤环境监测技术规范》(HJ/T 166－2004)、《建设用地土壤污染风险管控和修复监测技术导则》(HJ 25.2－2019)、《污染地块风险管控与土壤修复效果评估技术导则(试行)》(HJ 25.5－2018)等相关标准规范要求开展监测。异位修复后土壤一般采用系统布点法设置采样点;原位修复后的土壤水平方向上采用系统布点法,垂直方向上采用等距离布点法;潜在二次污染区域土壤原则上根据修复设施设置、潜在二次污染来源等资料判断布点,也可采用系统布点法设置采样点。

3. 监测点位

对异位修复后土壤效果的监测,处理后土壤应布设一定数量监测点位,每个样品代表的土壤体积应不超过 500 m^3。对原位修复后土壤效果的监测,应依据工程设计相关要求进行监测点位的布设或参照污染土壤清挖效果监测方法。潜在二次污染区域监测点位包括污染土壤暂存区、修复设施所在区、固体废物或危险废物堆存区、运输车辆临时道路、土壤或地下水待检区、废水暂存处理区、修复过程中污染物迁移涉及的区域以及其他可能的二次污染区域。

4. 监测指标

异位修复后土壤监测指标为修复技术方案中确定的关注污染物,若外运到其他地块,还应根据接收地环境要求增加监测指标。原位修复后土壤监测指标为修复技术方案中确定的关注污染物。化学氧化/还原修复、微生物修复后的土壤监测指标中还应包括产生的二次污染物。

5. 监测频次

对于异位修复后的土壤应在修复完成后、再利用之前采样。按照堆体模式进行异位修复的土壤,宜在堆体拆除之前进行采样。异位修复后的土壤堆体,可根据修复进度进行分批次采样。原位修复后的土壤应在修复完成后进行采样,可按照修复进度、修复设施设置等情况分区域采样。潜在二次污染区域土壤应在此区域开发使用之前进行采样,可根据工程进度对潜在二次污染区域进行分批次采样。

6. 评价标准

异位修复后土壤评价标准值应根据其最终去向确定,若修复后土壤回填至原基坑,评估标准值为修复技术方案中确定的关注污染物的修复目标值。若修复后土壤外运至其他地块,应根据接收地土壤暴露情景进行风险评估确定评估标准值,或采用接收地土壤背景浓度与《土壤环境质量 建设用地土壤污染风险管控标准(试行)》(GB 36600 - 2018)中接收地用地性质对应筛选值的较高者作为评估标准值,并确保接收地的地下水和环境安全。原位修复后土壤的评价标准值为修复技术方案中确定的修复目标值。化学氧化/还原修复、微生物修复潜在二次污染物的评价标准值可参照《土壤环境质量 建设用地土壤污染风险管控标准(试行)》(GB 36600 - 2018)中一类用地筛选值执行,或根据暴露情景进行风险评估确定其评估标准值,风险评估可参照《建设用地土壤污染风险评估技术导则》(HJ 25.3 - 2019)执行。污染土壤修复效果监测过程中,如发现未达到治理修复标准的工作单元,则应进行二次治理修复,并在修复后再次进行修复效果监测。

9.2.3 污染地下水修复和风险管控效果监测

1. 监测项目

污染地下水修复效果监测对象为异位抽提并经水处理设施处理后的地下水,地下水修复和风险管控范围的上游、内部和下游以及可能涉及的二次污染区域。

2. 监测方法

污染地下水修复效果监测方法,依据《地下水环境监测技术规范》(HJ/T

164－2004)、《建设用地土壤污染风险管控和修复监测技术导则》(HJ 25.2－2019)、《污染地块地下水修复和风险管控技术导则》(HJ 25.6－2019)等相关标准规范要求开展监测。

3. 监测点位

(1) 污染地下水修复效果监测范围上游应至少设置1个监测点,内部应至少设置3个监测点,下游应至少设置2个监测点。修复效果评估范围内部采样网格不宜大于80 m×80 m;存在非水溶性有机物或污染物浓度高的区域,采样网格不宜大于40 m×40 m。地下水采样点应优先设置在修复设施运行薄弱区、地质与水文地质条件不利区域等。可充分利用地块环境调查、工程运行阶段设置的监测井,现有监测井应符合地下水修复效果评估采样条件。

(2) 污染地下水风险管控效果监测的监测井设置需结合风险管控措施的布置,在风险管控范围上游、内部、下游,以及可能涉及的二次污染区域设置监测点;可充分利用地块环境调查、修复和风险管控实施阶段设置的监测井,现有监测井应符合风险管控效果评估采样条件。

4. 监测指标

(1) 修复后地下水监测指标为修复技术方案中确定的关注污染物。化学氧化、化学还原、微生物修复后地下水的监测指标应包括产生的二次污染物。必要时可增加地下水常规指标、修复设施运行参数等作为修复效果评估的依据。

(2) 污染地下水风险管控效果监测指标包括工程性能指标和污染物指标。工程性能指标包括抗压强度、渗透性能、阻隔性能、工程设施连续性与完整性等;污染物指标包括地下水、土壤气和室内空气等环境介质中的目标污染物及其他相关指标。可增加地下水位、地下水流速、地球化学参数等作为风险管控效果的辅助判断依据。

5. 监测频次

(1) 对异位抽提并经水处理设施处理后的地下水,可根据修复进度在每批次地下水纳管排放或回用等最终处置之前,分批次进行监测,监测采样按照每个批次地下水设置1个采样单元。

(2) 对地下水修复范围的上游、内部和下游的修复效果监测应至少采集

8个批次的样品，采样持续时间至少为1年。原则上采样频次为每季度一次，两个批次间隔不得少于1个月。对于地下水流场变化较大的地块，可适当提高采样频次。

（3）地下水风险管控效果评估一般在工程设施完工1年内开展。污染物指标应至少采集4个批次的样品，原则上采样频次为每季度一次，两个批次间隔不得少于1个月。对于地下水流场变化较大的地块，可适当提高采样频次。工程性能指标应按照工程实施评估周期和频次进行评估。

6. 评价标准

（1）修复后地下水的评价标准值为地块修复技术方案中关注污染物的修复目标值。化学氧化、化学还原、微生物修复产生的二次污染物的评价标准，原则上应根据修复技术方案中的可行性分析结果确定，也可参照《地下水质量标准》（GB/T 14848－2017）中地下水使用功能对应标准值执行，或根据暴露情景进行风险评估确定，风险评估可参照《建设用地土壤污染风险评估技术导则》（HJ 25.3－2019）执行。污染地下水异位修复效果监测过程中，如发现未达到治理修复标准的工作单元，则应进行二次治理修复，并在修复后再次进行修复效果监测。原则上每口地下水监测井中的监测指标均持续稳定达标，方可认为地下水达到修复效果，若未达到修复效果，应对未达标区域开展补充修复。

（2）污染地下水风险管控工程性能指标应满足设计要求或不影响预期效果，风险管控措施下游地下水中污染物浓度应持续下降，地下水污染扩散得到控制。若工程性能指标和污染物指标均达到评估标准，则判断风险管控达到预期效果，可对风险管控措施继续开展运行与维护；若工程性能指标或污染物指标未达到评估标准，则判断风险管控未达到预期效果，应对风险管控措施进行优化或调整。

第三篇　污染地块修复工程环境监理文件管理篇

第 10 章　文件资料管理

环境监理文件管理是指环境监理在开展工作时,对环境监理过程形成的文件资料进行收集、加工整理、立卷归档和检索利用的一系列工作。环境监理文件管理的对象是环境监理文件资料,是环境监理信息的载体。配备专门的人员对环境监理文件资料进行系统、科学的管理,对于环境监理有着重要的意义。具体体现在以下几个方面:

(1) 对环境监理资料进行科学管理,可以为环境监理工作的顺利开展创造良好的条件。

(2) 对环境监理文件资料进行科学管理,可以极大提高环境监理的工作效率。环境监理资料进行科学、系统的整理归类,形成环境监理文件档案库,当工作需要时,可以有针对性地及时提供完整资料,迅速解决工作中的问题。如果资料分散,就可能导致信息不全,影响判断的准确性,阻碍监理工作的正常开展。

(3) 对环境监理文件资料进行科学管理,是后期效果评估专家评审提供完整环境监理档案的有效保障。环境监理文件资料的管理,是把环境监理的各项工作中形成的全部文字、声像、图纸及报表等文件资料进行统一管理及保存,从而确保文件资料的完整性。一方面,在效果评估专家评审会时,环境监理可以向业主单位移交完整的环境监理文件资料,作为项目的档案资料;另一方面,完整的环境监理文件资料是环境监理具有重要历史价值的资料,后期出现环保问题时可通过查阅历史资料追溯原因和分清责任。对环境监理文件进行科学管理也有利于开展环境监理工作总结,从而不断提高环境监理的工作水平。

10.1 修复工程环境监理主要文件资料

环境监理机构应建立完善的环境监理文件资料管理制度，设专人管理环境监理文件资料。环境监理档案文件管理主要包括以下内容。

1. 招投标文件及合同

招投标文件及合同包括施工招投标文件、环境监理招投标文件、环境监理合同、施工合同及其他合同文件。

2. 技术资料

技术资料包括地块土壤污染状况初步调查、详细调查、风险评估、风险管控与修复方案、施工组织设计、专项施工方案、环境监测方案、环境监理方案、环境监理实施细则、环境监理报告（环境监理定期报告、环境监理专题报告、环境监理阶段报告、环境监理总结报告）等。

3. 日常资料

1）环境监理日常资料

（1）设计交底和图纸会审会议纪要；

（2）环境监理第一次工地例会、环境监理例会、专题会议、现场协调会等会议纪要及签到表；

（3）环境监理第一次踏勘日志及环境监理日志；

（4）环境监理旁站记录；

（5）环境监理现场巡视检查记录；

（6）环境监理整改通知单；

（7）环境监理停工通知单；

（8）环境监理复工指令单；

（9）环境监理返工指令单；

（10）环境监理报告（环境监理定期、阶段、专题、总结报告等）；

（11）照片、视频等影像资料。

2）施工单位日常提交资料

（1）施工组织设计、专项施工方案、施工进度计划等报审文件资料；

（2）工程开工/复工报审文件资料；

（3）分包单位资格报审文件资料；

（4）工程材料、构配件、设备报审文件资料；

（5）污染区域工程控制点放样（复核）记录资料；

（6）环境监理整改消项单；

（7）环境污染/生态破坏事故处理文件资料；

（8）施工药剂报审文件资料；

（9）现场中试报告资料；

（10）污染土壤清挖、运输、修复、回填记录文件资料；

（11）基坑扩挖记录文件资料；

（12）抽提井（注药井）施工记录文件资料；

（13）污染地下水抽提、修复、排放记录文件资料；

（14）基坑、土壤、地下水报验申请文件资料；

（15）水泥、钢筋出厂证明文件；

（16）搅拌桩、高压旋喷桩、灌注桩施工记录文件资料；

（17）委托的第三方桩芯质量检测报告；

（18）土工布、HDPE 膜等防渗材料出厂合格证及委托的第三方材料检验合格报告；

（19）土工布、HDPE 膜等防渗材料铺设施工记录文件资料；

（20）土工布、HDPE 膜等防渗材料搭接记录文件资料；

（21）土工布、HDPE 膜等防渗材料施工自检记录文件资料；

（22）建筑垃圾处置文件资料；

（23）生活垃圾处置文件资料；

（24）危险废物转移备案表、危险废物转移联单等报审文件资料；

（25）桩机、挖掘机等机械出厂合格证及安装质量检测报告；

（26）非道路移动机械环保标志登记备案文件资料；

（27）工程量确认报审文件资料；

（28）工程效果评估评审报审文件资料；

（29）工程款支付申请报审文件资料；

（30）临时纳管排水复函报审文件资料。

3）其他日常资料

（1）基坑监测方案及监测原始数据文件资料；

（2）工程施工期环境监测记录表；

（3）工程联系单（针对现场情况，环境监理签发施工单位提交的工程联系单资料）；

（4）工程变更文件资料。

10.2 修复工程环境监理基本表式及其应用说明

根据《建设工程监理规范》（GB/T 50319－2013）和地方环境监理相关技术规范，本书中环境监理基本表式分为三大类，即Ⅰ类表——环境监理单位用表（共8个），Ⅱ类表——施工单位用表（共27个），Ⅲ类表——通用表（共2个）。部分表单详见《附件 工作表单》，供参考使用。

10.2.1 环境监理单位用表（Ⅰ类表）

1. 环境监理整改通知单（Ⅰ－1）

《环境监理整改通知单》是项目环境监理机构针对施工单位在污染地块风险管控或修复施工过程中出现的各种问题所发出的指令、提出的要求等，除另有规定外，主要包括以下行为：

（1）施工不符合修复技术方案等设计文件要求、环境保护标准规范、合同约定；

（2）使用不合格的工程材料、构配件、修复设备、修复药剂、防渗材料等；

（3）风险管控或修复主体工程监督检查中存在质量问题或采用不适当的修复工艺，或施工不当造成效果评估验收不达标；

（4）风险管控或修复主体工程监督检查中存在二次污染问题造成效果评估验收不达标；

（5）工程实际进度严重滞后于计划进度且影响合同工期；

（6）未按照专项施工方案进行施工；

（7）存在环境污染或生态破坏事故隐患；

（8）工程质量、二次污染、造价、进度等方面的其他违法违规行为。

2. 环境监理停工通知单（Ⅰ-2）

污染地块风险管控或修复工程施工过程中出现以下情形之一时，环境监理总监应及时签发《环境监理停工通知单》，并应注明工程停工原因、时间等，签发停工单之前事先征得业主单位同意：

（1）业主单位要求暂停施工且工程需要暂停施工的；

（2）施工单位未经批准擅自施工或拒绝配合项目监理机构管理的；

（3）施工单位未按照审核通过的修复技术方案、施工组织设计文件进行施工的；

（4）施工单位违反工程建设强制性标准的；

（5）施工存在重大质量、安全、环境污染或生态破坏事故隐患或发生质量、安全、环境污染或生态破坏事故的。

3. 环境监理返工指令单（Ⅰ-3）

环境监理单位在收到效果评估单位土壤及地下水效果评估验收监测不达标的结果后，环境监理总监或环境监理工程师立即向施工单位开具《环境监理返工指令单》，明确针对超标土壤及地下水的返工原因及返工要求，施工单位应按照返工要求予以返工，并确保返工后土壤及地下水达到合格标准。

4. 环境监理复工指令单（Ⅰ-4）

当现场暂停施工的原因消失、具备复工条件时，施工单位提出复工申请的，业主单位对施工单位报送的《工程复工报审表》上签署同意复工意见后，环境监理总监签发《环境监理复工指令单》。

5. 环境监理日志（Ⅰ-5）

环境监理机构在实施污染地块修复工程全过程环境监理中，由环境监理总监根据修复工程实际情况指定专业环境监理工程师每日对修复工程环境监理工作及施工进展情况进行记录，形成《环境监理日志》，并由专业环境监理工程师签字后归档。

6. 环境监理巡视检查记录（Ⅰ-6）

环境监理机构对污染地块修复工程施工现场进行定期或不定期检查，巡视时重点检查记录的内容包括：巡视范围、主要部位、施工工序，施工工艺的符合性，二次污染情况描述，相关照片及编号，发现问题及处理情况简述等，检查完成后形成《环境监理巡视检查记录》，并由专业环境监理工程师、总环境监理工程师签字后归档。

7. 环境监理旁站记录(Ⅰ-7)

环境监理机构对污染地块修复工程的关键部位或关键工序的施工质量进行现场跟踪监督，需填写《环境监理旁站记录》。旁站时重点记录的内容包括：旁站部位、主要工序，施工过程简述与二次污染情况简述，监理工作情况与相关照片，发现问题及处理情况简述等，检查完成后形成《环境监理旁站记录》，并由专业环境监理工程师签字后归档。

8. 环境监理会议纪要及签到表(Ⅰ-8)

环境监理机构定期或不定期召开环境监理会议，包括环境监理例会、专题会议和现场协调会等。环境监理会议由环境监理总监或由其授权的环境监理工程师主持，修复工程相关单位派员参加，用于协调解决修复工程实施过程中产生的问题。会议纪要由环境监理机构根据会议记录整理，主要内容包括：会议主题，会议时间和地点，会议主持人和记录人，会议决议事项及其负责落实单位、负责人和时限要求，参会人员姓名、单位和职务等。

10.2.2 施工单位用表(Ⅱ类表)

1. 施工组织设计(方案)报审表(Ⅱ-1)

施工单位编制的施工组织设计、施工方案、专项施工方案经其技术负责人审查后，需要连同《施工组织设计(方案)报审表》一起报送环境监理机构，先由专业环境监理工程师进行审查并提出审查意见，再由环境监理总监审核并签署意见。《施工组织设计(方案)报审表》需由环境监理总监签字，针对基坑开挖深度5 m及以上的专项施工方案，还需要报送至业主单位进行审批。

2. 工程开工/复工报审表(Ⅱ-2)

修复工程应同时具备下列开工条件时，施工单位需要向环境监理机构报送《工程开工报审表》，由环境监理总监签署审查意见，并报业主单位批准同意后开工：① 修复技术方案已通过专家评审并已通过环保部门备案；② 设计交底、图纸会审已完成；③ 施工组织设计已由环境监理总监签认；④ 施工单位现场质量、安全生产管理体系已建立，管理及施工人员已到位，修复施工主要的防渗材料、修复药剂已进场，修复施工主要的机械设备、视频监控设备进场并具备使用条件；⑤ 进场道路及水、电、通信等已满足开工要求。

当现场暂停施工的原因消失、具备复工条件时，施工单位提出复工申请的，应向环境监理机构报送《工程复工报审表》及有关复工材料，经审查符合复工要求的，环境监理总监应及时签署审查意见，并经业主单位签署同意复工意见后，环境监理总监签发《环境监理复工指令单》。

3. 分包单位资质报审表（Ⅱ-3）

施工单位按照施工合同约定选择分包单位时，需向环境监理机构报送《分包单位资质报审表》及其相关证明材料，专业环境监理工程师提出审查意见后，由环境监理总监审核并签认。

4. 工程材料、构配件、设备报审表（Ⅱ-4）

施工单位在对工程材料、构配件、设备自检合格后，应向环境监理机构报送《工程材料、构配件、设备报审表》及清单、质量证明材料和自检报告，专业环境监理工程师审查合格后予以签认。

5. 污染区域施工控制测量成果报验表（Ⅱ-5）

施工单位完成对污染区域施工控制测量并自检合格后，应向环境监理机构报送《污染区域施工控制测量成果报验表》，并提供相关测量资料，包括污染区域坐标点位图、污染区域放样复核记录表测量人员资质证书、现场放样复核照片等，专业环境监理工程师审查合格后予以签认。

6. 环境监理整改消项单（Ⅱ-6）

施工单位收到《环境监理整改通知单》并按照相关要求进行整改、自查合格后，应向环境监理机构报送《环境监理整改消项单》回复整改情况，并附上相关资料，专业环境监理工程师及环境监理总监对整改情况进行现场核查并签认。

7. 环境污染/生态破坏事故报告单（Ⅱ-7）

如发生突发性环境污染事故，环境监理单位应协助业主单位并指导和监督施工单位按照应急预案进行事故处理。施工单位应向环境监理单位和业主单位递交《环境污染/生态破坏事故报告单》，就污染事故原因、造成的破坏情况和补救措施及初步处理意见进行汇报，由环境监理单位和建设单位审查签字确认。突发性环境污染事故发生原因及处理过程和结果应同时向相关环保部门汇报。

8. 施工药剂备案表（Ⅱ－8）

施工单位在对进场的修复施工药剂自检合格后，应向环境监理机构报送《施工药剂备案表》及药剂种类、规格、数量清单和质量证明材料等，专业环境监理工程师审查合格后予以签认。

9. 污染土壤清挖记录表（Ⅱ－9）

污染土壤清挖期间，施工单位应如实记录每日污染土壤清挖情况，并每日及时向环境监理机构报送《污染土壤清挖记录表》，记录内容主要包括污染土壤清挖区域、污染类型、清挖车次、清挖深度、清挖面积、清挖方量、清挖去向、清挖土质类型及表观描述等，经专业环境监理工程师审查无误后予以签认。

10. 污染土壤药剂投加原始记录表（Ⅱ－10）

污染土壤异位修复期间，施工单位应如实记录每日污染土壤修复情况，并每日及时向环境监理机构报送《污染土壤药剂投加原始记录表》，记录内容主要包括污染土壤修复区域、修复方量、药剂投加时间、药剂投加量及投加比等，经专业环境监理工程师审查无误后予以签认。

11. 基坑扩挖工作联系单（Ⅱ－11）

根据基坑效果评估验收监测超标结果，超标基坑扩挖前，施工单位应及时向环境监理机构报送《基坑扩挖工作联系单》，提供相关扩挖内容，包括扩挖区域、超标因子、清挖限值、验收结果、扩挖长度、扩挖宽度、扩挖深度、扩挖面积、扩挖方量等，并提供基坑效果评估验收超标结果数据列表和基坑效果评估验收监测点位平面布置图，经环境监理总监、效果评估单位项目负责人和业主单位项目负责人审核同意后予以签认，施工单位方可对效果评估验收超标基坑进行扩挖处理。

12. 土壤回填工作联系单（Ⅱ－12）

根据基坑、修复后土壤效果评估验收监测合格结果，基坑回填前，施工单位应及时向环境监理机构报送《土壤回填工作联系单》,提供相关回填内容,包括污染区域、土壤合格方量、验收合格时间、回填区域、回填方量等,并提供土壤、基坑效果评估验收合格结果数据列表和土壤回填区域平面布置图,经环境监理总监、效果评估单位项目负责人审核同意后予以签认,施工单位方可对效果评估验收合格基坑进行回填处理。

13. 土壤回填记录表(Ⅱ-13)

污染土壤回填期间,施工单位应如实记录每日污染土壤回填情况,并每日及时向环境监理机构报送《土壤回填记录表》,记录内容主要包括回填土来源及去向、回填车次、回填深度、回填面积、回填方量、回填土质类型及表观描述等,经专业环境监理工程师审查无误后予以签认。

14. 污染土壤运输票签单(Ⅱ-14)

污染土壤外运期间,施工单位应如实记录每日污染土壤外运情况,并每日及时向环境监理机构报送《污染土壤运输票签单》,记录内容主要包括污染土壤运出及接收时间、车牌号、土壤污染物类型、运输方量、装运点及卸点,经施工单位、运输单位、接收单位经办人签字,并经专业环境监理工程师及工程监理工程师审查无误后予以签认。

15. 抽提(注药)井施工记录表(Ⅱ-15)

污染地下水抽提井建设或原位注药井施工期间,施工单位应如实记录每日抽提(注药)井施工情况,并每日及时向环境监理机构报送《抽提(注药)井施工记录表》,记录内容主要包括施工区域、井管编号、开始及结束时间、成孔时间、清空时间、安装井管时间、回填滤料时间、洗井时间等,经专业环境监理工程师审查无误后予以签认。

16. 污染地下水抽提记录表(Ⅱ-16)

污染地下水抽提期间,施工单位应如实记录每日污染地下水抽提情况,并每日及时向环境监理机构报送《污染地下水抽提记录表》,记录内容主要包括污染地下水抽提区域、井管编号、抽提开始和结束时间、进出水读数、抽提方量、抽提去向等,经专业环境监理工程师审查无误后予以签认。

17. 污染地下水药剂投加原始记录表(Ⅱ-17)

污染地下水异位修复期间,施工单位应如实记录每日污染地下水修复情况,并每日及时向环境监理机构报送《污染地下水药剂投加原始记录表》,记录内容主要包括污染地下水修复区域、修复方量、药剂投加时间、药剂投加量及投加比等,经专业环境监理工程师审查无误后予以签认。

18. 污染土壤(地下水)原位化学注药原始记录表(Ⅱ-18)

污染土壤或地下水原位修复期间,施工单位应如实记录每日污染土壤或地下水修复情况,并每日及时向环境监理机构报送《污染土壤(地下水)原位化学注药原始记录表》,记录内容主要包括污染修复区域、修复深度、注药井点位、注药开始和完成时间、药剂投加量及投加比、注药体积等,经专业环境监理工程师审查无误后予以签认。

19. 双轴/三轴搅拌桩、灌注桩施工原始记录表(Ⅱ-19)

双轴/三轴搅拌桩、灌注桩施工期间,施工单位应如实记录每日桩基施工情况,并每日及时向项目工程监理机构报送《双轴/三轴搅拌桩、灌注桩施工原始记录》,记录内容主要包括桩机编号、地面标高、注浆压力、浆液配比、水泥掺入量、设计桩长、设计桩径、施工日期、桩基编号、开钻时间与结束时间、下沉耗时、提喷耗时、水泥用量、泥浆比重等,经项目工程监理工程师审查无误后予以签认,桩基施工原始记录及桩芯取样结果应同时抄送环境监理单位和效果评估单位。

20. HDPE 膜铺设施工记录表(Ⅱ-20)

HDPE 膜铺设施工期间,施工单位应如实记录每日 HDPE 膜铺设展开过程施工情况,并每日及时向环境监理机构报送《HDPE 膜铺设施工记录表》,铺设过程必须进行搭接宽度和焊缝质量控制,记录内容主要包括铺设位置编号、铺设日期、铺设时间、卷材编号、铺设长度、铺设宽度、铺设面积等,经施工单位项目技术负责人签字,并经现场专业环境监理工程师审查无误后予以签认。

21. HDPE 膜试样焊接记录表(Ⅱ-21)

HDPE 膜正式焊接施工前,施工单位应如实记录每日 HDPE 膜试样的焊接施工情况,并每日及时向环境监理机构报送《HDPE 膜试样焊接记录表》,记录内容主要包括试件编号、试件焊接日期、试件焊接时间、焊接设备编号、焊接技工编号、焊接环境温度、焊接预热温度、焊接温度以及试件焊接检测结果等,经施工单位项目技术负责人签字,并经现场专业环境监理工程师审查无误后予以签认。

22. HDPE 膜热熔焊接检测记录表(Ⅱ-22)

HDPE 膜采用热熔焊接方式进行焊接施工时,应严格对焊缝质量进行控制。热熔焊接形成的双轨焊缝,焊缝中间预留气腔的特点,应采用气压检测设备检测焊缝的强度和气密性,气压检测方法为在一条膜焊缝施工完成后,将焊缝气腔两端封堵,用气压检测设备对焊缝气腔加压至 250 kPa,维持 3~5 min,气压不应低于 240 kPa,然后在焊缝的另一端开孔放气,气压表指针能够迅速归零方视为合格。环境监理单位应全程监督 HDPE 膜的焊接和检验,施工单位应如实记录每日 HDPE 膜热熔焊接施工情况,并每日及时向环境监理机构报送《HDPE 膜热熔焊接检测记录表》,记录内容主要包括焊缝编号、焊接日期、焊接时间、设备编号、技工编号、焊接长度、焊接环境温度、焊接预热温度、焊接温度、焊接速度以及气压检测的日期、时间、开始压强、结束压强、是否合格通过等,经施工单位项目技术负责人签字,并经现场专业环境监理工程师审查无误后予以签认。

23. HDPE 膜挤压焊接检测记录表(Ⅱ-23)

HDPE 膜采用挤压焊接方式进行焊接施工时,应严格对焊缝质量进行控制。挤压焊接形成的单轨焊缝,应采用真空检测设备检测焊缝的强度和气密性,真空检测方法为用真空检测设备直接对焊缝待检部位施加负压,当真空罩内气压达到 25~35 kPa 时焊缝无任何泄漏方视为合格。环境监理单位应全程监督 HDPE 膜的焊接和检验,施工单位应如实记录每日 HDPE 膜挤压焊接施工情况,并每日及时向环境监理机构报送《HDPE 膜挤压焊接检测记录表》,记录内容主要包括焊缝编号、焊接日期、焊接时间、设备编号、技工编号、焊接长度、焊接环境温度、焊接预热温度、焊接温度、焊接速度以及真空检测的日期、时间、压强、是否合格通过等,经施工单位项目技术负责人签字,并经现场专业环境监理工程师审查无误后予以签认。

24. 工程量确认单(Ⅱ-24)

施工单位根据施工合同要求完成了相应的工程量,例如在完成了污染土壤开挖量、污染土壤短驳/运输量、污染土壤修复量、土壤回填量、污染地下水抽提量、污染地下水修复量、污染地下水排放量、风险管控工程量以及其他工程量后，应向环境监理机构报送《工程量确认单》及相关附件，由环境监理总监签署审核意见，并报业主单位进行审批，经业主单位项目负责人审批同意后予以签认。该《工程量确认单》可用于工程竣工结算的依据。

25. 报验申请表（Ⅱ-25）

施工单位在完成了清挖后的基坑、修复后的土壤与地下水、风险管控工程施工、废水处理、废气处理等并经自检合格后，应向环境监理机构报送《报验申请表》及相关附件，经专业监理工程师、效果评估单位项目负责人审查合格后予以签认，施工单位方可进行验收申请。

26. 工程效果评估评审报审表（Ⅱ-26）

施工单位在完成了全部风险管控和修复施工工作，并且在土壤及地下水修复/风险管控/潜在二次污染区域效果评估监测合格后，应向环境监理机构报送《工程效果评估评审报审表》及相关附件，经环境监理总监、效果评估单位项目负责人审核同意后予以签认，施工单位方可进行工程效果评估评审申请。

27. 工程款支付申请表（Ⅱ-27）

施工单位在申请工程预付款、工程进度款及竣工结算款时，需要向项目监理机构报送《工程款支付申请表》，项目环境监理单位及财务监理单位对施工单位的申请事项进行审核，由环境监理总监、财务监理项目总监签署审核意见，并报业主单位批准同意后方可支付工程款。

10.2.3 通用表（Ⅲ类表）

（1）工程联系单（Ⅲ-1）。该表单用于环境监理机构与修复工程有关方之间的日常工作联系。有权签发《工程联系单》的负责人有业主单位项目负责人、施工单位项目经理、环境监理单位项目总监、工程监理单位项目总监、效果评估单位项目负责人及其他参建单位项目负责人等。

（2）工程变更单（Ⅲ-2）。施工单位、业主单位、环境监理单位、工程监理单位提出工程变更时，应填写《工程变更单》，由业主单位、施工单位、环境监理单位、工程监理单位、效果评估单位共同签认。

10.3 修复工程环境监理文件资料编制内容及要求

环境监理单位应结合工程实际建立环境保护信息管理体系,制定文件管理制度,重点就文件的分类、编码、处理流程、归档等方面予以规定,对环境保护信息及时进行梳理、分析,将信息转化为决策依据,指导和规范现场环境监理工作。对往来文函、日常环境监理工作技术资料等定期整理,内部保存并送业主单位归档。在工程效果评估时,应汇总整理环境监理档案资料备查。污染地块修复工程环境监理主要文件资料编制大纲内容及相关要求参照如下。

10.3.1 环境监理方案

环境监理单位根据地块环境调查评估备案文件和污染地块修复技术方案备案文件等,结合现场踏勘结果编制环境监理方案。环境监理方案一般包括以下内容:

(1) 总则。主要包括项目背景(地块调查报告、风评报告和修复方案备案情况等),项目概况(地块基本信息、污染概况、修复技术和修复目标等),工作依据等。

(2) 环境监理工作目标和范围。主要包括环境监理预计达到的工作目标,明确环境监理工作范围。

(3) 环境监理工作程序。主要包括环境监理的工作程序,根据工程进度情况,对施工准备阶段、工程实施阶段和效果评估阶段的工作程序进行说明。

(4) 环境监理工作内容。主要包括施工准备阶段、工程实施阶段和效果评估阶段工作内容,结合地块污染情况,选用合适的测量仪器与监测设备,编制环境监理监测计划。

(5) 环境监理工作要点。结合工程特点,对风险管控和修复工程的重点部位、关键部位实施全过程环境监理,发现问题及时通知施工单位整改。

(6) 环境监理工作方法。

(7) 环境监理工作制度。

（8）环境监理组织机构及职责。

（9）成果提交方法。

10.3.2 环境监理实施细则

在环境监理方案的基础上，对工作内容和程序进行细节上的规定，同时根据风险管控和修复工程中具体事项对环境监理内容进行明确，以指导环境监理具体工作的开展。环境监理实施细则一般包括以下内容：

（1）总则。主要包括项目背景（地块调查报告、风评报告和修复方案备案情况等），项目概况（地块基本信息、污染概况、修复技术和修复目标等），工作依据等。

（2）修复工程概况。包括修复工程整体情况和涉及工艺，介绍相关工艺流程的特点、关键影响因素等。

（3）环境监理工作目标和范围。

（4）环境监理工作内容。

（5）环境监理工作方法。

（6）环境监理对问题的处理。根据修复方案和施工组织设计等资料，对各施工工序过程中环境监理可能遇到的问题进行总结，详细介绍环境监理对于各类问题的具体处理程序。

（7）环境监理工作制度。

（8）组织机构及职责。

（9）各工序环境监理要点和实施细则。根据修复方案和施工组织设计等资料，结合工程工艺特点，对工程关键环节和要点进行识别，提出控制要求及相应的环境监理控制方法。

10.3.3 环境监理日志

环境监理员根据每日修复工程环境监理工作情况做出工作记录，形成《环境监理日志》，一般包括但不限于以下内容：

（1）工程名称；

（2）日期和气候情况：准确记录当日的日期和天气状况；

（3）当日工程进度情况：记录施工的主要内容及影像资料；

（4）当日环境监理工作情况，包括旁站、巡视、抽样检测情况等；

（5）施工过程中存在的问题及整改情况。

10.3.4　环境监理旁站记录

对工程的关键部位和关键工序的施工质量进行监督检查，重点检查工程实施过程中污染防治措施、环保设施落实情况，效果评估过程中验收采样落实情况，形成《环境监理旁站记录》，一般包括但不限于以下内容：

（1）项目情况：工程名称、参与单位名称等；

（2）旁站日期及天气、旁站部位和施工工艺、旁站开始和结束时间等；

（3）施工工艺符合性、潜在二次污染区域控制措施落实情况、效果评估验收采样合规性、相关影像资料等；

（4）发现问题及处理情况简述。

10.3.5　环境监理巡视检查记录

对施工现场开展巡视检查，掌握工程实际进展情况，指导施工单位落实各项环保措施；针对工程实施过程中污染防治措施、环保设施落实等查找问题、提出建议，对施工现场安全隐患进行排查，形成《环境监理巡视记录》，一般包括但不限于以下内容：

（1）项目情况：工程名称、参与单位名称等。

（2）巡视日期及天气、巡视检查开始和结束时间。

（3）巡视部位和工艺：重点检查施工工艺的符合性，潜在二次污染区域控制措施落实情况，对现场消防设施、用电、人员防护等落实情况，相关影像资料。

（4）发现问题及处理情况简述。

10.3.6　环境监理报告

环境监理单位应结合环境监理会议制度和工作记录制度实施环境监理报告制度。环境监理报告包括环境监理定期报告、环境监理专题报告、环境监理阶段报告和环境监理总结报告。

1. 环境监理定期报告

环境监理单位应根据修复工程进度，按实际情况编写环境监理工作周报、月报、季报或年报等定期报告。定期报告一般包括但不限于以下内容：

（1）主体修复工程概况；

（2）二次污染控制措施执行情况；

（3）工程实际进展情况；

（4）环境污染事故隐患；

（5）存在的问题及处理方法。

2. 环境监理专题报告

当发生突发性环境污染事故时，环境监理单位应根据实际情况编制专题报告，报告应包括事故发生的原因、影响范围和程度以及应急处理措施及结果，并提出整改意见。

3. 环境监理阶段报告

环境监理阶段报告应对已经完成的修复工作进行总结，反映修复工程中存在的问题并提出建议。环境监理单位根据下列风险管控和修复工程节点编制环境监理阶段报告。

（1）污染地块风险管控和修复工程主体施工完成后，进入风险管控效果评估或修复效果评估阶段时；

（2）污染地块风险管控和修复工程采用连续性技术组合时，单独一项修复技术实施完毕时；

（3）其他风险管控和修复工程重要节点。

4. 环境监理总结报告

根据《建设用地土壤污染状况调查、风险评估、风险管控及修复效果评估报告评审指南》（环办土壤〔2019〕63 号）和《上海市生态环境局、上海市规划和自然资源局关于印发〈上海市建设用地土壤污染状况调查、风险评估、风险管控和修复、效果评估等工作的若干规定〉的通知》（沪环规〔2021〕4 号）等相关规范文件要求，在开展污染地块效果评估准备工作时，环境监理单位应对环境监理工作开展情况进行总结，并编制污染地块修复工程环境监理总结报告。环境监理总结报告应包括以下内容：

(1) 摘要。主要包括风险管控和修复工程实际工期、工程实施情况、效果评估单位验收采样结果和后期环境管理建议等。

(2) 总则。主要包括项目背景(项目来源、位置等地块基本信息),项目概况(地块的调查、评估、风险管控和修复方案、修复的时间节点与概况、相关批复情况等相关内容)和项目主要参建单位。

(3) 环境监理工作开展情况。主要包括环境监理工作依据、环境监理组织机构及人员职责、环境监理工作范围和内容、环境监理工作程序、环境监理环境管理体系、环境监理工作方式及方法、环境监理工作要点、大事记(重要工作节点)等。

(4) 主体风险管控和修复工程完成情况。主要包括施工准备阶段、工程实施阶段工程完成情况。

(5) 二次污染控制环境监理。主要包括土壤、水、大气、噪声、固体废物等环境问题处理情况、环境监测工作情况、公众环保投诉等其他环境问题处理情况。

(6) 风险管控和修复工程质量控制。主要包括质量控制的基本要求、质量事前控制、质量事中控制和质量事后控制。质量事中控制有阻隔系统构建,基坑清挖、污染土壤修复、修复达标后土壤处置、污染地下水抽提处理及修复达标后地下水处置等。质量事后控制有阻隔系统效果评估未达到预期效果处理情况,未达标基坑扩挖情况,未达标土壤和地下水返工修复情况。

(7) 风险管控和修复工程安全文明施工管理。主要包括施工期安全文明施工管理(人员、材料、机械、公示标牌等),施工期基坑工程安全监督管理,施工期污染土壤和地下水修复安全监督管理。

(8) 风险管控和修复工程进度控制。主要包括阻隔系统、基坑清挖、污染土壤修复、污染地下水抽提处理等进度控制情况。

(9) 环境污染突发事故应急处理。对于发生的污染突发事故,细描述事故发生过程和处理处置结果。

(10) 环境监理工作成果。

(11) 结论及建议。

(12) 资料附件。

附录　工作表单

表 I－1　环境监理整改通知单

环境监理整改通知单

项目名称：
施工单位：
环境监理单位：　　　　　　　　　　　　　　　　　　编号：

<table>
<tr><td>致(施工单位)：
____年____月____日，由于本通知单所述原因造成修复工程环保问题，现环境监理工程师已口头警告并签发《环境监理整改通知单》。为保证环保措施落到实处，请你单位根据环境监理单位要求认真整改，并避免类似情况再次发生。
项目环境监理机构(盖章)：
环境监理总监/环境监理工程师(签字)：
日期：</td></tr>
<tr><td>违规情况描述并附照片：</td></tr>
<tr><td>违规原因：</td></tr>
<tr><td>施工单位意见：
施工单位(盖章)：
项目经理(签字)：
日期：</td></tr>
</table>

主送：　　　　　　　　　　　　抄送：
注：本表由环境监理单位填报，一式三份，建设单位、环境监理单位和施工单位各一份。

表 I－2 环境监理停工通知单

环境监理停工通知单

项目名称：

施工单位：

环境监理单位：　　　　　　　　　　　　　　　　编号：

<table>
<tr><td>致(施工单位)：
由于本通知单所述原因，现通知你方必须于____年____月____日____时起，对本工程的(具体位置)部位(工序)实施暂停施工，并按下述要求做好各项工作。

项目环境监理机构(盖章)：
环境监理总监(签字)：
日期：</td></tr>
<tr><td>停工原因：</td></tr>
<tr><td>施工单位意见：

施工单位(盖章)
项目经理(签字)：
日期：</td></tr>
</table>

主送：　　　　　　　　　　　　　抄送：

注：本表由环境监理单位填报，一式三份，建设单位、环境监理单位和施工单位各一份。

表 I－3 环境监理返工指令单

环境监理返工指令单

项目名称：

施工单位：

环境监理单位：　　　　编号：

<table>
<tr><td>致(施工单位)：
由于本指令单所述原因,通知贵部按照返工要求予以返工,并确保本返工工程项目达到合格标准。

项目环境监理机构(盖章)：
环境监理总监/环境监理工程师(签字)：
日期：</td></tr>
<tr><td>返工原因：</td></tr>
<tr><td>返工要求：</td></tr>
<tr><td>施工单位签署意见：

施工单位(盖章)
项目经理(签字)：
日期：</td></tr>
</table>

主送：　　　　抄送：

注：本表由环境监理单位填报,一式三份,建设单位、环境监理单位和施工单位各一份。

表 I-4　环境监理复工指令单

环境监理复工指令单

项目名称：
施工单位：
环境监理单位：　　　　　　　　　　　　　　　　　　　　编号：

<table>
<tr><td>致(施工单位)：
　　我方发出的编号为__________的《环境监理停工通知单》中所述问题经查已具备复工条件。经建设单位同意,现通知你方于____年____月____日____时起对本修复工程恢复施工。

项目环境监理机构(盖章)：
环境监理总监(签字)：
日期：</td></tr>
<tr><td>施工单位签署意见：

施工单位(盖章)：
项目经理(签字)：
日期：</td></tr>
</table>

主送：　　　　　　　　　　　　　　　　抄送：
注：本表由环境监理单位填报,一式三份,建设单位、环境监理单位和施工单位各一份。

表 I－5 环境监理日志

环境监理日志

项目名称：

日　期	天　气	气　温	风　向
现场巡视时间			
监理内容			
存在问题及处理结果			
备注			
环境监理工程师(签字)：　　　　日期：			

环境监理工程师有责任如实做好记录，对记录的资料客观性和真实性负责。
接班人有责任在交接班时核实交接情况，对核实后的情况负责。

表 I-6 环境监理巡视检查记录

环境监理巡视检查记录

项目名称：
施工单位：
环境监理单位： 编号：

开始时间		终止时间		天气	
巡视范围、主要部位、工序	巡视范围： 主要部位： 主要工序：				
施工工艺的符合性；二次污染情况描述； 相关照片及编号					
发现问题及处理情况简述					
其他情况描述					

环境监理总监（签字）：
环境监理工程师（签字）： 日期：

表 I－7　环境监理旁站记录

环境监理旁站记录

项目名称：
施工单位：
环境监理单位：　　　　　　　　　　　　　　　　　　　　编号：

到场时间		离开时间		天气	
旁站部位、主要工序					
施工过程简述与二次污染情况简述；监理工作情况与相关照片					
发现问题及处理情况简述					
其他情况描述					

环境监理工程师(签字)：　　　　日期：

表 I-8 环境监理会议纪要及签到表

环境监理会议纪要及签到表

<table>
<tr><td colspan="3">工程名称:</td></tr>
<tr><td colspan="3">会议主题:</td></tr>
<tr><td colspan="2">会议地点:</td><td>会议时间:</td></tr>
<tr><td colspan="2">组织单位:</td><td>会议主持人:</td></tr>
<tr><td rowspan="6">各与会单位及人员签到栏</td><td>与会人员</td><td>与会单位</td></tr>
<tr><td></td><td></td></tr>
<tr><td></td><td></td></tr>
<tr><td></td><td></td></tr>
<tr><td></td><td></td></tr>
<tr><td></td><td></td></tr>
<tr><td colspan="3">会议纪要:</td></tr>
</table>

注:会议纪要内容一般包括现场实际施工情况及计划施工情况,施工隐患、二次污染落实问题及整改情况,现场问题协商情况。

表Ⅱ-1 施工组织设计(方案)报审表

施工组织设计(方案)报审表

项目名称:

施工单位: 编号:

致:(环境监理单位) 我方已根据施工合同的修复工程相关规定及要求,完成了施工组织设计(方案)的编制,请予以审查。 附件: 施工单位(盖章): 项目经理(签字): 日期:
环境监理工程师审查意见: 环境监理工程师(签字): 日期
环境监理总监审核意见: 项目环境监理机构(盖章): 环境监理总监(签字): 日期
建设单位审批意见(仅对超过一定规模的危险性较大分部分项工程专项施工方案): 建设单位(盖章): 建设单位项目负责人(签字): 日期:

注:本表由施工单位填报,一式三份,建设单位、环境监理单位和施工单位各一份。

表Ⅱ-2　工程开工/复工报审表

工程开工/复工报审表

项目名称：
施工单位：　　　　　　　　　　　　　　　　　　编号：

致：（环境监理单位） 我方承担的工程，已完成了以下各项工作，具备了开工/复工条件，特此申请施工，请核查并签发开工指令。 附件：   施工单位（盖章）： 项目经理（签字）： 日期
环境监理单位审核意见：   项目环境监理机构（盖章）： 环境监理总监（签字）： 日期：
建设单位审批意见：   建设单位（盖章）： 建设单位项目负责人（签字）： 日期：

注：本表由施工单位填报，一式三份，建设单位、环境监理单位和施工单位各一份。

表Ⅱ-3　分包单位资质报审表

分包单位资质报审表

项目名称：

施工单位：　　　　　　　　　　　　　　　　　　　　　　　编号：

致：（环境监理单位）

经我单位审查，下列分包单位具备（施工内容）施工资质，请予以审核。

序号	分包单位名称	分包施工内容
1		
2		
3		
4		

附：分包单位资质材料、分包单位业绩材料、分包单位专职管理人员和特种作业人员资格证书、施工单位对分包单位的管理制度

施工单位（盖章）：

项目经理（签字）：

日期：

环境监理工程师审查意见：

环境监理工程师（签字）：

日期：

环境监理总监审核意见：

项目环境监理机构（盖章）：

环境监理总监（签字）：

日期：

注：本表由施工单位填报，一式三份，建设单位、环境监理单位和施工单位各一份。

表Ⅱ-4　工程材料、构配件、设备报审表

工程材料、构配件、设备报审表

项目名称：

施工单位：　　　　　　　　　　　　　　　　　　　　　　编号：

<table>
<tr><td>致：(环境监理单位)
　　我方于____年____月____日进场的拟用于修复工程________部位的__________，经我方检验合格，现将质量证明文件及自检结果报上，请予以审查。

　　附件：1. 工程材料/构配件/设备数量清单
　　　　　2. 质量证明文件
　　　　　3. 自检结果

施工单位(盖章)：
项目经理(签字)：
日期</td></tr>
<tr><td>审查意见：
　　经检查上述工程材料/构配件/设备，符合/不符合设计文件和规范的要求，准许/不准许进场，同意/不同意使用于拟定部位。

项目环境监理机构(盖章)：
环境监理工程师(签字)：
日期：</td></tr>
</table>

注：本表由施工单位填报，一式两份，环境监理单位和施工单位各一份。

表Ⅱ－5　污染区域施工控制测量成果报验表

污染区域施工控制测量成果报验表

项目名称：

施工单位：　　　　　　　　　　　　　　　　　　　　　　　　编号：

<table>
<tr><td>
致：（环境监理单位）
　　我方已完成（项目名称）____（污染区域名称）________现场施工控制测量，经自检合格，请予以查验。

　　附件：1. 污染区域坐标点位图
　　　　　2. 污染区域放样复核记录表
　　　　　3. 测量人员资质证书
　　　　　4. 现场放样复核照片

施工单位（盖章）：
项目经理（签字）：
日期：
</td></tr>
<tr><td>
环境监理工程师审查意见：

项目环境监理机构（盖章）：
环境监理工程师（签字）：
日期：
</td></tr>
</table>

注：本表由施工单位填报，一式三份，建设单位、环境监理单位和施工单位各一份。

表Ⅱ-6　环境监理整改消项单

环境监理整改消项单

项目名称：

施工单位：　　　　　　　　　　　　　　　　　　　　编号：

<table>
<tr><td>致：(环境监理单位)
　　我方已完成《环境监理整改通知单》(整改单编号)中的整改工作，特申请消项验收，请予以复查。
　　需整改问题及整改情况如下(附照片)：

施工单位(盖章)：
项目经理(签名)：
日期：</td></tr>
<tr><td>环境监理工程师审查意见：

环境监理工程师(签字)：
日期：</td></tr>
<tr><td>环境监理总监审核意见：

项目环境监理机构(盖章)：
环境监理总监(签字)：
日期：</td></tr>
</table>

注：本表由施工单位填报，一式三份，建设单位、环境监理单位和施工单位各一份。

表Ⅱ-7　环境污染/生态破坏事故报告单

环境污染/生态破坏事故报告单

项目名称：

施工单位：　　　　　　　　　　　　　　　　　　　　　　　　编号：

<table>
<tr><td>致(环境监理单位)：
____年____月____日____时在部位(工序,详见设计文件),发生环境污染/生态破坏事故,报告如下：
1. 问题(事故)经过及原因初步分析：
2. 造成环境污染/生态破坏情况：
3. 补救措施及初步处理意见
待进一步调查后,再另作详细报告,并提出处理方案上报审查。

施工单位(盖章)：
项目经理(签字)：
日期：</td></tr>
<tr><td>环境监理单位意见：

项目环境监理机构(盖章)：
环境监理总监(签字)：
日期：</td></tr>
<tr><td>建设单位意见：

建设单位(章)：
建设单位项目负责人(签字)：
日期：</td></tr>
</table>

主送：　　　　　　　　　　　　　抄送：

注：本表由施工单位填报,一式三份,建设单位、环境监理单位和施工单位各一份,重大事故报当地环保行政主管部门。

表Ⅱ-8 施工药剂备案表

施工药剂备案表

项目名称：

施工单位： 编号：

致：(环境监理单位)

我方采购了一批施工药剂，药剂种类、规格、数量、合格证(或检测报告)、用途详见附件，请核查并现场确认。

表 药剂进场记录表

编号	药剂种类	进场时间	规格	数量(t)	用途	备注
1						
2						
3						

附件：

1. 药剂清单、过磅单
2. 质量证明文件

施工单位(盖章)：
项目经理(签字)：
日期

环境监理工程师审查意见：

项目环境监理机构(盖章)：
环境监理工程师(签字)：
日期：

注：本表由施工单位填报，一式两份，环境监理单位和施工单位各一份。

表Ⅱ-14 污染土壤运输票签单

污染土壤运输票签单

日期：　　　　　　　　　　　　　　　　　　　　　　　　　　编号：

<table>
<tr><td colspan="2">项目名称</td><td colspan="6"></td></tr>
<tr><td colspan="2">施工单位</td><td colspan="6"></td></tr>
<tr><td colspan="2">土壤运输单位</td><td colspan="6"></td></tr>
<tr><td colspan="2">土壤接收单位</td><td colspan="6"></td></tr>
<tr><td colspan="2">运出时间</td><td></td><td>接收时间</td><td colspan="2"></td><td>车牌号[1]</td><td></td></tr>
<tr><td colspan="2">土壤污染物类型[2]</td><td colspan="4"></td><td>运输方量</td><td></td></tr>
<tr><td colspan="2">装运点</td><td colspan="6"></td></tr>
<tr><td colspan="2">卸　点</td><td colspan="6"></td></tr>
<tr><td rowspan="2">驾驶员（签字）</td><td rowspan="2"></td><td rowspan="2">施工单位（签字）</td><td rowspan="2"></td><td rowspan="2">接收单位（签字）</td><td rowspan="2"></td><td>环境监理单位（签字）</td><td></td></tr>
<tr><td>工程监理单位（签字）</td><td></td></tr>
</table>

施工单位外运期间每日提交，本表一式三份，施工单位、环境监理单位和工程监理单位各一份。

注：1. 以运输车（船）次为单位登记土壤转运信息；

2. 土壤污染物类型为重金属及无机污染土壤、有机污染土壤、复合污染土壤、修复合格土壤、其他等类型。

表Ⅱ-25 报验申请表

报验申请表

项目名称：
施工单位： 编号：

<table>
<tr><td>致：(环境监理单位)
我方已按施工合同要求完成______________，经自检合格，现将有关资料报上，请核查并请效果评估单位予以效果评估验收监测。
附件：自检报告

施工单位(盖章)：
项目经理(签字)：
日期：</td></tr>
<tr><td>环境监理单位审查意见：

项目环境监理机构(盖章)：
环境监理工程师(签字)：
日 期：</td></tr>
<tr><td>效果评估单位审核意见：

效果评估单位(盖章)：
效果评估单位负责人(签字)：
日期：</td></tr>
</table>

注：本表由施工单位填报，一式四份，建设单位、环境监理单位、施工单位和效果评估单位各一份。

表Ⅲ-1 工程联系单

工程联系单

项目名称:
施工单位: 编号:

<table>
<tr><td>致(单位名称):
事由:

附件:

单位(盖章):
签署人:
日期:</td></tr>
<tr><td>签收意见:

单位(盖章):
签收人:
日期:</td></tr>
</table>

主送: 抄送:

表Ⅲ-2 工程变更单

工程变更单

项目名称：

施工单位： 编号：

<table>
<tr><td>事由</td><td colspan="2"></td></tr>
<tr><td colspan="3">致：（单位名称）
由于（具体原因），故提出（项目名称）变更，请予以审批。
附件：
1. 变更内容
2. 变更设计文件
3. 相关会议纪要
4. 其他
变更提出单位（盖章）：
项目负责人（签字）：
日期：</td></tr>
<tr><td colspan="2">施工单位意见：

施工单位（盖章）：
项目经理（签字）：
日期：</td><td>设计单位意见：

设计单位（盖章）：
项目负责人（签字）：
日期：</td></tr>
<tr><td colspan="2">环境监理单位意见：

环境监理单位（盖章）：
环境监理总监（签字）：
日期：</td><td>工程监理单位意见：

工程监理单位（盖章）：
工程监理总监（签字）：
日期：</td></tr>
<tr><td colspan="3">效果评估单位意见：

效果评估单位（盖章）：
项目负责人（签字）：
日期：</td></tr>
<tr><td colspan="3">建设单位意见：

建设单位（盖章）：
项目负责人（签字）：
日期：</td></tr>
</table>

注：本表一式六份，建设单位、设计单位、环境监理单位、工程监理单位、施工单位和效果评估单位各一份。

参考文献

[1] 环境保护部,国土资源部.全国土壤污染状况调查公报[J].中国环保产业,2014(5):10-11.

[2] 中华人民共和国国家统计局.中国统计年鉴2016[M].北京:中国统计出版社,2016.

[3] 国家统计局农村社会经济调查司.中国农村统计年鉴2005[M].北京:中国统计出版社,2005.

[4] 张佳卓.中国农业面源污染区域差异及其影响因素分析[D].昆明:云南财经大学,2019.

[5] 邱君.中国农业污染治理的政策分析[D].北京:中国农业科学院,2007.

[6] 中华人民共和国国家统计局.中国统计年鉴2020[M].北京:中国统计出版社,2020.

[7] 刘照德,丁洁花.我国工业污染分布状况研究[J].数学的实践与认识,2009,39(1):99-104.

[8] 中华人民共和国自然资源部.中国矿产资源报告2021[M].北京:地质出版社,2021.

[9] 姚文芹.农业面源污染防治现状及对策分析[J].环境与发展,2020,32(9):42-43.

[10] 程全国,张书源.我国农业面源污染的管理与治理[J].沈阳大学学报(社会科学版),2016,18(2):172-175.

[11] 武俊维.畜禽养殖粪污污染现状及治理建议[J].农业技术与装备,2018(4):92-94.

[12] 张文,刘晓燕,向国立,等.酒泉市工业污染现状及治理措施研究[J].资源节约与环保,2021(2):83-84.

[13] 张新文,张国磊.环保约谈、环保督查与地方环境治理约束力[J].北京理工大学学报(社会科学版),2019,21(4):39-46.

[14] 李昌明,常国华,李开明,等.矿山开采产生的主要环境问题与防控手段分析[J].环境与发展,2020,32(6):207-210.

[15] 温静.适于我国矿山环境污染治理的方法研究[J].矿床地质,2012,31(S1):961-962.

[16] 彭达.重金属及有机物复合污染场地调查及修复技术研究[D].长沙:湖南大学,2019.

[17] 李飞.污染场地土壤环境管理与修复对策研究[D].北京:中国地质大学(北京),2011.

[18] 李炳华.中国东部典型地区地下水有机污染特征及其机理研究[D].北京：中国地质大学(北京),2009.

[19] 汤帆,胡红青,刘永红,等.污染场地类型及其风险控制技术[J].环境科学与技术,2013,36(S2)：195－202.

[20] 胡凯丽.我国污染场地修复法律制度研究[D].石家庄：河北经贸大学,2018.

[21] 孙宁,徐怒潮,李静文,等.2020年我国土壤修复行业发展概况及“十四五”时期行业发展态势展望[J].环境工程学报,2021,15(9)：2858－2867.

[22] T/GIA 005－2020,受污染地下水抽出-处理修复技术指南[S],2020.

[23] GB/T 50319－2013,建设工程监理规范[S],2013.

[24] T/CAEPI 22－2019,污染地块修复工程环境监理技术指南[S],2019.

[25] HJ 25.2－2019,建设用地土壤污染风险管控和修复监测技术导则[S],2019.

[26] HJ 25.5－2018,污染地块风险管控与土壤修复效果评估技术导则(试行)[S],2018.

[27] HJ 25.6－2019,污染地块地下水修复和风险管控技术导则[S],2019.

[28] T/APEP 1010－2020,建设用地土壤污染修复工程施工规范[S],2020.

[29] T/GIA 006－2021,地下水污染阻隔技术指南[S],2021.

[30] T/GIA 002－2019,污染地下水原位注入修复技术指南[S],2019.

[31]中国建设监理协会.建设工程质量控制(土木建筑工程)[M].北京：中国建筑工业出版社,2021.

[32] 王琦,杨健,王文江.一种场地污染源阻隔方法：CN108480373A [P].2018－09－04.

[33] 甄胜利,郑峰,郑中华,等.HDPE土工膜和膨润土-黏土复合垂直防渗墙及其安装施工方法：CN108951675A[P].2018－12－07.

[34]中国建设监理协会.建设工程进度控制(土木建筑工程)[M].北京：中国建筑工业出版社,2020.

[35] 中国建设监理协会.建设工程投资控制(土木建筑工程)[M].北京：中国建筑工业出版社,2021.

[36] GBZ/T 223－2009,工作场所有毒气体检测报警装置规范[S],2009.

[37] GBZ/T 194－2007,工作场所防止职业中毒卫生工程防护措施规范[S],2007.

[38] GBZ 2.1－2019,工作场所有害因素职业接触限值 第1部分：化学有害因素[S],2019.

[39] GBZ 2.2－2007,工作场所有害因素职业接触限值 第2部分：物理因素[S],2007.

[40] GBZ 158－2003,工作场所职业病危害警示标识[S],2003.

[41] JGJ 184－2009,建筑施工作业劳动防护用品配备及使用标准[S],2009.

索　引

P

Q

R

S

T

W

X

Y

Z

内容提要

abstract

土壤与地下水生态环境保护关系“米袋子”“菜篮子”“水缸子”安全，是推进生态文明建设、建设美丽中国的重要基础。近年来，随着城市用地功能调整，大量重污染企业搬迁，遗留场地土壤与地下水污染问题突出，建设用地土壤污染风险较大，涉及的污染地块修复工程项目呈现显著上升态势，土地开发安全利用存在一定隐患，污染地块亟须管控和修复。

本书共三篇十章，主要包括污染地块修复工程环境监理的概念、污染地块修复工程环境监理控制、污染地块修复工程环境监理文件管理，具体包括土壤与地下水污染概述、污染地块修复工程概述、环境监理概述；质量控制、二次污染控制、进度控制、投资控制、职业健康与安全生产管理、环境监测；以及文件资料管理、各类表单等。本书出版以期进一步加强污染地块修复工程的全过程监督管理，提高修复工程质量，控制修复过程二次污染，降低安全隐患，保障人体健康，保护生态环境，推进和规范污染地块修复工程环境监理工作，加强行业自律，推动环境监理市场健康发展。

我不相信

手掌的纹路，

但我相信

手掌加上手指的力量。

——毕淑敏

我相信不化妆的微笑
更纯洁而美好，
我相信不化妆的目光
更坦率而真诚，
我相信不化妆的女人
更有勇气直面人生。

Warmth

自卑出现了并不可怕，

只要把自卑摆到桌面上来，

找出自卑的原因和表现，

从容面对，

自卑就成了一只纸老虎，

一戳就破了。

疲倦是可以战胜的，
法宝就是珍爱我们自己。
疲倦是可以化险为夷的，
战术就是宁静致远。

你之所以成为你，
是因为你有你的司令员和政委，
你有你的后勤部长，
你是你自己的小兵，
又是你自己的统帅。

如薄荷般有顽强的生命力，
百折不挠，
始终相信温暖，
相信阳光。
相信只要自己不倒下，
就能茁壮成长香满人间。

Love

把自己养成一朵特别的花

我，爱这缓慢向上的勇气

Selfhealing

毕淑敏 著

北京联合出版公司 Beijing United Publishing Co.,Ltd. · 研音

目录

Contents

Chapter 叁

千人千面，我爱自己的每一面

Chapter 肆

去见山、见海，去会众生，去寻自己

目录
Contents

序·身如薄荷清

每个女人都是有独特气味的。所以，每个女人必有自己的味道，所有的女人，都期望自己气味芬芳。

薄荷有一种广为人知的味道，它是植物中底层的女儿。我在街头，花 10 元钱买了一盆薄荷，先生还怨我买贵了。薄荷的名字据说有六百多种，可见生长地域的辽阔和大家对它的熟识。在这些名字中，好听的如夜息香、苹果薄荷、橘子薄荷、香水薄荷、绿薄荷，多半是搭了其他美好事物的顺风车。中性点的有苏薄荷、水薄荷、蕃荷菜、野薄荷、南薄荷等，也是靠前缀来区分。它还独有一堆充满药气的名字，如水益母、接骨草、人丹草、眼睛草等，说明在医学上也有用武之地。它还有颇多不登大雅之堂的俗名，其中鱼香草算是比较拿得出手的，最不堪的是叫

狗肉香，让正人君子们皱眉。这也间接证明了薄荷的卑微，人们一般是不敢给牡丹玫瑰等大牌胡乱起如此不雅的别号的。

薄荷的味道是散淡草香中带着锐利的警醒，刺激人顷刻间清澈和通灵。它的味道像急促的铃铛，不由分说把你从倦怠中唤醒。如果你持续嗅闻，它就变成一枚枚锋快的微剑，从你周身的汗毛孔沁入，把爽洁注入你的神经末梢，让你身体里每一个细胞都单纯透明起来。那种至简至凉的清湛，让人难以忘怀。

话说我买下的薄荷，细弱的三棵挤在一处，灰绿的叶子披头散发，萎靡不振地蜷缩着，似贫苦歪斜的姊妹相互搀扶。我担心地问小贩，不会我刚搬回家，它们就死了吧？小贩咬牙跺脚地说，不会不会！晒蔫了，一浇上水，它们立马活蹦乱跳了。

薄荷果真遇水复活，泼辣地直起了腰，第二天就萌发绿油油、青幽幽的新叶，犹如初生的翡翠。我把它们移栽到院子里，按照查来的资料，把一些枝干折下来，插在土中。一边做一边恐惧地嘀咕，这样的扦插就能成活吗？可不要赔了夫人又折兵，连这老株也保不住哦！

再次看到薄荷，是一个月后。我的天！它们在土地中生根发芽，已经如绿色的火焰一般蔓延开来，依着生发时间的不同，枝茎和叶脉分为娇绿、苍绿和灰绿色，甚至还有淡淡的幽蓝色。锯齿样的叶子边缘，蕴含着的汁液似乎要化成绿珠玑，成串滴落下来。更有令人欣喜的事儿，是它们居然开出一串串极细小的淡紫色花，俯身去闻，香味尤其窜烈。空气中传布着沁人心脾的凉爽气息，好像大地之母在不停地咀嚼着口香糖。

我笑话自己，这话大有语病。不是薄荷像口香糖，而是口香糖沾了薄荷的光。现代工业已经让我们这般本末倒置。我估计很多孩子是先在牙膏、香皂、洗发露、沐浴露、花露水中见识了这味道，然后才得以亲见薄荷的真身。

薄荷是让人充满希望惊喜的植物，凝视它，心在期许中被染绿。查了资料，不得了，这平凡的小草花，背负着惊世骇俗的故事。

哈迪斯是古希腊神话中统治冥界的冥帝，是宙斯的哥哥。他虽执掌冥府，本人却是个英俊男子。他还很富有，披黑色大氅，

驾四匹黑马的金色马车，是所有地下矿产的支配人。（是古代的煤老板吧？）

哈迪斯本是对爱情了无兴趣的主神。天上主营爱与美的神祇阿佛洛狄忒不服气，对她的儿子丘比特说：“你的弓箭没有任何神或人能够抵抗，孤傲的哈迪斯也应包括在内。”胖胖的小爱神丘比特遵从母命，向哈迪斯射出了他那大名鼎鼎的金箭。这一次女神赢了，冥王无法抵挡爱神的箭矢，爱上了美丽的精灵曼茜。

消息传来，哈迪斯的妻子佩瑟芬妮大怒。为了让冥王放弃曼茜，佩瑟芬妮捉住曼茜，疯狂地将美女踩碎，让她化为尘埃。余怒未息的佩瑟芬妮，将尘土抛撒路边，让曼茜从此至低至碎无声无息。曼茜顽强地从自己的骨灰中长出一株稚弱卑微的小草，在无尽的摧折踩踏中，非但没有枯萎死亡，反倒散发出一种清凉迷醉的芬芳，在空中缭绕翩翩。

看到这里，我想你已然猜出了这诞生于骨灰中的卑微然而高傲的灵魂，就是薄荷。

有很多关于薄荷的传说，我独喜欢上述这一种。喜欢一株植物在饱受磨难之后，还能欣欣向荣地生长，并散发出如雪花般冰寒的清香，醇和绵柔地善待人间。

希望天下的女子，都如薄荷般洁净自持，疼惜自己的身体，就算是被碾成了泥土，也依然爱与不屈。都如薄荷般有顽强的生命力，百折不挠，始终相信温暖，相信阳光。相信只要自己不倒下，就能茁壮成长香满人间。

Chapter

壹

●

人生的
上上签：
爱自己

是的，我很重要。

我们每一个人都应该有勇气这样说。

我们的地位可能很卑微，

我们的身份可能很渺小，

但这丝毫不意味着我们不重要。

我爱我的性别

Wo Ai Wo De Xing Bie

除极少数人以外，每个人都有一个明确的性别。这是一种先天的必然。不过，就像不是所有的人都接受他们的长相一样，很多人不爱自己的性别。

不爱自己的性别的人，是自卑的人，是不快乐的人，甚至——是悲惨的人。

细细分析，什么样的人最不爱自己的性别呢？也就是男人不爱自己是男人，还是女人不爱自己是女人呢？

我想，不用做特别周密的调查就可以发现，在不喜欢自己性别的人群当中，女人占了大多数。

我也在其中。在过去很长的一段时间内，我不喜欢自己的性别。

总在想，如果有可能的话，我愿意下辈子变成男人。

当然，我的决心还不够大。如果足够大的话，我可以去做变性手术，那么这辈子就可以变成男人了。

为什么不喜欢自己的性别呢？说来话长。在我还没有性别这个概念的时候，是无所谓喜欢还是不喜欢的。就像我们没有特别地喜欢还是不喜欢自己的手和脚。你喜欢也罢，不喜欢也罢，它都忠实地追随着你，默默无言地为你贡献着力量，你不能把它砍了剁了。

如果不出意外，你得驮着它们到生命尽头。让我开始不喜欢我的性别的，是这个社会中的文化。它把一种弱者的荆棘之冠，戴到了女性的头上。你是一个女人，你就打上了先天的“红字”，无论你多么努力，都将堕入次等公民的行列。

在白雪皑皑的世界屋脊，我是一名用功的医生。一次，司令员病了，急需诊治。刚开始派去的都是男性，但不知是司令员的威仪吓坏了他们，还是高寒缺氧让病情复杂难愈，总之，疗效不显，司令员渐

趋重笃。病榻上的将军火了，大发脾气道，还有没有像样的兵了？领导于是派我出这趟苦差。

也许是病势沉重的司令员，在我眼里同一个瘦弱的老农没多大区别，手起针落，该怎么治就怎么治。也许是前头的治疗如同吃进了三个包子，轮到我这第四个包子的时候，幸运已然降临。总之，他渐渐地康复了。几天后，司令员终能勉强坐起，批阅文件调度军队了……深夜，他看着忙碌的我，突然长叹道，可惜啦！你是个女的。我说，女的有什么不好？司令员说，如果是个男的，我就提你当参谋。以后，兴许你能当上参谋长。可你是个女的，这就什么都瞎了……

那一刻，仿佛昆仑山万古不化的寒冰，崩入我心田。我知道了有一种与生俱来的羞辱，从此将朝夕跟随于我。无辜的我，要背负着性别这个深渊般的负数，直到永远。无论怎样努力，它都将如魔鬼般地冲抵着成绩，让我自轻自侮。前面，是透明的气囊，阻滞我步伐。上面，是透明的天花板，遮挡我飞翔……

后来，在漫长的岁月里，经过了痛苦的学习和反思，我才领悟到……我的性别是我不可分割的一部分，它无罪。

人类的性别，是人类的进化与分工，它是人类的骄傲。人为地将性别划分出高尚和卑贱的区别，是一种偏见和愚昧。

女性，这一神圣的性别，和男性具有同样的思索与行动的能力。

因此，她是平等和光荣的。她所具有的繁衍哺育后代的结构和职责，更使她辛劳和伟大。

我的性别，如同我的身体、我的大脑，我无条件地接纳它。

于是，我热爱我的性别。

我很重要

Wo Hen Zhong Yao

当我说出“我很重要”这句话的时候，颈项后面掠过一阵战栗。我知道这是把自己的额头裸露在弓箭之下了，心灵极容易被别人批判洞伤。

许多年来，没有人敢在光天化日之下表示自己“很重要”。我们从小受到的教育都是——“我不重要”。

作为一名普通士兵，与辉煌的胜利相比，我不重要。

作为一个单薄的个体，与浑厚的集体相比，我不重要。

作为一位奉献型的女性，与整个家庭相比，我不重要。

作为随处可见的人的一分子，与宝贵的物质相比，我不重要。

当我在国外的一份刊物上看到“一个人的价值胜于整个世界”的

口号时，曾大惑不解。

我们——简明扼要地说，就是每一个单独的“我”——到底重要还是不重要？

我是由无数星辰日月、草木山川精华汇聚而成的。只要计算一下我们一生吃进去多少谷物，饮下了多少清水，才凝聚成一具美轮美奂的躯体，我们一定会为那数字的庞大而惊讶。平日里，我们尚要珍惜一粒米、一叶菜，难道可以对亿万粒菽粟、亿万滴甘露濡养出的万物之灵，掉以丝毫的轻心吗？

当我在博物馆里看到北京猿人窄小的额和前凸的嘴时，我为人类原始时期的粗糙而黯然。他们精心打制出的石器，用今天的目光看来不过是极简单的玩具。如今很幼小的孩童，就能熟练地操纵语言，我们才意识到已经在进化之路上前进了多远。我们的头颅就是一部历史，无数祖先进步的痕迹储存于脑海深处。我们是一株亿万年苍老树干上最新萌发的绿叶，不单属于自身，更属于土地。人类的精神之火，是

连绵不断的链条，作为精致的一环，我们否认了自身的重要，就是推卸了一种神圣的承诺。

回溯我们诞生的过程，两组生命基因的嵌合，更是充满人所不能把握的偶然性。我们每一个个体，都是机遇的产物。

常常遥想，如果是另一个男人和另一个女人，就绝不会有今天的我……

即使是这一个男人和这一个女人，如果换了一个时辰相爱，也不会有此刻的我……

即使是这一个男人和这一个女人在这一个时辰，由于一片小小落叶或是清脆鸟啼的打搅，依然可能不会有如此的我……

一种令人怅然以至走入恐惧的想象，像雾霭一般不可避免地缓缓升起，模糊了我们的来路和去处，令人不得不断然打住思绪。

我们的生命，端坐于概率垒就的金字塔的顶端。面对大自然的鬼斧神工，我们还有权利和资格说我不重要吗？

对于我们的父母，我们永远是不可重复的孤本。无论他们有多少儿女，我们都是独特的。

假如我们不存在了，他们就空留一份慈爱，在风中蛛丝般无以附丽地飘荡。

假如我们生了病，他们的心就会皱缩成石块，无数次向上苍祈祷我们的康复，甚至愿灾痛以十倍的烈度降临于他们自身，以换取我们的平安。

我们的每一滴成功，都如同经过放大镜，进入他们的瞳孔，摄入他们的心底。

假如我们先他们而去，他们的白发会从日出垂到日暮，他们的泪水会使太平洋为之涨潮。

面对这无法承载的亲情，我们还敢说我不重要吗？

我们的记忆，同自己的伴侣紧密地缠绕在一起，像两种混淆于一碟的颜色，已无法分开。你原来是黄，我原先是蓝，我们共同的颜色

是绿，绿得生机勃勃，绿得苍翠欲滴。失去了妻子的男人，胸口就缺少了生死攸关的肋骨，心房裸露着，随着每一阵轻风滴血；失去了丈夫的女人，就是齐刷刷折断的琴弦，每一根都在雨夜长久地自鸣……

面对相濡以沫的同道，我们忍心说我不重要吗？

俯对我们的孩童，我们是至高至尊的唯一。我们是他们最初的宇宙，我们是深不可测的海洋。假如我们隐去，孩子就永失淳厚无双的血缘之爱，天倾东南，地陷西北，万劫不复。盘子破裂，可以粘起；童年碎了，永不复原。伤口流血了，没有母亲的手为他包扎；面临抉择，没有父亲的智慧为他谋略……面对后代，我们有胆量说我不重要吗？

与朋友相处，多年的相知，使我们仅凭一个微蹙的眉尖、一次睫毛的抖动，就可以明了对方的心情。假如我不在了，就像计算机失去了一份不曾复制的文件，她的记忆库里留下不可填补的黑洞。

夜深人静时，手指在揿了几个电话键码后，骤然停住，那一串数

字再也用不着默诵了。逢年过节时，她写下一沓沓的贺卡。轮到我的地址时，她闭上眼睛……许久之后，她将一张没有地址只有姓名的贺卡填好，在无人的风口将它焚化。

相交多年的密友，就如同沙漠中的古陶，摔碎一件就少一件，再也找不到一模一样的成品。面对这般友情，我们还好意思说我不重要吗？

我很重要。

我对于我的工作、我的事业，是不可或缺的主宰。我的独出心裁的创意，像鸽群一般在天空翱翔，只有我才捉得住它们的羽毛。

我的设想像珍珠一般散落在海滩上，等待着我把它用金线拴起。我的意志向前延伸，直到地平线消失的远方……

没有人能替代我，就像我不能替代别人。

我很重要。

我对自己小声说。我还不习惯嘹亮地宣布这一主张，我在不重要

中生活得太久了。

我很重要。

我重复了一遍，声音放大了一点。我听到自己的心脏在这种呼唤中猛烈地跳动。

我很重要。

我终于大声地对世界这样宣布。片刻之后，我听到山岳和江海传来回声。

是的，我很重要。我们每一个人都应该有勇气这样说。我们的地位可能很卑微，我们的身份可能很渺小，但这丝毫不意味着我们不重要。重要并不是伟大的同义词，它是心灵对生命的允诺。

对于一株新生的树苗，每一片叶子都很重要。对于一个孕育中的胚胎，每一段染色体碎片都很重要。甚至驰骋寰宇的航天飞机，也可以因为一个密封橡皮圈的疏漏而凌空爆炸——你能说它不重要吗？

人们常常从成就事业的角度，断定我们是否重要。但我要说，只

要我们在时刻努力着，为光明在奋斗着，我们就是在无比重要地生活着。

让我们昂起头，对着我们这颗美丽的星球上无数的生灵，响亮地宣布——

我很重要。

我所喜爱的女性

Wo Suo Xi Ai De Nü Xing

我喜欢爱花的女性。花是我们日常能随手得到的最美好的景色。从昂贵的玫瑰到卑微的野菊。花不论出处，朵不分大小，只要生机勃勃地开放着，就是令人心怡的美丽。不喜欢花的女性，她的心多半已化为寸草不生的黑戈壁。

我喜欢眼神乐于直视他人的女性。她会眼帘低垂余光袅袅，也会怒目相向入木三分，更多的时间她是平和安静甚至是悠然地注视着面前的一切，犹如笼罩风云的星空。看人躲躲闪闪目光如蚂蚁般跳动的女性，我总怀疑她受过太多的侵害。这或许不是她的错，但她已丢了安然向人的能力。

我喜欢到了时候就恋爱、到了时候就生子的女人，恰似一株按照

节气拔苗分蘖结粒的麦子。我能理解一切的晚恋晚育和独身，可我总顽固认为逆时辰而动，须储存偌大的勇气，才能上路。如果是平凡的女子，还是珍爱上苍赋予的天然节律，徐步向前。

我喜欢会做饭的女人，这是从远古传下来的手艺。博物馆描述猿人生活的图画，都绘着腰间绑着兽皮的女人，低垂着乳房，拨弄篝火，准备食物。可见烹饪对于女子，先于时装和一切其他行业。

汤不一定鲜美，却要热。饼不一定酥软，却要圆。无论从爱自己还是爱他人的角度想，“食”都是一件大事。一个不爱做饭的女人，像风干的葡萄干，可能更甜，却失了珠圆玉润的本相。

我喜欢爱读书的女人。书不是胭脂，却会使女人心颜常驻。书不是棍棒，却会使女人铿锵有力。书不是羽毛，却会使女人飞翔。书不是万能的，却会使女人千变万化。不读书的女人，无论她怎样冰雪聪明，只有一世才情，可书中收藏着百代精华。

我喜欢深存感恩之心又独自远行的女人。知道谢父母，却不盲

从。知道谢大地，却不畏惧。知道谢自己，却不自恋。知道谢朋友，却不依赖。知道谢每一粒种子、每一缕清风，也知道要早起播种和御风而行。

做自己身体的朋友

Zuo Zi Ji Shen Ti De Peng You

每个人都居住在自己的身体里面，从一出生到最后的呼吸时刻。这在谁都是没有疑义的，但我们对自己的身体知道多少？

尤其是女性，我们的身体不但是最贴切、最亲密的房子，对大多数女性来说，还是诞育人类后代最初的温室。我们怎能不爱护这一精妙绝伦的构造？

我认识一位女性朋友，患了严重的妇科疾患，到医院诊治。检查过后，医生很严肃地对她说，要进行一系列的治疗，这期间要停止夫妻生活。她听完之后，一言不发扭头就走。事后我惊讶地问她这是为什么？为何不珍重自己的生命？她说，丈夫出差去了，马上要回家。如果此刻开始接受治疗，丈夫回来享受不到夫妻生活，就会生气。所

以，她只有不在乎自己的身体了。

那一刻，我大悲。

女性啊，你的身体究竟属于谁？

早年当医生时，我见过许多含辛茹苦的女人，直到病入膏肓，才第一次踏进医院的大门。看她满脸菜色，疑有营养不良，问起家中的伙食，她却很得意地告诉你，一个月，买了多少鸡、多少蛋……听起来，餐桌上盘碗还不算太拮据。那时初出道，常常就轻易地把这话放过了。后来在老医生的教诲下，渐渐长了心眼，逢到这种时候，总要更细致地追问下去。这许多菜肴，吃到你嘴里的，究竟有多少呢？比如，一只鸡，你吃了哪块儿？鸡腿还是鸡翅？

答案往往令人心酸。持家的女人，多是把好饭好菜让给家人，自己打扫边角碎料。吃的是鸡肋，喝的是残汤。

还有更多的现代女性，在传媒广告绝色佳人的狂轰滥炸下，不满意自己身体的外形。嫌自己的腿不长，忽略了它最基本的功能是持重

和行走。嫌自己的眼不大，淡忘了它最重要的功劳是注视和辨别。嫌自己的皮肤不细白，漠视它最突出的贡献是抵御风霜。嫌自己的手指不纤长，藐视了它最卓越的表现是力量与技巧……于是她们自卑自惭之后，在商家的引导下，使用种种方式迫害自己的身体，以至美容毁了容，减肥丧了命的惨事，时有所闻。

关于我们的身体——这所我们居住的美轮美奂的宫殿，你可通晓它的图纸？有多少女人，是自己的“身体盲”？

感谢中国有眼光的学者和出版家们，这两年来，翻译出版了一些有关女性身体的著作。在我手边的就有知识出版社出版的《美国妇女自我保健经典：我们的身体 我们自己》和东方出版社出版的《女人的身体：呵护一生的健康全书》。

以我一个做过医生的女性眼光来看，这两本书，做女人的，无论你多忙，也要抽空一读。或许正因为你非同寻常地忙，就更得一读。因为你的身体，是你安身立命的资本。如果你连自己的身体都不懂不

爱，你何谈洞察世事，爱他人，爱世界？

爱不是一句空话。爱的基础是了解。你先得认识你的身体，听懂它特别对你发出的信号。明白它的坚忍和它的极限。你的身体是跟随你终生的好朋友，在它那里，居住着你自己的灵魂。如果它粉碎了，你所有的理想都成漂萍。身体是会报复每一个不爱惜、不尊重它的人的。如果你浑浑噩噩地摧残它，它就会冷峻地给你一点颜色看。一旦它衰微了，你将丧失聪慧的智力和充沛的体力，难以自强自立于世。

我希望有更多的姐妹，当然也希望先生们，来读读这种关于身体的书。它是我们每人都享有的这座宫殿的导游图。

男人和女人的区别

Nan Ren He Nü Ren De Qu Bie

做医生的时候，常常接生。男婴和女婴的区别，就在那小小的方寸之间。后来，男孩和女孩长大了，一个头发长，一个头发短；一个穿裙衫，一个穿短裤。这是他人强加给男人和女人最初的区别，他们其实还在混沌之中。后来，曲线们出来了，肌肉们出来了。这些名叫第二性征的桨，把男人和女人的涟漪渐渐划出互不相干的圆环。

遇到过一个女病人，因为重病，需要持续地应用雄激素。那是一种黏稠的胶水样物质，往针管里抽的时候非常困难，好像是黄油。那药瓶极小，比葵花籽大不了多少。每个星期打两针，量也不算大。药针就这样一管管打下去，不知从哪一天开始，以前那个清秀的女孩，像蝉蜕悄然陨落。一个音色粗哑、须发苍黑、骨骼阔大、满脸粉刺的

鲁莽汉子蹒跚地出现在我们面前。以至于同屋的一个女病人嗫嚅对我说，她还算女人吗？我想换到别的屋。

男人也有用雌激素的，比如国际驰名的人妖。任凭你有再好的眼力，也看不出他们与天然的女人有何区别。

我端详着装有雌雄两种激素的小瓶，在医学里它们被庄严地称为“安瓿”——英文“ampoule”的音译。意思是密封的小注射剂瓶。两种激素的作用虽有天壤之别，但外观是那样地相似，像新鲜松香黏而透明。敲开安瓿闻一闻，也没有什么特殊的气味。

但男人和女人的巨大差别就蕴藏在这柔润的液体里。这魔幻的药水里，有尖锐的喉结、细腻的肌肤、温婉的脾性和烈火般的品格。它使所有男人和女人的神秘，都简化成一个枯燥的分子式。它是上帝之手，可以任意制造美女和伟男。它是点石成金的造化，把人类多少年的雕琢浓缩到短暂的瞬间。

人关于自身最玄妙的谜语，被这淡黄色的油滴践踏。所有男人和

女人各自引以为豪的差别，只不过是两个小小的安瓿而已。

假如你把玻璃药瓶上的字迹擦掉，你就分不清它到底是哪一种激素。

两个一模一样的安瓿。这就是男人和女人的全部区别。

我们沉默。我们黯淡。科学就是这样清脆地击落神话和谎言，逼迫人们面对赤裸裸的真实。

男人和女人的区别究竟在哪里？

他们犹如南极和北极，蒙着一样的冰雪，裹着一样的严寒，但它们南辕北辙，永不重叠。

性征是不足以强调的，它们已在冰静的手术台上，被人千百次地重新塑造。甚至女性赖以骄人的生育，也已被清澈的试管代替。

生物的自然属性淡化为一连串简洁的符号。假如今日还有人以自己的性别特征为资本，喋喋不休，那实在是悲哀和愚蠢。

我们寻找，男人和女人的区别。

那区别不在生理而在心理，不在外表而在内心，人类文明进程的天空愈晴朗，太阳和月亮的个性愈分明。

男人和女人都做事业。男人是为了改造这个世界，女人是为了向世界证明自己。

男人为了事业，可以抛却生命和爱情。他们几乎从一开始的时候就下了必死的决心，愿意用一生去殉事业。男人崇尚死，以为死是最壮丽的序言和跋。因而男人是悲壮的动物。

女人为了事业，力求生命和爱情两全。她们在两座陡壁中艰难地攀登，眼睛始终注视着狭隘的蓝天。她们总相信在生命的最后一分钟会出现奇迹，她们崇尚生。在她们的潜意识里，自己曾经制造过生命，还有什么制造不出来的呢？女人是希望的动物。

男人的感情像一只红透了的苹果，可以分割成许多等份，每一份都香甜可口。当然被虫子蛀过的地方除外。

女人的感情像一洼积聚缓慢的冷泉，汲走一捧就少一捧，没有办

法叫它加速流淌。假如你伤了那泉眼，泉水会在瞬间干涸。所以女人有时候会显得莫名其妙。

男人的内心像一颗核桃。外表是那样坚硬，一旦砸烂了壳，里面有纵横曲折的闪回，细腻得超乎想象。

女人的内心像一颗话梅。细细地品，有那么复杂的滋味。咬开核，里面藏着一个五味俱全的苦仁。

男人的胸怀大，所以他们有时粗心。女人的心眼小，所以她们会斤斤计较。

男人的脚力好，所以他们习惯远行。女人的眼力好，所以她们爱停下来欣赏风景。

男人和女人都是孩子。男人是为了找到一个酷肖自己的人，自己没做完的事还等着他去做呢。女人是为了制造一个崭新的人，做一番自己意想不到的事。

男人和女人都吃饭。男人吃饭是为了更有力气，所以他们总是狼

吞虎咽。女人吃饭是因为必须要吃，所以她们总是心不在焉。

男人和女人都穿衣。男人穿衣是为了实用，所以他们冬着皮毛夏套短裤，只管自己惬意。女人穿衣是为了美丽，所以她们腊月穿裙子三伏披有帽子的风衣，很在乎别人的评论。

男人遇到伤心事的时候，把眼泪咽到肚里，所以他们的血液就越来越咸，心像礁石，虽然有孔，但是很硬。女人遇到伤心事的时候，就把眼泪洒在地上，所以她们的血液就越来越淡，像矿泉水一样，比较甜，比较晶莹。

男人爱把自己的忧郁藏起来，觉得忧郁是一件丢脸的事情。女人爱把忧郁涂在自己的脸上，好像那是一种名贵的粉底霜。

男人把屈辱痛苦愤怒都化为力量。他们好像一只热火朝天的炉子，无论什么东西抛进去，都能成燃料，呼呼地烧起来。水哗哗地开了，喧嚣的蒸汽推着男人向前走。

女人将所有的苦难都凝聚为仇恨。无论伤害的小路从哪里开始，

都将到达复仇的城堡。然而女性的报复是一把双刃的剪刀，它在刺伤女人仇人的同时刺伤女人。甚至它刺伤主人在先。然而女人正是见到仇人的血与自己的血流在一起，她才心安，才感到复仇的真实。

假如自己毫发无损，即使对方血流成河，她们也觉得不可靠、不扎实。

她们有一种同归于尽的渴望。

男人在欢庆胜利的时候，马上考虑把战果像面包似的发起来。胜利像毒品一样，刺激他们更大的欲望。女人在欢庆胜利的时候，想的是赶快把苹果放到冰箱里保存起来。胜利像电扇，吹得她们更清醒。于是男人多常胜将军也多一败涂地的草寇，女人多稳练的实干家却乏恢宏的大手笔。

男人会喜欢很多的女人，在他一生的任何时候。女人会怀念一个唯一的男人，在她行将离开这个世界的瞬间。

男人和女人的区别太多太多。它们像骨髓，流动在最坚硬的地方。

当我们说某某像个女人的时候，我们已使女人抽象。当我们说某某像个男人的时候，我们指的其实是一种类型。别掉了世俗的褒贬之意，原野上剩下了孤零零的两棵树。两棵树都很苍老，年轮同文明一般古旧。它们枝叶繁茂，上面筑满鸟巢。

它们会走到一处吗？

无所谓高下，无所谓短长，无所谓优劣，无所谓输赢。各自沐着风雨，在电闪雷鸣的时候，打个招呼。

男人和女人的区别，地久天长。

姑娘，你最近还好吗

Gu Niang Ni Zui Jin Hai Hao Ma

那天，一位姑娘走进我的心理室，文文静静地坐下了。她的登记表上咨询缘由一栏，渺无一字。也就是说，她不想留下任何信息表明自己的困境。

我打量着她。衣着黯淡却不失时髦，看得出价格不菲。脸色不好，但在精心粉饰之下，有一种凄清的美丽。眉头紧蹙，言语虽是缓缓的，却如同细碎的弹片四下迸射。

“我得了乳腺癌，你想不到吧？不但你想不到，我也想不到。直到我躺在手术台上，刀子滑进我胸前皮肤的时候，我还是根本不相信这个诊断。我想，做完了手术，医生们就会宣布这是一个天大的误会。病理检验确认了癌症，我彻底垮了。化疗，头发被连根拔起。刀疤横

劈，我知道我的生活发生了毁灭性的改变。我原是辆红色的小火车，有名利，有地位，有钱，有高学历，拉着汽笛风驰电掣隆隆向前，人们都羡慕地看着我，现在，火车脱轨了，颠覆了，零件散落一地……

“我辞了外企的高薪工作，目前在家休养。我想，我的生命很有限了，我要用这有限的生命来做三件事情。第一件，以我余生的所有时间来恨我的母亲……”

无论我怎样克制着自己的情绪，还是不由自主地把震惊之色写满一脸。重病之时，正是期待家人支持的关键时刻，怎能如此决绝痛恨母亲呢？她看出了我的大惑，说：“我的母亲是一个医生，在得知我得了病以后，她没有给过我任何关于保乳治疗的建议，总是督促我赶快接受手术。我一个外行人，不知道还有保存乳房治疗乳腺癌的方法，可她是一个医生啊，为什么不替她唯一的女儿多多考虑一番，就让那残忍的一刀切下来了呢？所以我咬牙切齿地恨她。

“我要做的第二件事就是死死绑住一个男人。这个男人有家室，

以前我们是情人关系，常在一起度周末，彼此愉悦。我知道这不符合毕老师你这一代人的道德标准，但对我来说是无所谓的事情。我从来没有要求他承诺什么，也不想拆散他的家庭，因为那时我还有对人生和幸福的通盘设计，和他交往不过是权宜之计。可是，如今情况大不同了，我已经失去了一只乳房，不再完整。我无法把残缺的身体展现在另外的男人面前，这个情人是见证过完整的我的最后一个男人了。我要他离婚娶我。如果他不同意，我就把他和我的关系公布于众。他是有身份好脸面的人，不敢惹翻我，我会继续逼他……

“我要做的第三件事，是拼命买昂贵的首饰。只有这些金光闪闪、晶莹剔透、美轮美奂的小物件，才能挽留住我的脚步。我常常沉浸在死亡的想象之中，找不到生存的意义。我平均每两周就有一次自杀的冲动，唯有想到这些精美的首饰，在我死后，不知要流落到什么样的人手里，才会生出一缕对生的眷恋。项圈套住了我的性命，耳环锁起我对人间最后的温情……”

她不停地说着，漠然而坦率。我的心随之颤抖，看出了这镇定之下的苦苦挣扎。后来她又向我摊开了所有的医疗文件，她的乳腺癌并非晚期，目前所有的检查结果也都很正常。

我确信她的生命受到了严重的威胁，但这不是来自那个被病理切片证实了的生理的癌症，而是她在癌症击打之下被粉碎了的自信和尊严。癌症本身并非不治之症，癌症之后的忧郁和愤怒、无奈和恐惧、孤独和放弃、锁闭和沉沦……才是最危险的杀手。

后来她接受了多次的心理咨询，并且口服抗抑郁的药物。在双重治疗之下，她一天天坚强起来。她不再怨怼母亲，因为不是母亲让她得了癌症。尽管也许母亲没有尽到最好的参谋作用，但身患病痛是自己的事情，不必怨天尤人。她已长大，只能独立面对命运的残酷挑战并负起英勇还击的责任，而不是像个小妞妞赖妈妈没有把自己照顾好。她意识到虽然切除了一侧乳房，但她依然是完整的女人，依然有权利昂然追求自己的幸福。哪个男人能坦然地接受她、珍惜她，这才是爱

情的坚实基础。建立在要挟和控制之上的情人关系，只能是一出浩大悲剧的幕布。至于美丽的首饰嘛，她说，我想自己留下一部分，然后把一些送给朋友们。我还是很喜爱金光闪闪和玲珑剔透的小物件，但我不必把它们像铁锚一样紧紧地抓在手里，生怕一松手遗失了它们就等于丢掉了自己的生命……

疗程结束走出诊室的时候，她说，毕老师，我就不和您说再见了，因为我不想再见到您。这不等于说我不感谢您，今后的某一天，也许您的耳朵根子会突然发热，那就是我在远方深情地呼唤着您。我不见您，是相信我自己有能力对付癌症，不论是身体的癌症还是心理上的癌症，只要精神不屈，它们就会败退。

我微笑着和她道别，但愿自己永远不再见到她。但有时，会冷不丁想起这美丽的姑娘，最近还好吗？

Chapter
贰

允许一切发生，
把自己
还给自己

在水中自由地遨游，

闲暇的时候挣脱一切羁绊，

到岸上享受晨风拂面，

然后，一个华丽的俯冲，

重新潜入关系之水，

做一条鱼在波涛下微笑。

鱼在波涛下微笑

Yu Zai Bo Tao Xia Wei Xiao

心在水中。水是什么呢？水就是关系。

关系是什么呢？

关系就是我们和万物之间密不可分的羁绊。它们如丝如缕百转千回，环绕着我们，滋润着我们，营养着我们，推动着我们；同时也制约着我们，捆绑着我们，束缚着我们，缠绕着我们。水太少了，心灵就会成为酷日下的撒哈拉。水太多了，堤坝溃塌，如同 2005 年夏的新奥尔良，心也会淹得两眼翻白。

人生所有的问题，都是关系的问题。在所有的关系之中，你和你自己的关系最为重要。它是关系的总脐带。如果你处理不好和自我的关系，你的一生就不得安宁和幸福。你可以成功，但没有快乐。你可

以有家庭，但缺乏温暖。你可以有孩子，但他难以交流。你可以姹紫嫣红、宾朋满座，但却不曾有高山流水、患难之交。

你会大声地埋怨这个世界，殊不知症结就在你自己身上。你爱自己吗？如果你不爱自己，你怎么有能力去爱他人？爱自己是最简单也是最复杂的事情。它不需要任何成本，却需要一颗无畏的灵魂。我们每个人都是不完满的，爱一个不完满的自己是勇敢者的行为。

处理好了和自己的关系，你才有精力和智慧去研究你的人际关系，去和大自然和谐相处。如果你被自己搞得焦头烂额，就像一个五内俱空的病人，哪里还有多余的热血去濡养他人！

在水中自由地遨游，闲暇的时候挣脱一切羁绊，到岸上享受晨风拂面，然后，一个华丽的俯冲，重新潜入关系之水，做一条鱼在波涛下微笑。

握紧你的右手

Wo Jin Ni De You Shou

常常见女孩郑重地平伸着自己的双手，仿佛托举着一条透明的哈达。看手相的人便说：男左女右。女孩把左手背在身后，把右手手掌对准湛蓝的天。

常常想世上可真有命运这种东西？它是物质还是精神？难道说我们的一生都早早地被一种符咒规定，谁都无力更改？我们的手难道真是激光唱盘，所有的祸福都像音符微缩其中？

当我沮丧的时候，当我彷徨的时候，当我孤独寂寞悲凉的时候，我曾格外地相信命运，相信命运的不公平。

当我快乐的时候，当我幸福的时候，当我成功优越欣喜的时候，我格外地相信自己，相信只有耕耘才有收成。

渐渐地，我终于发现命运是我怯懦时的盾牌，当我叫嚷命运不公最响的时候，正是我预备逃遁的前奏。命运像一只筐，我把对自己的姑且、原谅以及所有的延宕都一股脑儿地塞进去，然后蒙一块宿命的轻纱。我背着它慢慢地向前走，心中有一份心安理得的坦然。

有时候也诧异自己的手。手心叶脉般的纹路还是那样琐细，但这只手做过的事情，却已有了几番变迁。

在喜马拉雅山、冈底斯山、喀喇昆仑山三山交汇的高原上，我当过卫生员。在机器轰鸣铜水飞溅的重工业厂区里，我做过主治医师。今天，当我用我的笔抒写我对这个世界的想法时，我觉得是用我的手把我的心制成薄薄的切片，置于真和善的天平之上……

高原呼啸的风雪，卷走了我一生中最好的年华，并以浓重的阴影，倾泻于行程中的每一处驿站。

岁月送给我苦难，也随赠我清醒与冷静。我如今对命运的看法，恰恰与少年时相反。

当我快乐当我幸福当我成功当我优越当我欣喜的时候，当一切美好辉煌的时刻，我要提醒我自己——这是命运的光环笼罩了我。在这个环里，居住着机遇，居住着偶然性，居住着所有帮助过我的人。

而当我挫折和悲哀的时候，我便镇静地走出那个怨天尤人的我，像孙悟空的分身术一样，跳起来，站在云头上，注视着那个不幸的人，于是我清楚地看到了她的软弱、她的懦怯、她的虚荣以及她的愚昧……

年近不惑，我对命运已心平气和。

小时候是个女孩儿，大起来成为女人，总觉得做个女人要比男人难，大约以后成了老婆婆，也要比老爷爷累。

生活中就像没有无缘无故的爱一样，也没有无缘无故的幸运。对于女人，无端的幸运往往更像一场阴谋、一个陷阱的开始。我不相信命运，我只相信我的手。

因为它不属于冥冥之中任何未知的力量，而只属于我的心。我可

以支配它，去干我想干的任何一件事情。我不相信手掌的纹路，但我相信手掌加上手指的力量。

蓝天下的女孩儿，在你纤细的右手里，有一粒金苹果的种子。所有的人都看不见它，唯有你清楚地知道它将你的手心炙得发痛。

那是你的梦想，你的期望！

女孩，握紧你的右手，千万别让它飞走！相信自己的手，相信它会在你的手里，长成一棵会唱歌的金苹果树。

谁是你的“重要他人”

Shui Shi Ni De Zhong Yao Ta Ren

“重要他人”是一个心理名词，意思是在一个人心理和性格形成的过程中，起过巨大的影响甚至是决定性作用的人物。

“重要他人”可能是我们的父母长辈，或者是兄弟姐妹，也可能是我们的老师，抑或是萍水相逢的路人。童年的记忆遵循着非常玄妙神秘的规律，你着意要记住的事情和人物，很可能湮没在岁月的灰烬中，但某些特定的人和事，却挥之不去，影响我们的一生。如果你不把它们寻找出来，并加以重新的认识和把握，它们就可能像一道符咒，在下意识的海洋中潜伏着，影响潮流和季风的走向。你的某些性格和反应模式，由于“重要他人”的影响，而被打上了深深的烙印。

这段话有点拗口，还是讲个故事吧。故事的主人公是我和我的

“重要他人”。

她是我的音乐老师，那时很年轻，梳着长长的大辫子，有两个漏斗一样深的酒窝，笑起来十分美丽。当然，她生气的时候酒窝隐没，脸绷得像一块苏打饼干，木板样干燥，很是严厉。那时我大约十一岁，个子很高，是大队委员，也算是孩子里的小官，有很强的自尊心和虚荣心。

学校组织“红五月”歌咏比赛，要到中心小学参赛，校长很重视，希望歌咏队能拿个好名次，为校争光。最被看好的是男女小合唱，音乐老师亲任指挥，每天下午集中合唱队的同学们刻苦练习。我很荣幸被选中，每天放学后，在同学们羡慕的眼光中，走进音乐教室，引吭高歌。

有一天练歌的时候，长辫子的音乐老师突然把指挥棒一丢，一个箭步从台上跳下来，东瞄西看。大家不知所以，齐刷刷闭了嘴。她不耐烦地说，都看着我干什么？唱！该唱什么唱什么，大声唱！说完，

她侧着耳朵，走到队伍里，歪着脖子听我们唱歌。大家一看老师这么重视，唱得就格外起劲。

长辫子老师铁青着脸转了一圈儿，最后走到我面前，做了一个停止的手势，整个队伍瞬间安静下来。她叉着腰，一字一顿地说，我在指挥台上总听到一个人跑调儿，不知是谁。我走下来一个人一个人地听，总算找出来了，原来就是你！一颗老鼠屎坏了一锅汤！现在，我把你除名了！

我木木地站在那里，无法接受这突如其来的打击。刚才老师在我身旁停留得格外久，我还以为她欣赏我的歌喉，唱得分外起劲，不想却被抓了个“现行”。我灰溜溜地挪出了队伍，羞愧难当地走出教室。

那时的我，基本上还算是一个没心没肺的女生，既然被罚下场，就自认倒霉吧。我一个人跑到操场，找了个篮球练起来，给自己宽心道，嗨，不要我唱歌就算了，反正我以后也不打算当女高音歌唱家。还不如练练球，出一身臭汗，自己闹个筋骨舒坦呢（嗨！小小年纪，

已经学会了中国小老百姓传统的精神胜利法）！这样想着，幼稚而好胜的心也就渐渐平和下来。

三天后，我正在操场上练球，小合唱队的一个女生气喘吁吁跑来说，原来你在这里！音乐老师到处找你呢！

我奇怪地说，找我干什么？

那女生说，好像要让你重新回队里练习呢！

我挺纳闷，不是说我走调厉害，不要我了吗？怎么老师又改变主意了？对了，一定是老师思来想去，觉得还可用。从操场到音乐教室那几分钟路程，我内心充满了幸福和憧憬，好像一个被发配的清官又被皇帝从边关召回来委以重任，要高呼“老师圣明”了（正是瞎翻小说，胡乱联想的年纪）。走到音乐教室，我看到的是挂着冰霜的“苏打饼干”。长辫子老师不耐烦地说，你小小年纪，怎么就长了这么高的个子？

我听出话中的谴责之意，不由自主就弓了脖子塌了腰。从此这个

姿势贯穿了我整个少年和青年时代，总是略显驼背。

老师的怒气显然还没发泄完，她说，你个子这么高，唱歌的时候得站在队列中间，你跑调儿，我还得让另外一个男生也下去，声部才平衡。人家招谁惹谁了？全叫你连累的，上不了场！

我深深低下头，本来以为只是自己的事，此刻才知道还把一个无辜者拉下水，实在无地自容。长辫子老师继续数落，小合唱本来就没有几个人，队伍一下子短了半截，这还怎么唱？现找这么高个子的女生，合上大家的节奏，哪那么容易？现在，只剩下最后一个法子了……

老师看着我，我也抬起头，重燃希望。我猜到了老师下一步的策略，即便她再不愿意，也会收我归队。我当即下决心要把跑了的调儿扳回来，做一个合格的小合唱队员！

我眼巴巴地看着长辫子老师，队员们也围了过来，在一起练了很长时间的歌，彼此都有了感情。我这个大嗓门儿走了，那个男生也走了，音色轻弱了不少，大家也都欢迎我们归来。

长辫子老师站起来，脸绷得好似新纳好的鞋底。她说，你听好，你人可以回到队伍里，但要记住，从现在开始，你只能干张嘴，绝不可以发出任何声音！说完，她还害怕我领会不到位，伸出修长的食指，笔直地挡在我的嘴唇间。

我好半天才明白了长辫子老师的禁令——让我仿佛一个只张嘴不出声的木头人。泪水憋在眼眶里打转，却不敢流出来。我没有勇气对长辫子老师说，如果做傀儡，我就退出小合唱队。在无言的委屈中，我默默地站到了队伍中，从此随着器乐的节奏，口型翕动，却不得发出任何声音。长辫子老师还是不放心，只要一听到不和谐音，锥子般的目光第一个就刺到我身上……

小合唱在“红五月”歌咏比赛中拿了很好的名次，只是我从此遗下再不能唱歌的毛病。毕业的时候，音乐考试要每个学生唱一支歌，但我根本发不出自己的声音。音乐老师已经换人，并不知道这段往事，她很奇怪，说，我听你讲话，嗓子一点毛病也没有，怎么就不能唱歌

呢？如果你坚持不唱歌，你这一门就没有分数，你不能毕业。

我含着泪说，我知道。老师，不是我不想唱，是我真的唱不出来。老师看我着急成那样，料我不是成心捣乱，只好特地出了一张有关乐理的卷子给我，我全答对了，才算有了这门课的分数。

后来，我报考北京外国语学院附中，口试的时候，又有一条考唱歌，我非常决绝地对主考官说，我不会唱歌。那位学究气的老先生很奇怪，问，你连《学习雷锋好榜样》也不会？那时候，全中国的人都会唱这首歌，我要是连这也不会，简直就是白痴。但我依然很肯定地对他说，我不唱。主考官说，我看你胳膊上戴着三道杠，是个学生干部。你怎么能不会唱？当时我心里想，我豁出去不考这所学校了，说什么也不唱。我说，我可以把这首歌词默写出来，如果一定要测验我，就请把纸笔找来。那老人居然真的去找纸笔了……我抱定了被淘汰出局的决心，拖延时间不肯唱歌，和那群严谨的考官周旋争执，弄得他们束手无策。没想到发榜时，他们还是录取了我。也许是我一通

胡搅蛮缠，使考官们觉得这孩子没准以后是个谈判的人才吧。入学之后，我迫不及待地问同学们，你们都唱歌了吗？大家都说，唱了啊，这有什么难的。我可能是那一年北外附中录取新生中唯一没有唱歌的孩子。

在那以后几十年的岁月中，长辫子老师那竖起的食指，如同一道符咒，锁住了我的咽喉。禁令铺张蔓延，到了凡是需要用嗓子的时候，我就忐忑不安，逃避退缩。我不单再没有唱过歌，就连当众发言演讲和出席会议做必要的发言，都会在内心深处引发剧烈的恐慌。我能躲则躲，找出种种理由推诿搪塞。会场上，眼看要轮到自己发言了，我会找借口上洗手间溜出去，招致怎样的后果和目光，也完全顾不上了。有人以为这是我的倨傲和轻慢，甚至是失礼，只有我自己才知道，是内心深处不可言喻的恐惧和哀痛在作祟。

直到有一天，我在做“谁是你的重要他人”这个游戏时，写下了一系列对我有重要影响的人物之后，脑海中不由自主地浮现出了长辫

子音乐老师那有着美丽的酒窝却像铁板一样森严的面颊，一阵战栗滚过心头。于是我知道了，她是我的“重要他人”。虽然我已忘却了她的名字，虽然今天的我以一个成人的智力，已能明白她当时的用意和苦衷，但我无法抹去她在一个少年心中留下的惨痛记忆。烙后的伤痕直到数十年后依然冒着焦煳的青烟。

弗洛伊德分析学派认为，“重要他人”的伤害，即使在那些被精心照料的儿童心里，也会留下创伤。因为按照儿童智力发展的规律，当他们幼小的时候，不能够完全明辨所有的事情，以为那都是自己的错。

孩子的成长，首先是从父母的瞳孔中确认自己的存在。他们稚弱，还没有独立认识世界的能力。如同发育时期的钙和鱼肝油会进入骨骼一样，“重要他人”的影子也会进入儿童的心理年轮。“重要他人”说过的话，做过的事，他们的喜怒哀乐和行为方式，会以一种近乎魔法的力量，种植在我们心灵最隐秘的地方，生根发芽。

在我们身上，一定会有“重要他人”的影子。美国有一位著名的电视主持人，叫作奥普拉·温弗瑞。2003年，她登上《福布斯》身价超过十亿美元的“富豪排行榜”，成为黑人女性获得巨大成功的代表。

父母没有结婚就生下了她，从小住的房子连水管都没有。一天，温弗瑞正躲在屋角读书，母亲从外面走进来，一把夺过她手中的书，破口大骂道，你这个没用的书呆子，把你的屁股挪到外面去！你真的以为你有什么了不起？你这个白痴！

温弗瑞九岁就被表兄强奸，十四岁怀了身孕，孩子出生后就死了。温弗瑞自暴自弃，开始吸毒，然后又暴饮暴食，吃成了一个大胖子，还曾试图自杀。那时，没有人对她抱有希望，包括她自己。就在这时，她的生父对她说：有些人让事情发生，有些人看着事情发生，有些人连发生了什么都不知道。

极度空虚的温弗瑞开始挣扎奋起，她想知道自己的生命中究竟有些什么样的事情会发生。她要顽强地去做“让事情发生的人”。大学

毕业之后，她获得了一个电视台主持人的职位，1984 年，她开始主持《芝加哥早晨》，大获成功，在很短的时间里成为全美收视率最高的节目。她开始发动全国范围内的读书节目，她对书的热爱和她的影响力，改变了很多书的命运。只要她在自己的脱口秀节目里对哪本书给予好评，那本书的销量就会节节攀升。

温弗瑞成立了自己的公司，创办了畅销杂志，还参股网络公司。她乐善好施的名声和她的节目一样响亮。她每年都把自己收入的百分之十用于慈善捐助。温弗瑞亲手推动了太多的事情发生！她认为这主要来源于父亲的那一句话。

如果让温弗瑞写下她的“重要他人”，温弗瑞的父亲一定是首选。他不但给予了温弗瑞生命，而且给予了她灵魂。温弗瑞的母亲也算一个，她以精神暴力践踏了幼小的温弗瑞对书籍的热爱，潜藏的愤怒在蛰伏多年之后变成了不竭的动力，使成年以后的温弗瑞，以极大的热情投入和书籍有关的创造性劳动之中，不但自己读了大量的书，还不

069

遗余力地把好书推荐给更多的人。那个侮辱侵犯了温弗瑞的表哥，也要算作她的“重要他人”，这直接导致了温弗瑞的巨大痛苦和放任自流，也在很多年后，主导了温弗瑞执掌财富之后，把大量的款项用于慈善事业，特别是援助儿童和黑人少女。

看，“重要他人”就是如此影响个人的生活和命运。

美国通用电气公司的 CEO 杰克·韦尔奇，被誉为全球第一 CEO。在短短的二十年里，韦尔奇使通用电气的市值增加了三十多倍，达到了四千五百亿美元，排名从世界第十位升到了第二位。韦尔奇说，母亲给他的最伟大的礼物就是自信心。韦尔奇从小就口吃，就是平常所说的“结巴”。在大学读书的时候，每逢星期五，天主教徒是不准吃肉的，所以在学校的餐厅里，韦尔奇经常会点一份烤面包夹金枪鱼。奇怪的是，女服务员端上来的都是两份。为什么呢？因为韦尔奇结巴，总是把这份食谱的第一个单词重复一遍，服务员就听成了“两份金枪鱼”。

面对这样一个吭吭哧哧的孩子，韦尔奇的母亲居然找出了完美的理由。她对幼小的韦尔奇说："这是因为你太聪明了，没有任何一个人的舌头，可以跟得上你这样聪明的脑袋。"韦尔奇记住了母亲的这种说法，从未对自己的口吃有过丝毫的忧虑。他充分相信母亲的话，他的大脑比他的舌头转得更快。母亲引导着韦尔奇不断进取，直到他抵达辉煌的顶峰。母亲是韦尔奇的"重要他人"。

再讲一个苹果的故事。正确地说，是两个苹果的故事。一位妈妈有两个孩子，拿出两个苹果。苹果一个大一个小，妈妈让两个孩子自己来挑。大儿子很想要那个大苹果，正想着怎么说才能得到这个苹果，弟弟先开了口，说，我想要大苹果。妈妈呵斥道，你想要大的苹果，你不能说。这个大儿子灵机一动，改口说，我要这个小苹果，大苹果就给弟弟吧。妈妈说，这才是好孩子。于是，妈妈就把小苹果给了小儿子，大儿子反倒得到了又红又大的苹果。大儿子从妈妈这里得到了一条人生的经验：你心里的真心话不可以说，你要把真实掩藏起

来。后来，这个大儿子就把从苹果中得到的道理应用于自己的生活，见人只说三分话，要阴谋使诡计，巧取豪夺，直到有一天把自己送进了监狱。这位成了犯人的大儿子，如果写下自己的“重要他人”，我想他会写下妈妈。

还有一位妈妈，有一个大苹果和三个孩子，也是人人都想得到大苹果。妈妈把苹果拿在手里，说，苹果只有一个，你们兄弟这么多，给谁呢？我把门前的草坪划成三块，你们每人去修剪一块草坪。谁修剪得又快又好，谁就能得到这个大苹果。

众兄弟中的老大得到了大苹果。他从中悟出的生活哲理是——享受要靠辛勤的劳动换取。

这个信念指导着他，直到他最后走进了白宫，成为著名的政治家，如果由他来写下自己的“重要他人”，妈妈也会赫然在目。

看了以上例子，你是不是对“重要他人”的重要性有了进一步的认识？也许有的人会说，我儿时的记忆早已模糊，可不记得什么他

人不他人的了。我现在的所作所为，都是我自己决定的，和其他人没关系。

这个说法有一定的道理，在我们的意识中，很多决定的确是经过仔细思考才做出的。但人是感情动物，情绪常常主导着我们的决定。而情绪是怎样产生的呢？这也和我们与“重要他人”的关系密切相关。

有一位著名的心理学家叫作艾利斯，他认为，人的非理性信念会直接影响一个人的情绪，使他遭受困扰，导致人的很多痛苦。比如，有的人绝对需要获得周围环境的认可，特别是获得每一位“重要他人”的喜爱和赞许，其实这是不可能实现的事。有人就是笃信这个观念，把它奉作真理，千辛万苦，甚至委屈自己来取悦“重要他人”，以后还会扩展到取悦更多的人，甚至所有的人，以得其赞赏。结果呢，达不到目的不说，还令自己沮丧、失望、受挫和被伤害。

传统脑神经学认为，每一种情绪都是经过大脑的分析才做出反应，但近年来，美国的神经科学家却找到了情绪神经传输的栈道。通

过精确的研究，科学家们发现，有部分原始的信号，是直接从人的丘脑运动中枢发出，引起逃避或是冲动的反应，其速度极快，大脑的分析根本来不及介入。大脑里，有一处记忆情绪经验的地方，叫作杏仁核，它将我们过去遇见事情时的情绪、反应记录下来，好像一个忠实的档案保管员。在以后的岁月中，只要一发生类似事件，杏仁核就会越过大脑的理性分析，直接做出反应。

真是“成也萧何，败也萧何”。杏仁核这支快速反应部队，既帮助我们在危机的时刻成功地缩短应对时间，保全我们的利益，也会在某些时候形成固定的模式，贻误我们的大事。

杏仁核里储存的关于情绪应对的档案资料，不是一时一刻积存的。“重要他人”的记忆，是杏仁核档案馆里使用最频繁的卷宗。往事如同拍摄过的底片，储存在暗室，一有适当的药液浸泡，它们就清晰地显影，如同刚刚发生一般，历历在目，相应的对策不经大脑筛选已经完成。

魔法可以被解除。那时你还小，你受了伤，那不是你的错。但你的伤口至今还在流血，你却要自己想法包扎。如果它还像下水道的出口一样嗖嗖地冒着污浊的气味，还对你的今天、明天继续发挥着强烈的影响，那是因为你仍在听之任之。童年的记忆无法改写，但对一个成年人来说，却可以循着“重要他人”这条缆绳，重新梳理我们和“重要他人”的关系，重新审视我们的规则和模式。如果它是合理的，就变成金色的风帆，成为理智的一部分。如果它是晦暗的荆棘，就用成年人有力的双手把它粉碎。这个过程不是一蹴而就，有时自己完成会力不从心，或是吃力和痛苦，还需要借助专业人士的帮助，比如求助于心理咨询师。

也许有人会说，“重要他人”对我的影响是正面的，正因为心中有了他们的身影和鞭策，我才取得了今天的成绩。这个游戏，并不是要把“重要他人”像拔萝卜一样连根揪出来，然后与之决裂。对我们有正面激励作用的“重要他人”，已经成为我们精神结构的一部分。

他们的期望和教诲已化成了我们的血脉，我们永远不会丢弃对他们的信任和仁爱。但我们不是活在“重要他人”的目光中，而是活在自己的努力中。无论那些经验和历史多么宝贵，对我们来说，已是如烟往事。我们是为了自己而活着，并为自己负起全责。

经过处理的惨痛往事，已丧失实际意义的控制魔力。长辫子老师那句“你不要发出声音”的指令，对今天的我来说，早已没有辖制之功。

即使在最饱含爱意的环境中长大的孩子，也会存有心理的创伤。寻找我们的“重要他人”，就是抚平这创伤的温暖之手。

当我把这一切想清楚之后，好像有热风从脚底升起，我能清楚地感觉到长久以来禁锢在我咽喉处的冰霜噼噼啪啪地裂开了，一个轻松畅快的我，从符咒之中解放了出来。从那一天开始，我可以唱歌了，也可以面对众人讲话而不胆战心惊了。从那一天开始，我宽恕了我的长辫子老师，并把这段经历讲给其他老师听，希望他们面对孩子稚弱

的心灵，该是怎样的谨慎小心。童年被烙印下的负面情感，是难以简单地用时间的橡皮轻易地擦去。这就是心理治疗的必要所在。和谐的人格不是从天上掉下来的，而是和深刻的内省有关。

告诉缺水的人哪里有水源，告诉寒冷的人哪里有篝火，告诉生病的人哪里有药草，告诉饥饿的人哪里有野果，这些都是天下最好的礼物。

如果让我选出自己最喜欢的游戏，我很可能要把票投给“谁是你的重要他人”。感谢这个游戏，它在某种程度上改变了我的人生。人的创造和毁灭都是由自己完成的，人永远是自己的主人。即使当他在最虚弱、最孤独的时候，他也是自己的主人。当他开始反省自己的状况，开始辛勤地寻找自己的生命所依据的法则时，他就变得渐渐平静而快乐了。

女人什么时候开始享受

Nü Ren Shen Me Shi Hou Kai Shi Xiang Shou

女人什么时候开始享受？

当我们为自己的母亲，为自己的姐妹，为我们自己，问这个问题的时候，我们先要说明什么是女人的享受。

我们所说的享受，不是一掷千金的挥霍，不是灯红酒绿的奢侈，不是吆五喝六的排场，不是颐指气使的骄横……

我们所说的享受，不是珠光宝气的华贵，不是绫罗绸缎的柔美，不是周游列国的潇洒，不是管弦丝竹的飘逸……

我们所说的享受，只不过是在厨房里，单独为自己做一样爱吃的菜；在商场里，专门为自己买一件心爱的礼物；在公园里，和儿时的

好朋友无拘无束地聊聊天，不用频频地看表，顾忌家人的晚饭和晾出去还未收回的衣衫……在剧院里，看一出自己喜欢的喜剧或电影，不必惦念任何人的阴晴冷暖……

我们说的女人的享受，只是那些属于正常人的最基本的生活乐趣。只因无数的女人已经在劳累中将自己忘记。

女人何尝不希冀享受啊？

抱着婴儿，煮着牛奶，洗着衣物，女人用沾满肥皂的手抹抹头上的汗水说，现在孩子还小，等孩子长大了，我就可以好好享受享受了……

孩子渐渐地大了，要上幼儿园。女人挽着孩子，买菜做饭，还要在工作上做得出色，女人忙得昏天黑地，忘记了日月星辰。

不要紧，等孩子上了学就好了，松口气，就能享受了……女人们说。她们不知道皱纹已爬上脸庞。

孩子终于开始读书了，女人陷入了更大的忙碌之中。

要把自己的孩子培育成一个优秀的人。女人们这样想着，陀螺似

的转动在单位、家、学校、自由市场和各种各样的儿童培训班里……孩子和丈夫是庞大的银河系，女人是行星。

白发似一根银丝，从空气中悄然落下，留在女人疲倦的额头。

我什么时候才能无牵无挂地享受一下呢？

在没有月亮的夜晚，女人吃力地伸展自己酸痛的筋骨，这样问自己。

哦，坚持住。就会好的，等到孩子大了，上了大学，或有了工作，一切就会好的。到那个时候，我可以好好地享受一下了……

女人这样对自己允诺。

她就在梦中微笑了。

时间抽走女人的美貌和力量，用皱纹和迟钝充填留下的黑洞。

孩子大了，飞翔出鸽巢，仅剩旧日的羽毛与母亲做伴。

女人叹息着，现在，她终于有时间享受一下了。

可惜她的牙齿已经松弛，无法嚼碎坚果。她的眼睛已经昏花，再

也分不清美丽的颜色。她的耳鼓已经朦胧，辨不明悦耳音响的差别。她的双腿已经老迈，再也登不上高耸的山峰……

出去的孩子又回来了，他带回一个更小的孩子。

于是女人恍惚觉得时光倒流了，她又开始无尽的操劳……

那个更幼小的孩子开始牙牙学语了，只是他叫的不是“妈妈”，而是“奶奶”……

女人就这样老了，终于有一天，她再也不需要任何享受了。

在最后的时光里，她想到了，在很久很久以前，她对自己有过一个许诺——在春天的日子里，扎上一条红纱巾，到野外的绿草地上，静静地晒太阳，听蚂蚁在石子上行走的声音……

那真是一种享受啊！

女人说着，就永远地睡去了。

原谅我描述了这样一幅女人享受的图画，忧郁而凄凉。

因为我觉得无数的女人，在慷慨大度地向人间倾泻爱的时候，她

们太不爱一个人了——那就是她们自己。

女人们，给我们自己留一点享受的时间和空间吧。不要一拖再拖，不要一等再等。

就从现在开始，就从今天开始。

不要把盘子里所有的肉都夹到孩子的嘴边。不要把家中所有的钱，都用来装扮房间和丈夫。不要在计划节日送礼物的名单上，独独遗下自己的名字……

善良的女人们，请从这一分钟开始，享受生活。

做女人的智慧

Zuo Nü Ren De Zhi Hui

不论男性还是女性，每个人都有一个自己发现自己、认识自己的过程，它伴随着一个人成长的全过程，也随着每个人的成长而深化。

我来北师大读心理学，就是想更好地了解人、了解自己。我觉得，人如果能把自己搞明白，是件很有意思、很好玩的事。作为女性，更要了解自己，发现自己。通常，人说“人贵有自知之明”，都是说要明白自己的不足之处。而我认为，女性不光要了解自己的缺点，更要了解自己的优点、自己的特点，这才真的“珍贵”。

我做过医生，对女性的生理比较了解。男女生理上最大的不同是生殖系统的不同，但这种不同并不从根本上决定性别的优劣、强弱。我觉得男女的差异主要体现在社会性别上。我在西藏当兵的时候，我

们司令员曾特别惋惜地对我说："你要是个男的就好了。"我问为什么，他说："你挺能干的，我想提你当参谋，以后还可以当参谋长，可惜你是个女的，这就没有一点办法了。"这是我长大成人后，第一次鲜明地意识到男女性别上的不平等。

现实中，女性在权利、义务、文化、尊严等方面与男性是有很大差距的，女性在社会上的声音总是很微弱，这是和人类社会的发展过程息息相关的。古时候，人们要打仗，丈二的长矛，女的就是拎不动。而现在，坐在电脑前，男女都一样，而且女的输入得可能还更快。人类的科技进步，为推动男女平等提供了基础，男女因为生理原因导致的不平等，是可以渐渐被淡化的。

我发现我们女性和男性的差异，主要是由于文化上的原因造成的。比如，严父慈母大家都觉得很正常，但如果一个家庭里是严母慈父，大家会觉得有点例外。其实，慈、慈悲，是男女共有的品性，不是女人的专利。最近我看一位作家写的文章，说更年期本是人一个正

常的生理过程，但人们说起时会认为它包含一种贬义。这里头就有非常多的文化因素。在大学听我做报告的女学生特别多，从她们的眼神中，我知道她们在思考，可到自由提问的时候，通常第一个站起来的总是男生。从我们的文化上讲，一个女孩子总要先看看别人讲什么，这么站起来会不会冒失啊，又担心自己的问题会不会太幼稚啦，实际上是一种文化在压迫着她。从某种程度上说，这是女性的“自动放弃”。人是生而平等的啊。平等不是等出来的，是自己做出来的。这种“文化上的压迫”存于心间，即使平等已经到来了，女性自己心里还是觉得不平等，那么，这种平等就不能真正地到来。

女性要学会思考，真正成熟起来。女性心理成熟和自身的阅历在一定程度上相关，而这种阅历只是一种成熟的土壤，成熟则需要智慧。比如一个女人经历了失败的婚姻，上一次她找了一个比自己强的失败了，这次就去找一个差的，最后她可能结了四次婚，还是失败了。阅历没有上升成为智慧，没有思考，失败可能还会重复，而并不能使她真

正地成熟。我常常看到鸟儿一根一根地叼来树枝，千辛万苦也要给自己搭一个窝，我想，它们也是需要一个家，需要一种安全感。人也一样，只是女性在体力上没法跟男性比，所以，才对安全感要求更高。她们更需要男性的责任感，更需要关怀和呵护，这种需要是正当的。外在的柔软并不意味着女性就是弱者。在面对困境和生命挑战时，男女采取的方式可能不同，但克服困难的本质是一样的。女性凭借自己内在的力量，能够赋予自身生命的意义、人格的尊严。她们在挑战自我的程度上，在承担社会责任的能力上，和男性是相同的。

女性对自身的了解和认识，包括她对自身生命意义的认识。女性到底是为谁活着？很多女人视孩子和丈夫超过自己的生命，以他们为自己生存的意义而忽略了自己。丈夫、孩子无疑是值得女人为之付出的，但并不是女人的全部。我们说，世界上没有相同的两片树叶，生命属于女人自己，女人应该是她自己，应该为自己活着。不少女人在失去丈夫时觉得自己没法活下去了，在孩子不在身边后突然觉得生活

空空荡荡没了着落。漫长的岁月里，她们总是在等，等孩子的长大，等丈夫的闲暇，当这些都等到时，才发现自己已经衰老，已经远离了自己原本想干的事。每个人都应该对自己负责，女性如果把自己生存的意义完全寄寓于对方，寄寓于别人对自己负责，这对男人也是不公平的。

*女人因为柔软，所以更需要智慧。*情感充沛是女人天性的特点，但不应该是女人的弱点。情感是好东西，女人怎么能没有情感呢？只是女人在付出情感时需要判断对方的真假，付出情感后还要保持与男人发展的同步。当然，这种同步不一定是事业上的，而是精神上的同步，精神上的成熟。女人在工作、家庭中的角色本身也是在发展变化中的。一劳永逸是不行的，坐等十年，智慧也等不来。智慧不是来自于外界，而是女人自身的修炼、内在的积累。智慧的女人给人的感觉会是宁静的、平和的。

如果我有一个女儿，我不预期她将来干什么，我会让她自己去经

历成长，我希望她去读更多的书，希望她在智慧上更胜一筹。我相信，读书会开启女性自身的智慧。

从女性的特点来说，女性敏感细腻，更容易感受幸福。幸福对每个人的定义是不确定的。我在感到自己有力量的时候，有一种幸福的感觉。这种“有力量”不是指别的，而是我能感知美好的东西，我有能力决定自己的生活。

由从医到写作，是因为写作让我觉得愉快，让我了解人，了解自己，发现自己。我没有理由去做让自己不愉快的事。生命有不可预见性，生活多么新奇，能让我不断地要向前走，不断地进步，我感到很高兴。我想，所有的女性都一样，如果能真正地了解自己，能有智慧，做自己能做好的事，那么，幸福就在不远处。

流露你的真表情

Liu Lu Ni De Zhen Biao Qing

学医的时候，老师问过一道题目：人和动物，在解剖上的最大区别是什么？

当学生的，争先恐后地发言，都想由自己说出那个正确的答案，这看起来并不是个很难的问题。

有人说，是站立行走。先生说，不对。大猩猩也是可以站立的。

有人说，是懂得用火。先生不悦道，我问的是生理上的区别，并不是进化上的异同。

更有同学答，是劳动创造了人。先生说，你在社会学上也许可以得满分，但请听清我的问题。

满室寂然。

先生见我们混沌不语，自答道，记住，是表情啊。地球上没有任何一种生物，有人类这样丰富的表情肌。比如笑吧，一只再聪明的狗，也是不会笑的。人类的近亲猴子，勉强算作会笑，但只能做出龇牙咧嘴一种状态。只有人类，才可以调动面部的所有肌群，调整出不同规格的笑容，比如微笑，比如嘲笑，比如冷笑，比如狂笑，以表达自身复杂的情感。

我在惊讶中记住了先生的话，以为是至理名言。

近些年来，我开始怀疑先生教了我一条谬误。

乘坐飞机，起飞之前，每次都有航空小姐为我们演示一遍空中遭遇紧急情形时，如何打开氧气面罩的操作。余乘坐飞机凡数十次，每一次都凝神细察，但从未看清过具体步骤。小姐满面笑容地屹立前舱，脸上很真诚，手却很敷衍，好像在做一种太极功夫，点到为止，全然顾及不到这种急救措施对乘客是怎样的性命交关。我分明看到了她们脸上悬挂的笑容和冷淡的心的分离，升起一种被愚弄的感觉。

我有一位相识许久的女友，原是个敢怒敢恨敢涕泪滂沱敢笑逐颜开的性情中人。几年不见，不知在哪里读了专为淑女规范言行的著作，同我谈话的时候，身子仄仄地欠着，双膝款款地屈着，嘴角勾勒成一个精致的角度。粗一看，你以为她时时在微笑，细一看你就捉摸不透她的真表情，心里不禁有些毛起来。你若在背后叫她，她是不会立刻回了脸来看你，而是端端地将身体转了过来，从容地瞄着你。说是骤然地回头，会使脖子上的肌肤提前老起来。

她是那样吝啬地使用她的表情，虽然她给你一个温馨的外壳，却没有丝毫的热度溢出来。我看着她，不由得想起儿时戴的大头娃娃面具。

遇到过一位哭哭啼啼的饭店服务员，说她一切按店方的要求去办，不想却被客人责难。那客人匆忙之中丢失了公文包，要她帮助寻找。客人焦急地述说着，她耐心地倾听着，正思谋着如何帮忙，客人竟勃然大怒了，吼着说我急得火烧眉毛，你竟然还在笑！你是在嘲笑

我吗？！

我那一刻绝没有笑。服务员指天咒地对我说。

看她的眼神，我相信是真话。

那么，你当时做了怎样一个表情呢？我问。恍恍惚惚探到了一点头绪。

喏，我就是这样的……她侧过脸，把那刻的表情模拟给我。

那是一个职业女性训练有素的程式化的面庞，眉梢扬着，嘴角翘着……

无论我多么地同情于她，我还是要说——这是一张空洞漠然的笑脸。

服务员的脸已经被长期的工作，塑造成她自己也不能控制的形状。

表情肌不再表达人类的感情了。或者说，它们只表达一种感情，这就是微笑。

我们的生活中曾经排斥微笑，关于那个时代，我们已经做了结论。于是我们呼吁微笑，引进微笑，培育微笑，微笑就泛滥起来。银屏上著名和不著名的男女主持人无时无刻不在微笑，以至于使人不得不疑问——我们的生活中真有那么多值得微笑的事情吗？

微笑变得越来越商业化了。他对你微笑，并不表明他的善意，微笑只是金钱的等价物。他对你微笑，并不表明他的诚恳，微笑兴许只是恶战的前奏。他对你微笑，并不说明他想帮你，微笑只是一种谋略。他对你微笑，并不证明他对你的友谊，微笑只是麻痹你警惕的一重帐幕……

这样的事，见得太多之后，竟对微笑的本质怀疑起来。

亿万年的进化，我们的身体本身就成了一本书。

人的眉毛为什么要如此飞扬，轻松地直抵鬓角？那是因为此刻为鏖战的间隙，我们不必紧皱眉头思考，精神豁然舒展。

人的提上睑肌为什么要如此松弛，使眼裂缩小，眼神迷离，目光

不再聚焦？那是因为面对朋友，可以放松警惕敞开心扉，懈怠自己紧张的神经，不必目光炯炯。

人的口角为什么上挑，不再抿成森然的一线？那是因为随时准备开启双唇，倾吐热情的话语，饮下甘甜的琼浆。

因为快乐和友情，从猿到人，演变出美妙动人的微笑，这是人类无与伦比的财富。笑容像一只模型，把我们脸上的肌肉像羊群一般驯化了，让它们按照微笑的规则排列着，随时以备我们心情的调遣。

假若不是服从心情的安排，只是表情肌机械的动作，那无异噩梦中腿肚子的抽筋，除了遗留久久的酸痛，与快乐是毫无关联的。

记得小时候读过大文豪雨果的《笑面人》。一个苦孩子被施了刑法，脸被固定成狂笑的模样。他痛苦不堪，因为他的任何表情，都只能使脸上狂笑的表情更为惨烈。

无时无刻不在笑——这是一种刑法。它使“笑”——这种人类最美丽、最优秀的表情，蜕变为一种酷刑。

现代自然是没有这种刑法了。但如果不表达自己的心愿，只是一味地微笑着，微笑像画皮一样黏附在我们的脸庞上，像破旧的门帘沉重地垂挂着，完全失掉了真诚善良的原始含义，那岂不是人类进化的大退步、大哀痛！

人类的表情肌，除了表达笑容，还用以表达愤怒、悲哀、思索、惆怅以至绝望。它就像天空中的七色彩虹，相辅相成。所有的表情都是完整的人生所必需的，是生命的元素。

我们既然具备了流泪本能，哀伤的时候，就听凭那些满含盐分的浊水淌出体外。血管偾张，目眦俱裂，不论是为红颜还是为功名，未必不是人生的大境界。额头没有一丝皱纹的美人，只怕血管里流动的都是冰。表情是心情的档案啊，如果永远只是一页空白的笑容，谁还愿把最重要的记录留在上面？

当然，我绝不是主张人人横眉冷对。经过漫长的隧道，我们终于笑起来了，这是一个大进步。但笑也是分阶段，也是有层次的。空洞而

浅薄的笑，如同盲目的恨和无缘无故的悲哀一样，都是情感的赝品。

有一句话叫作“笑比哭好”，我常常怀疑它的确切。笑和哭都是人类的正常情绪反应，谁能说黛玉临终时的笑比哭好呢？

痛则大悲，喜则大笑，只要是从心底流出的对世界的真情感，都是生命之壁的摩崖石刻，经得起岁月风雨的推敲，值得我们久久珍爱。

Chapter 叁

千人千面，我爱自己的每一面

美丽是一种天赋，

自信却像树苗一样，

可以播种，

可以培植，

可以蔚然成林，

可以直到地老天荒。

素面朝天

Su Mian Chao Tian

素面朝天。

我在白纸上郑重写下这个题目。夫走过来说，你是要将一碗白皮面，对着天空吗？

我说有一位虢国夫人，就是杨贵妃的姐姐，她自恃美丽，见了唐明皇也不化妆，所以叫……

夫笑了，说，我知道，可是你并不美丽。

是的，我不美丽。但素面朝天并不是美丽女人的专利，而是所有女人都可以选择的一种生存方式。

看看我们周围。每一棵树、每一叶草、每一朵花，都不化妆。面对骄阳、面对暴雨、面对风雪，它们都本色而自然。它们会衰老和凋

零，但衰老和凋零也是一种真实。作为万物灵长的人类，为何要将自己隐藏在脂粉和油彩的后面？

见过一位化过妆的女友洗面，红的水、黑的水蜿蜒而下，仿佛洪水冲刷过水土流失的山峦。那个真实的她，像在蛋壳里窒息得过久的鸡雏，渐渐苏醒过来。我觉得这个眉目清晰的女人，才是我真正的朋友。片刻前被颜色包裹的那个形象，是一个虚伪的陌生人。

脸，是我们与生俱来的证件。我的父母，凭着它辨认出一脉血缘的延续；我的丈夫，凭着它在茫茫人海中将我寻找；我的儿子，凭着它第一次铭记住了自己的母亲……每张脸，都是一本生命的图谱。连脸都不愿公开的人，便像捏着一份涂改过的证件，有了太多的秘密。所有的秘密都是有重量的。背着化过妆的脸走路的女人，便多了劳累，多了忧虑。

化妆可以使人年轻，无数广告喋喋不休地告诫我们。我认识的一位女郎，盛装出行，艳丽得如同一组霓虹灯。一次半夜里我为她传了

一个电话，门开的一瞬间，我惊愕不止。惨亮的灯光下，她枯黄憔悴如同一册古老的线装书。“我不能不化妆。”她后来告诉我，“化妆如同吸烟，是有瘾的，我已经没有勇气面对不化妆的我。化妆最先是为了欺人，之后就成了自欺，我真羡慕你啊！”从此我对她充满同情。

我们都会衰老。我镇定地注视着我的年纪，犹如眺望远方一个渐渐逼近的白帆。为什么要掩饰这个现实呢？掩饰不单是徒劳，首先是一种软弱。自信并不与年龄成反比，就像自信并不与美丽成正比。勇气不是储存在脸庞里，而是掌握在自己手中。化妆品不过是一些高分子的化合物、一些水果的汁液和一些动物的油脂，它们同人类的自信与果敢实在是不相干的东西。犹如大厦需要钢筋铁骨来支撑，而绝非几根华而不实的竹竿。

常常觉得化了妆的女人犯了买椟还珠的错误。请看我的眼睛！浓墨勾勒的眼线在说。但栅栏似的假睫毛圈住的眼波，却暗淡犹疑。请注意我的口唇！樱桃红的唇膏在呼吁。但轮廓鲜明的唇内吐出的话语，

却肤浅苍白……化妆以醒目的色彩强调以至强迫人们注意的部位，却往往是最软弱的所在。

磨砺内心比油饰外表要难得多，犹如水晶和玻璃的区别。

不拥有美丽的女人，并非也不拥有自信。美丽是一种天赋，自信却像树苗一样，可以播种，可以培植，可以蔚然成林，可以直到地老天荒。

我相信不化妆的微笑更纯洁而美好，我相信不化妆的目光更坦率而真诚，我相信不化妆的女人更有勇气直面人生。

假若不是为了工作，假若不是出于礼仪，我这一生，将永不化妆。

每一天都去播种

Mei Yi Tian Dou Qu Bo Zhong

朋友，当我看你的信的时候，是一个阴雨绵绵的早上。我仿佛听到你在远处悠长的叹息。我认识很多这样的女人，青春已永远驶离她们的驿站，只把白帆悬挂在她们肩头。在辛劳了一辈子之后，突然发现整个世界已不再需要自己。她们堕入空前的大失落，甚至怀疑自己生存的意义。

女人，你究竟为谁生活？

当我们幼小的时候，我们是为父母而活着的。我们亲昵的呼唤，我们乖巧的举动，我们帮母亲刷锅洗碗，我们优异的成绩给父亲带来欣喜……女孩以为这就是生存的意义。

当我们青春的时候，我们是为工作和知识而活着。我们读书，我

们学习，我们在自己的岗位上努力地工作着，我们得各式各样的奖状……女人以为这就是生存的意义。

当我们和人类的另一半结合在一个屋檐下的时候，我们以为太阳会在每一个早上升起，风暴会被幸福隔绝在遥远的天际。我们以丈夫的事业为自己的事业，无私地贡献出自己的一切。遵循美德，妻子以为这就是生存的意义。

当我们有了自己的孩子以后，我们视孩子胜过自己的生命。在母亲和孩子的冲突中，女人是永远的弱者。在干渴中，只要有一口水，母亲一定会把它喂给孩子。在风寒中，只要有一件衣，母亲一定会披在孩子的身上……母亲以为孩子就是自己生存的意义。

终于，丈夫先我们而去，孩子已展翅飞翔。岗位上已有了更年轻的脸庞，整个世界已把我们遗忘。

这个时候，不管你有没有勇气问自己，你都必须重新回答：为谁而生存？

丈夫孩子事业……这些沉甸甸的谷穗里，都有女人的汗水，但它们毕竟不是女人自身。女人是属于自己的，暮年的女人，像秋天的一株白杨，抖去纷繁的绿叶，露出树干上智慧的眼睛，独自探索生命的意义。

生命对于每个人，都是上苍只有一次的馈赠。女人要格外珍惜生存的机遇，因为她们的一生更多艰难。我们是为了自己而活着，不是为其他的任何人。尽管我们曾经如此亲密，尽管我们说过不分离，但生命是单独的个体，无论怎样血肉交融，我们必须独自面临世界的风雨。

女人要学会播种，即使是在一个没有收获的季节。女人太习惯以谷穗衡量是否丰收，殊不知有时播种就是一切。开心的钥匙不是挂在山崖上，就在我们伸手可及的地方。

只要你感到是为自己而生活，世界也许就会在眼中变一个样子。写文章，为什么一定要发表？自己对自己倾诉，会使心灵平和。练书

法，为什么一定要展览？凝神屏气地书写，就是与天地古今的交融。教学生，为什么一定要到学校？做善事，为什么一定要别人知晓？

生命是朴素的，它让女人领略了旖旎的风光之后，回归到原始的平静。在这种对生命本质的探讨中，女人更深刻地认识自身的价值。

在生命所有的季节播种，喜悦存在于劳动的过程中。

行使拒绝权

Xing Shi Ju Jue Quan

拒绝是一种权利，就像生存是一种权利。

古人说，有所不为才能有所为。这个“不为”，就是拒绝。

人们常常以为拒绝是一种迫不得已的防卫，殊不知它更是一种主动的选择。

纵观我们的一生，选择拒绝的机会，实在比选择赞成的机会，要多得多。因为生命对于我们只有一次，要用唯一的生命成就一种事业，就需在千百条道路中寻觅仅有的花径，我们确定了“一”，就拒绝了九百九十九。

拒绝如影随形，是我们一生不可拒绝的密友。

我们无时无刻不是生活在拒绝之中，它出现的频率，远较我们想

象的频繁。

你穿起红色的衣服，就是拒绝了红色以外所有的衣服。

你今天上午选择了读书，就是拒绝了唱歌跳舞，拒绝了参观旅游，拒绝了与朋友的聊天，拒绝了和对手的谈判……拒绝了支配这段时间的其他种种可能。

你的午餐是馒头和炒菜，你的胃就等于庄严宣布同米饭、饺子、馅饼和各式各样的煲汤绝缘。无论你怎样逼迫它也是枉然，因为它容积有限。

你选择了律师这个职业，毫无疑问就等于拒绝了建筑师的头衔。也许一个世纪以前，同一块土地还可套种，精力过人的智慧者还可多方向出击，游刃有余。随着现代社会的发展，任何一行都需从业者的全力以赴，除非你天分极高，否则兼做的最大可能性，是在两条战线功败垂成。

你认定了一个男人或是一个女人为终身伴侣，就斩钉截铁地拒绝

了这世上数以亿计的男人和女人。也许他们更坚毅更美丽，但拒绝就是取消，拒绝就是否决，拒绝使你一劳永逸，拒绝让你义无反顾，拒绝在给予你自由的同时，取缔了你更多的自由。拒绝是一条单航道，你开启了闸门，江河就奔腾而下，无法回头。

拒绝对我们如此重要，我们在拒绝中成长和奋进。如果你不会拒绝，你就无法成功地跨越生命。

拒绝的实质是一种否定性的选择。

拒绝的时候，我们往往显得过于匆忙。

我们在有可能从容拒绝的日子里，胆怯而迟疑地挥霍了光阴。

我们推迟拒绝，我们惧怕拒绝。我们把拒绝比作困境中的背水一战，只要有一分可能，就鸵鸟式地缩进沙砾。殊不知当我们选择拒绝的时候，更应该冷静和周全，更应有充分的时间分析利弊与后果。拒绝应该是慎重思虑之后一枚成熟的浆果，而不是强行捋下的酸葡萄。

拒绝的本质是一种丧失，它与温柔热烈的赞同相比，折射出冷峻

的付出和掷地有声的清脆，更需要果决的判断和一往无前的勇气。

你拒绝了金钱，就将毕生扼守清贫。

你拒绝了享乐，就将布衣素食天涯苦旅。

你拒绝了父母，就可能成为飘零的小舟，孤悬海外。

你拒绝了师长，就可能被逐出师门自生自灭。

你拒绝了一个强有力的男人的相助，他可能反目为仇，在你的征程上布下道道激流险滩。

你拒绝了一个神通广大的女人的青睐，她可能笑里藏刀，在你意想不到的瞬间刺得你遍体鳞伤。

你拒绝了上司，也许象征着与一个如花似锦的前程分道扬镳。

你拒绝了机遇，它永不再回头光顾你一眼，留下终生的遗憾任你咀嚼。

拒绝不像选择那样令人心情舒畅，它森严的外衣里裹着我们始料不及的风刀霜剑。像一种后劲很大的烈酒，在漫长的夜晚，使我们头

痛目眩。

于是我们本能地惧怕拒绝。我们在无数应该说“不”的场合沉默。

我们在理应拒绝的时刻延宕不决。我们推迟拒绝的那一刻，梦想拒绝的冰冷体积，会随着时光的流逝逐渐缩小以至消失。

可惜这只是我们善良的愿望，真实的情境往往适得其反。我们之所以拒绝，是因为我们不得不拒绝。

不拒绝，那本该被拒绝的事物，就像菜花状的癌肿，蓬蓬勃勃地生长着、浸润着，侵袭我们的生命，一天比一天更加难以救治。

拒绝是苦的，然而那是一时之苦，阵痛之后便是安宁。

不拒绝是忍，心字上面一把刀。忍是有限度的，到了忍无可忍的那一刻，贻误的是时间，收获的是更大的痛苦与麻烦。

拒绝是对一个人胆魄和心智的考验。

拒绝是一门艺术。

拒绝也分阳刚派和阴柔派。

怒发冲冠是拒绝，浅吟低唱也是拒绝。义正词严是拒绝，顾左右而言他也是拒绝。声色俱厉是拒绝，低眉敛目也是拒绝。横刀跃马是拒绝，丝弦管竹也是拒绝。

只要心意决绝，无论何方舞台，都可演成拒绝的绝唱。

拒绝有时候需要借口。

借口是一层稀薄的帷幕。它更多表达的是一种善意一种心情，而同表面的含义无关。

借口悬挂于双方之间，使我们彼此听得见拒绝清脆的声音，看不见拒绝淡漠的表情，因此维持着最后的礼仪。

许多被拒绝的人，执着地追问借口的理由，以为驳倒了理由就挽救了拒绝。这实在是一种淡淡的愚蠢，理由是生长在拒绝这棵大树上取之不尽、用之不竭的叶子。如果你真的是想挽回拒绝，去给大树浇水吧。

在某种程度上，借口会销蚀拒绝的力度。它把人们的注意力牵扯

到无关的细节，而忽略了坚硬的内核。就像过多的糖稀，会损坏牙齿的珐琅质。它混淆了拒绝真实凝重的本色，使原本简单的事物斑驳不清。相较之下，我更喜欢那种干干净净没有任何赘物的斩钉截铁的拒绝，它像北方三九天的冰凌，有一种肝胆相照的晶莹和砰然断裂的爽快。不但是个人意志的伸张，而且是给予对方的信任和尊崇。

拒绝对女人来说，是终生必修的功课。

天下无数繁杂的道路，你只能走一条。你若是条条都走，那就等于在原地转圈子，俗称“鬼打墙”。

女人使用拒绝的频率格外高，是因为女人面对的诱惑格外多。

拒绝是女人贴身的软甲，拒绝是女人进攻的宝剑。

拒绝卑微，走向崇高。

拒绝不平，争取公道。

拒绝武断的蔑视和可恶的恩惠，凭自己的双手和头颅挺身立于性别之林。

不懂得拒绝的女人，如果不是无可救药的弱智，就是倚门卖笑的流莺。

因为拒绝，我们伤害一些人。这就像春风必将吹尽落红一样，有时是一种进行中的必然。如果我们始终不拒绝，我们就不会伤害别人，但是我们伤害了一个跟自己更亲密的人，那就是我们自身。

拒绝的味道，并不可口。当我们鼓起勇气拒绝以后，忧郁的惆怅伴随着我们，一种灵魂被挤压的感觉，久久挥之不去。

因为惧怕这种难以言说的感觉，我们有意无意地减少了拒绝。

在人生所有的决定里，拒绝是属于破坏而难以弥补的粉碎性行为。这一特质决定了我们在做出拒绝的时候，需要格外地镇定与慎重。

然而拒绝一旦做出，就像打破了的牛奶杯，再不会复原。它凝固在我们的脚步里，无论正确与否，都不必原地长久停留。

拒绝是没有过错的，该负责任的是我们在拒绝前做出的判断。

不必害怕拒绝，我们只需更周密的决断。

拒绝是一种删繁就简，拒绝是一种举重若轻。拒绝是一种大智若愚，拒绝是一种水落石出。

当利益像万花筒一般使你眼花缭乱之时，你会在混沌之中模糊了视线。尝试一下拒绝吧。

你依次拒绝那些自己最不喜欢的人和事，自己的真爱就像退潮时的礁岩，嶙峋地凸显出来，等待你的攀缘。

当你抱怨时间像被无数餐刀分割的蛋糕，再也找不到属于你自己的那朵奶油花时，尝试一下拒绝。

你把所有可做可不做的事拒绝掉，时间就像湿毛巾里的水，一滴一滴地拧出来了。

当你发现生活中蕴含着太多的苦恼，已经迫近一个人能够忍受的极限，情绪面临崩溃的边缘时，尝试一下拒绝吧。

你也许会发现，你以前不敢拒绝，是怕增添烦恼，但是恰恰相反，拒绝像一柄巨大的梳子，快速地理顺了杂乱无章的日子，使天空恢复

明朗。

当你被陀螺般旋转的日子搅得耳鸣目眩，忘记了自己是从哪里来，要到哪里去的时候，尝试一下拒绝吧。

你会惊讶地发觉自己从复杂的包装中清醒，唤起久已枯萎的童心，感叹我们每一个人都是自然之子。

拒绝犹如断臂，带有旧情不再的痛楚。

拒绝犹如狂飙突进，孕育天马行空的独行。

拒绝有时是一首挽歌，回荡袅袅的哀伤。

拒绝更是破釜沉舟的勇气，一种直面淋漓鲜血惨淡人生的气概。

拒绝也不可太多啊。假如什么都拒绝，就从根本上拒绝了每个人只有一次的辉煌生命。

智慧地勇敢地行使拒绝权。

这是我们每个人与生俱来的权利，这是我们意志之舟劈风斩浪的白帆。

我的五样

Wo De Wu Yang

老师出了题目——写下“你生命中最宝贵的五样东西”，我拿着笔，面对一张白纸，周围一片静寂无声。万物好似微缩成超市货架上的物品，平铺直叙摆在那里，等待你的手挑选。货筐是那样小而致密，世上的林林总总，只有五样可以塞入。

也许是当过医生的缘故，片刻的斟酌之后，我本能地挥笔写下：空气、水、太阳……

这当然是不错的。你不可能设想在一个没有空气和水的星球上，滋长出如此斑斓多彩的生命。但我很快发现自己陷入了困境——如果继续按照医学的逻辑推下去，马上就该写下心脏和气管，它们对于生命之泵也是绝不可缺的零件。结果呢，我的小筐子立马就装满了，五项

指标额度用尽。想想那答案的雏形将是：我生命中最宝贵的东西——空气、水、阳光、气管、心脏……哈！充满了科普意味。

如此写下去，恐有弊病。测验的功能，是辅导我们分辨出什么是自我生命中最重要的因子，以致面临人生的重大选择和丧失时，会比较地镇定从容，妥帖地排出轻重缓急。而我的答案，抽象粗放，大而化之，缺乏甄别和实用性。

改弦易辙。我决定在水、空气和阳光三要素之后，写下对我个人更为独特和生死攸关的因子。

于是，第四样——鲜花。

真有些不好意思啊。挂着露滴的鲜花，那样娇弱纤巧，似乎和庄严的题目开了一个玩笑。但我真是如此地挚爱它们，觉得它们美轮美奂，不可或缺。绚烂的有刺的鲜花，象征着生活的美好和无可回避的艰难，愿有一束火红的玫瑰，伴我到天涯。

写下鲜花之后，仅剩一样挑选的余地了。刹那间，无数声音充斥

耳鼓，啰唣地申述着自己的不可替代性，想在最后一分钟，挤进我珍贵的小筐。

偷着觑了一眼同学们的答案，不禁有些惶然。

有人写下“父母”。我顿觉自己的不孝。是啊，对我的生命来说，父母难道不是极为宝贵的因素吗？且不说没有他们哪来的我，单是一想到他们会先我而去，等待我的是生离死别，永无相见，心就极快地冰冷成坨。

有人写下“孩子”。我惴惴不安，甚至觉得自己负罪在身。那个幼小的生命，与我血脉相连，我怎能在关键的时刻，将他遗漏？

有人写下“爱人”。我便更惭愧了。说真的，在刚才的抉择过程中，几乎将他忘了。或许因为潜意识里，认为在未曾识得他之前，我的生命就已存许久。我们也曾有约，无论谁先走，剩下的那人都要一如既往地好好活着。既然当初不是同月同日生，将来也难得同月同日死，彼此已商定不是生命的必需，未进提名，也有几分理由吧？

正不知将手中的孤球，抛向何处，老师一句话救了我。她说，这生命中最宝贵的东西，不必从逻辑上思索推敲是否成立，只需是你情感上的真爱即可。

凝神再想。

略一顿挫之后，拟写“电脑”。因为基本上已不用笔写作，电脑便成了我密不可分的工作伴侣。落笔之际我凝思，电脑在此处，并不只是单纯的工具，当是一种象征，代表我挚爱的劳动和神圣的职责。很快又联想到电脑所受制约较多，比如停电或是病毒入侵，都会让我无所依傍。唯有朴素的笔，虽原始简陋，却可朝夕相伴、风雨兼程。

于是洁白的纸上，记下了我生命中最宝贵的五样东西——水、阳光、空气、鲜花和笔（未按笔画为序，排名不分先后）。

同学们嘻嘻笑着，彼此交换答案。看过之后，却都不作声了。我吃惊地发现，每人的物件，万千气象，绝不雷同，有些简直让人瞠目结舌。比如某男士的“足球”，某女士的“巧克力”，在我就大不以

为然。但老师再三提示，不要以自己的观点去衡量他人，于是不露声色。

接下来，老师说，好吧，每个人在你写下的五样当中，划去相对不那么重要的一样，只剩下四样。

权衡之后，我在五样中的“鲜花”一栏旁边，打了一个小小的“×”字，表示在无奈的选择当中，将最先放弃清丽芬芳的它。

老师走过来看到了，说，不能只是在一旁做个小记号，放弃就意味着彻底的割舍。你必得用笔把它全部涂掉。

依法办了，将笔尖重重刺下。当鲜花被墨笔腰斩的那一刻，顿觉四周惨失颜色，犹如本世纪初叶的黑白默片。我拢拢头发咬咬牙，对自己说，与剩下的四样相比，带着奢侈和浪漫情调的鲜花，在重要性上毕竟逊了一筹，舍就舍了吧。虽然花香不再，所幸生命大致完整。

请将剩下的四类当中，再剔去一种，仅剩三样。老师的声音很平和，却带有一种不容商榷的断然压力。

我面对自己的纸，犯了难。阳光、水、空气和笔……删掉哪样是好，思忖片刻，提笔把“水”划去了，从医学知识上讲，没有了空气，人只能苟延残喘几分钟，没有了水，在若干小时内尚可坚持。两害相权取其轻吧。

也许女人真是水做的骨肉，“水”一被勾销，立觉喉咙苦涩，舌头肿痛，心也随之焦躁成灰，人好似成了金字塔里风干的长老。

我已经约略猜到了老师的程序，便有隐隐的痛楚弥漫开来。不断丧失的恐惧，化作乌云大兵压境。痛苦的抉择似一条苦难巷道，弯弯曲曲伸向远方。

果然，老师说，继续划去一样，只剩两样。

这时教室内变得很寂静，好似荒凉的冢。每个人都在冥思苦想举棋不定。我已顾不得探查他人的答案，面对着自己人生的白纸，愁肠百结。

笔、阳光、空气……何去何从？

刹那间好像有一双阴冷的鹰爪，丝丝入扣地扼住我的咽喉，手指发麻眼冒金星，心擂如鼓气息屏窒……

我曾在海拔五千多米的冰山上攀缘绝壁，缺氧的滋味撕心裂肺。无论谁隔绝了空气，生命便飘然而逝，一切只能成为哲学意义上的讨论。

好了，现在再划去一样，只剩下最后一样。老师的音调很温和，但执着坚定充满决绝。对已是万般无奈之中的我们，此语一出，不啻惊雷。

教室内已经有轻轻的哭泣声。人啊，面临丧失，多么软弱苦楚。即使只是一种模拟，已使人肝肠寸断。

笔和阳光。它们在纸上誓不两立地注视着我，陷我于深重的两难。

留下太阳吧——心灵深处在反复呼唤。妩媚温暖明亮洁净，天地一派光明。玫瑰花会重新开放，空气和水将濡养而出，百禽鸣唱，欢歌笑语。曾经失去的一切，都会在不知不觉当中悄然归来。纵使除了

阳光什么也没有，也可以在沙滩上直直地卧晒太阳哇。

想到这里，心的每一个犄角，都金光灿灿起来。

只是，我在哪里，在干什么?

我看到自己孤独的身影，在海边寂寞的椰子树下拉长缩短，百无聊赖。孤独地看日出日落，听潮涨潮消。

那生命的存在，于我还有怎样的意义?！我执着地仰起头来问天。

天无语。

自问至此，水落石出。我慢而稳定地拿起笔，将纸上的“太阳”划掉了。

偌大一张纸，在反复勾勒的斑驳墨迹中，只残存下来一个固守的字——“笔”。

这种充满痛苦和抉择的测验，像一个渐渐缩窄的闸孔，将激越的水流凝聚成最后的能量，冲刷着我们的纷繁的取向。当那通道变得一

夫当关，万夫莫开之时，生命的重中之重，就简洁而挺拔地凸立了。

感谢这一过程，让我清晰地得知什么是我生命中的真爱——就是我手中的这支笔啊。它噗噗跳动着，击打着我的掌心，犹如我的另一颗心脏，推动我的一腔热血四肢百骸。

突然发现周围万籁无声。人们在清醒的选择之后，明白了自己意志的支点，便像婴儿一般，单纯而明朗地宁静了。

我细心地收起这张白纸，一如珍藏一张既定的船票。知道了航向和终点，剩下的就是帆起桨落战胜风暴的努力了。

我羡慕你

Wo Xian Mu Ni

我是从哪一天开始老的？不知道。就像从夏到秋，人们只觉得天气一天一天凉了，却说不出秋天究竟是哪一天来到的。生命的“立秋”是从哪一个生日开始的？不知道。青年的年龄上限不断提高，我有时觉得那都是上了年纪的人玩出的花样，为掩饰自己的衰老，便总说别人年轻。

不管怎么样，我觉得自己老了。当别人问我年龄的时候，支支吾吾地反问一句：“您看我有多大了？”佯装的镇定当中，希望别人说出的数字要较我实际年龄稍小一些。倘人家说得过小了，又暗暗怀疑那人是否在成心奚落。我开始越来越多地照镜子。小说中常说年轻的姑娘们最爱照镜子，其实那是不正确的。年轻人不必照镜子，世人仰

慕他们的目光就是镜子。真正开始细细端详自己的容貌的是青春将逝的人们。

于是我把所有的精力放在孩子身上。记得一个秋天的早晨，刚下夜班的我，强打精神，带着儿子去公园。儿子在铺满卵石的小路上走着。他踩着甬路旁镶着的花砖，一蹦一跳地向前跑，将我越甩越远。

“走中间的平路！”我大声地对他呼喊。“不！妈妈！我喜欢……”他头也不回地答道。

我蓦地站住了。这对话是那样熟悉。曾几何时，我也这样对自己的妈妈说过，我喜欢在不平坦的路上行走。这一切过去得多么快呀！从哪一天开始，我行动的步伐开始减慢，我越来越多地抱怨起路的不平了呢？

这是衰老确凿无疑的证据。岁月的长河不可逆转，我不会再年轻了。

“孩子，我羡慕你！”我吓一跳。这是实实在在的声音，从我身

后传来，她说得很缓慢，好像我的大脑变成一块电视屏幕，任何人都能读出上面的字迹。

我转过身。身后是一位老年妇女。周围再没有其他人。这么说，是她羡慕我。我仔细打量着她，头发花白，衣着普通。但她有一种气质，虽说身材瘦小，却有一种令人仰视的感觉。我疑虑地看着她。我不知道自己有什么值得人羡慕的地方——一个工厂里刚下夜班满脸疲惫之色的女人。

“是的。我羡慕你的年纪——你们的年纪。”她用手指轻轻点了点，将远处我儿子越来越小的身影也括了进去，“我愿意用我所获得过的一切，来换你现在的年纪。”

我至今不知道她是谁，不知道她获得过的那一切，都是些什么。

但我感谢她，让我看到了自己拥有的财富。我们常常过多地把眼睛注视着别人，而自己则在不知不觉中失落着最宝贵的东西。人的生命是一根链条，永远有比你年轻的孩子和比你年迈的老人。我们每个

人都有自己的位置，它是一宗谁也掠夺不去的财宝。不要计较何时年轻，何时年老。只要我们生存一天，青春的财富，就闪闪发光。能够遮蔽它的光芒的暗夜只有一种，那就是你自以为已经衰老。

年轻的朋友们，不要去羡慕别人。要记住人们在羡慕我们！

Chapter
肆

去见山、见海，
去会众生，
去寻自己

你必得一个人和日月星辰对话，

和江河湖海晤谈，

和每一棵树握手，

和每一株草耳鬓厮磨，

你才会顿悟宇宙之大，

生命之微，时间之贵，死亡之近，

带上灵魂去旅行

Dai Shang Ling Hun Qu Lü Xing

人的知识永远是不完备的，他无法知道一个地区或是一个时代，是否就是空间和时间的全部。在这个意义上讲，我们每个人都是井底之蛙，所不同的只是栖息的这口井的直径大小而已。每个人也都是可怜的夏虫，不可语冰，于是，我们天生需要旅行。生为夏虫是我们的宿命，但不是我们的过错。在夏虫短暂的生涯中，我们可以和命运做一个商量，尽可能地把这口井掘得口径大一些，把时间和地理的尺度拉得伸展一些。就算终于不可能看到冰，夏虫也力所能及地面对无瑕的水和渐渐刺骨的秋风，想象一下冰的透明清澈与痛彻心扉的寒冻。

旅行，首先是一场体能的马拉松，你需要提前做很多准备。依我片面的经验，旅行的要紧物件有三种。

第一，当然是时间。人们常常以为旅行最重要的前提是钱，于是就把攒钱当成旅行的先决条件。其实，没有钱或是只有少量的钱，也可以旅行。关于这一点，只要你耐心搜集，就会找到很多省钱的秘籍。如果把一个人比作一辆车，驱动我们前行的汽油，并不是金钱，而是时间。这个道理极其简单，你的时间消耗完了，你任何事都干不成了，还奢谈什么呢？或者说，那时的旅行只有一个方向，就是地心了。

第二桩物件，是放下忧愁。忧愁是旅行的致命杀手，人无远虑，乃可出行。忧愁是有分量的，一两忧愁可以化作万朵秤砣，绊得你跌跌撞撞、鼻青脸肿。最常见的忧愁是来自这样的思维：把这笔旅游的钱省下来可以买多少斤米、多少缕菜，过多长时间丰衣足食的家常日子。将满足口腹之欲的时间当作计量单位，是曾经有用现在却不必坚守的习惯。很多中国人一遇到新奇又需要破费的事儿，马上把它折算成米面开销，用粮食做万变不离其宗的度量衡。积谷防饥是美德，可什么事都提到危及生命安全的高度来考虑，活着就成了负担。谁若一

意孤行去旅行，就咒你将来基本的生存都要打折，食不果腹、衣不蔽体、流落街头……别怪我说得凄惶，如果你打算做一次比较破费的旅行，你一定会听这一类的谆谆告诫。迅即把诸事折合成大米的计算公式，来自温饱没有满足的农耕时代遗留下来的精神创伤。如果你一定要把所有的钱，都攒起来用于防患于未然，这是你的自由，别人无法干涉。可你要明白，身体的生理机能满足之后，就不必一味地再纠结于脏腑。总是由着身体自言自语地说那些饥饱的事儿，你就灭掉了自己去看世界的可能性，一辈子只能在肚子里画出的半径中度过。这样的人生，在温饱还没有解决的往昔，是不得已而为之，甚至可能成为能优先活下来的王牌。在今天，就有时过境迁过于迂腐之感了。

第三桩事儿，是活在身体的此时此刻。此话怎讲？当下身体不错，就可以出发，抬腿走就是，不必终日琢磨以后心力衰竭的呕血和罹患癌症的剧痛。我琢磨着自己还有能力挣出些许以后治病的费用，我相信国家的社会保障机制会越来越好。我捏捏自己的胳膊腿，觉得它们

尚能禁得住摔打，目前爬高上低、风餐露宿不在话下。若我以后真是得了多少万人民币也医不好的重症，从容赴死就是了，临死前想想自己身手矫健、耳聪目明时，也曾有过一番随心所欲的游历，奄奄一息时的情绪，也许是自豪。

我是渐渐老迈的汽车，油料所剩已然不多。我要精打细算，小心翼翼地驱动它赶路。生命本是宇宙中的一瓣微薄的睡莲，终有偃旗息鼓闭合的那一天。在这之前，我一定要抓紧时间，去看看这四野无序的大地，去会一会英辈们残留下的伟绩和废墟。终于决定迈开脚步了，很多人有个习惯，出远门之前，先拿出纸笔，把自己要带的东西都一一列出。旅游秘籍中，传授这种清单的俯拾皆是。到寒带，你要戴上皮手套雪地靴；到热带，你要带上防晒霜、太阳镜、驱蚊油。就算是不寒不热的福地，你也要带上手电筒、黄连素加上使领馆的电话号码……

所有这些，都十分必要。可有一样东西，无论你到哪里，都不可

须臾离开，那就是——你可记得带上自己的灵魂？

据说古老的印第安人有个习惯，当他们的身体移动得太快的时候，会停下脚步，安营扎寨，耐心等待自己的灵魂前来追赶。有人说是三天一停，有人说是七天一停，总之，人不能一味地走下去，要驻扎在行程的空隙中，和灵魂会合。灵魂似乎是个身负重担或是手脚不利落的弱者，慢吞吞地经常掉队。你走得快了，他就跟不上趟。我觉得此说法最有意义的部分，是证明在旅行中，我们的身体和灵魂是不同步的，是分离分裂的。而一次绝佳的旅行，自然是身体和灵魂高度协调一致，生死相依。

好的旅行应该如同呼吸一样自然，旅行的本质是学习，而学习是人类的本能。身为医生，我知道人一生必得不断地学习。我不当医生了，这个习惯却如同得过天花，在心中留下斑驳的痕迹。旅行让我知道在我之前活过的那些人，他们可曾想到过什么做过什么。旅行也让我知道，在我没有降生的那些岁月，大自然盛大的恩典和严酷的惩

罚。旅行中我知道了人不可以骄傲，天地何其寂寥，峰峦何其高耸，海洋何其阔大。旅行中我也知晓了死亡原不必悲伤，因为你其实并没有消失，只不过以另外的方式循环往复。

凡此种种，都不是单纯的身体移动就能够解决问题的，只能留给旅行中的灵魂来做完功课。出发时，悄声提醒，背囊里务必记得安放下你的灵魂。它轻到没有一丝分量，也不占一寸地方，但重要性远胜过 GPS。饥饿时是你的面包，危机时助你涉险过关。你欢歌笑语时，它也无声扮出欢颜。你捶胸顿足时，它也滴泪悲愤……灵魂就算不能像烛火一样照耀着我们的行程，起码也要同甘共苦地跟在后面，不离不弃，不能干三天停一天地磨洋工。否则，我们就是一具飘飘荡荡的躯壳在蹒跚，敲一敲，发出空洞的回音，仿佛千年前枯萎的胡杨。

精神的三间小屋

Jing Shen De San Jian Xiao Wu

面对那句——人的心灵，应该比大地、海洋和天空都更为博大的名言，自惭形秽。我们难以拥有那样雄浑的襟怀，不知累积至那种广袤，需如何积攒每一粒泥土、每一朵浪花、每一朵云霓？

甚至那句恨不能人人皆知的中国古话——宰相肚里能撑船，也让我们在敬仰之余，不知所措。也许因为我们不过是小小的草民，即便怀有效仿的渴望，也总是可望而不可即，便以位卑宽宥了自己。

两句关于人的心灵的描述，不约而同地使用了空间的概念。人的肢体活动，需要空间。人的心灵活动，也需要空间。那容心之所，该有怎样的面积和布置？

人们常常说，安居才能乐业。如今的城里人一见面，就问，你是

住两居室还是三居室啊？……哦，两居室窄巴点，三居室虽说也不富余，也算小康了。

身体活动的空间是可以计量的，心灵活动的疆域，是否也有个基本达标的数值？

有一颗大心，才盛得下喜怒，输得出力量。于是，宜选月冷风清、竹木潇潇之处，为自己的精神修建三间小屋。

第一间，盛着我们的爱和恨。对父母的尊爱，对伴侣的情爱，对子女的疼爱，对朋友的关爱，对万物的慈爱，对生命的珍爱……对丑恶的仇恨，对污浊的厌烦，对虚伪的憎恶，对卑劣的蔑视……这些复杂对立的情感，林林总总，会将这间小屋挤得满满，间不容发。你的一生，经历过的所有悲欢离合喜怒哀乐，仿佛以木石制作的古老乐器，铺陈在精神小屋的几案上，一任岁月飘逝，在某一个金戈铁血之夜，它们会无师自通，与天地呼应，铮铮作响。假若爱比恨多，小屋就光明温暖，像一座金色池塘，有红色的鲤鱼游弋，那是你的大福气。假

如恨比爱多，小屋就阴风惨惨，厉鬼出没，你的精神悲戚压抑，形销骨立。如果想重温祥和，就得净手焚香，洒扫庭院。销毁你的精神垃圾，重塑你的精神天花板，让一束圣洁的阳光，从天窗洒入。

无论一生遭受多少困厄欺诈，请依然相信人类的光明大于暗影。哪怕是只多一个百分点呢，也是希望永恒在前。所以，在布置我们的精神空间时，给爱留下足够的容量。

第二间小屋，盛放我们的事业。

一个人从二十五岁开始做工，直到六十岁退休，他要在工作岗位上度过整整三十五年的时光。按一日工作八小时，一周工作五天，每年就要为你的职业付出两千小时。倘若一直干到退休，那就是七万小时。在这个庞大的数字面前，相信大多数人都会始于惊骇终于沉思。假如你所从事的工作，是你的爱好，这七万小时，将是怎样快活和充满创意的时光！假如你不喜欢它，漫长的七万小时，足以让花容磨损、日月无光，每一天都如同穿着淋湿的衬衣，针芒在身。

我不晓得一下子就找对了行业的人，能占多大比例？从大多数人谈到工作时乏味麻木的表情推算，估计这样的幸运儿不多。不要轻觑了事业对精神的濡养或反之的腐蚀作用，它以深远的力度和广度，挟持着我们的精神，以成为它麾下持久的人质。

适合你的事业，白桦林不靠天赐，主要靠自我寻找。这不但因为相宜的事业，并非像雨后的菌子一样，俯拾即是，而且因为我们对自身的认识，也是抽丝剥茧，需要水落石出的流程。你很难预知，将在十八岁还是四十岁甚至更沧桑的时分，才真正触摸到倾心的爱好。当我们太年轻的时候，因为尚无法真正独立，受种种条件的制约，那附着在事业外壳上的金钱地位，或是其他显赫的光环，也许会灼晃了我们的眼睛。当我们有了足够的定力，将事业之外的赘生物一一剥除，露出它单纯可爱的本质时，可能已耗费半生。然费时弥久，精神的小屋，也定需住进你所爱好的事业。否则，鸠占鹊巢，李代桃僵，那屋内必是鸡飞狗跳，不得安宁。

我们的事业，是我们的田野。我们背负着它，播种着，耕耘着，收获着，欣喜地走向生命的远方。规划自己的事业生涯，使事业和人生，呈现缤纷和谐相得益彰的局面，是第二间精神小屋坚固优雅的要诀。

第三间，安放我们自身。

这好像是一个怪异的说法。我们自己的精神住所，不住着自己，又住着谁呢？

可它又确是我们常常犯下的重大失误——在我们的小屋里，住着所有我们认识的人，唯独没有我们自己。我们把自己的头脑，变成他人思想汽车驰骋的高速公路，却不给自己的思维留下一条细细羊肠小道。我们把自己的头脑，变成搜罗最新信息网络八面来风的集装箱，却不给自己的发现留下一个小小的储蓄盒。我们说出的话，无论声音多么嘹亮，都是别的喉咙嘟囔过的。我们发表的意见，无论多么周全，都是别的手指圈画过的。我们把世界万物保管得好好的，偏偏弄

丢了开启自己的钥匙。在自己独居的房屋里，找不到自己曾经生存的证据。

如果真是那样，我们的精神小屋，不必等待地震和潮汐，在微风中就悄无声息地坍塌了。它纸糊的墙壁化为灰烬，白雪的顶棚变作泥泞，露水的地面成了沼泽，江米纸的窗棂破裂，露出惨淡而真实的世界。你的精神，孤独地在风雨中飘零。

三间小屋，说大不大，说小不小。非常世界，建立精神的栖息地，是智慧生灵的义务，每人都有如此的权利。我们可以不美丽，但我们健康。我们可以不伟大，但我们庄严。我们可以不完满，但我们努力。我们可以不永恒，但我们真诚。

当我们把自己的精神小屋建筑得美观结实、储物丰富之后，不妨扩大疆域，增修新舍，矗立我们的精神大厦，开拓我们的精神旷野。因为，精神的宇宙，是如此地辽阔啊。

没有一棵小草自惭形秽

Mei You Yi Ke Xiao Cao Zi Can Xing Hui

被人邀请去看一棵树，一棵古老的树。大约有五千年的历史，已被唐朝的地震弯折了腰，半匍匐着，依然不倒，享受着人们尊敬的注视。

我混在人群中直着脖子虔诚地仰望着古树顶端稀疏的绿叶，一边想，人和树相比是多么地渺小啊。人生出来，肯定是比一粒树种要大很多倍，但人没法长得如树般伟岸。在树小的时候，人是很容易就把树枝包括树干折断，甚至把树连根拔起，树就结束了生命。就算是小树长成了大树，归宿也是被人伐了去，修成各种各样实用的物件。长得好的树，花纹美丽木质出众，也像美女一样，红颜薄命，被人劫掠的可能性更大，于是很多珍贵的树种濒临灭绝。在这一点上，树是不

如人的。美女可以人造，树却是不可以人造的。

树比人活得长久，只要假以天年，人是绝对活不过一棵树的。树并不以此傲人，爷爷种下的树，照样以硕硕果实报答那人的孙子或是其他人的后代。

通常情况下，树是绝对不伤人的。即便如前几天报上所载一些村民在树下避雨，遭了雷击致死，那元凶也不是树，而是闪电，树也是受害者。人却是绝对伤树的，地球上森林数量的锐减就是明证，人成了树的天敌。

树比人坚忍。在人不能居住的地方，树却裸身生长着，不需要炉火或是空调的保护。树会帮助人的，在饥馑的时候，人扒过树的皮以充饥，我们却从未听到过树会扒下人的什么零件的传闻。

很多书籍记载过这棵古树，若是在树群里评选名人的话，这棵古树是一定名列前茅了。很多诗人词人咏颂过这棵古树，如果树把那些词句都当作叶子一般披挂起来，一定不堪重负。唐朝的地震不曾把它

压倒，这些赞美会让它扑在地上。

树的寿命是如此地长久，居然看到过妲己那个朝代的事情。在我们死后很多年，这棵古树还会枝叶茂盛地生长着。一想到这一点，无边的嫉妒就转成深深的自卑。作为一个人活不了那么久远，伤感让我低下头来，于是我就看到了一棵小草，一棵长在古树之旁的小草。只有细长的两三片叶子，纤细得如同婴儿的睫毛。树叶缝隙的阳光打在草叶的几丝脉络上，再落到地上，阳光变得如绿纱一样飘浮了。

这样一株柔弱的小草，在这样一棵神圣的树底下，一定该俯首称臣毕恭毕敬了吧？我竭力想从小草身上找出低眉顺眼的谦卑，最后以失望告终。这棵不知名的小草，毫无疑问是非常渺小的。就寿命计算，假设一岁一枯荣，老树很可能见过小草五千辈以前的祖先。就体量计算，老树抵得过千百万小草集合而成的大军。就价值来说，人们千里万里路地赶了来，只为瞻仰老树，我敢肯定没有一个人是为了探望小草。

既然我作为一个人，就在古树面前自惭形秽了，小草你怎能不顶礼膜拜？我这样想着，就蹲下来看着小草。在这样一棵历史久远、声名卓著的古树身边为邻，你岂不要羞愧死了？

小草昂然立着，我向它吐了一口气，它就被吹得蜷曲了身子，但我气息一尽，它就像弹簧般伸展了叶脉，快乐地抖动着。我再吹一口，它还是在弯曲之后怡然挺立。我悲哀地发现，不停地吹下去，有我气绝倒地的一刻，小草却安然。

草是卑微的，但卑微并非指向羞惭。在庄严的大树身旁，一棵微不足道的小草都可以毫不自惭形秽地生活着，何况我们万物灵长的人类！

常常爱惜

Chang Chang Ai Xi

拾起一穗遗落在秋天原野上的麦芒时，我们心中会涌起一种情感……

当水龙头正酝酿着滴落一颗椭圆形的水珠，一只手紧紧拧住闸门时，我们心中会涌起一种情感……

当凝望宝蓝的天空因为浓雾而浑浑噩噩时，我们心中会涌起一种情感……

当注视到一个正义的人无力捍卫自己的尊严，孤苦无助的时候，我们心中会涌起一种情感……

人类将这种痛而波动的感觉命名为——爱惜。

我们读这两个字的时候，通常要放低了声音，徐徐地从肺腑最柔

我爱这
缓慢向上的
勇气
Selfhealing

相信只要自己不倒下，

就能清冽柔韧，香满人间。

毕淑敏

Nourish yourself into a special flower

From:

在春天第一个绽放，暮春后仍肆意芬芳。

软的孔腔吐出，怕惊碎了这薄而透明的温情。

爱惜的大前提是，爱。爱是人类一种最珍贵的体验，它发源于深刻的本能和绵绵的眷恋。爱先于任何其他情感，轻轻沁入婴儿小而玲珑的心灵。爱那给予生命的母亲，爱那清冷的空气和滑润的乳汁。爱温暖的太阳和柔和的抚爱，爱飞舞的光影和若隐若现的乐声……

爱惜的土壤是喜欢。当我们喜欢某种东西的时候，就期冀它的长久和广大，忧郁它的衰减和短暂。当我们对喜爱之物，怀有难以把握的忧虑时，吝啬是一个常会首选的对策。我们会俭省珍贵的资源，我们会珍爱不可重复的时光，我们会制造机会以期重享愉悦，我们会细水长流反复咀嚼快乐。

于是，爱惜就在不知不觉中发生了。

当我们爱惜的时候，保护的勇气和奋斗的果敢也同时滋生。真爱，需用生命护卫。真爱，就会义无反顾。没有保护的爱惜，是一朵无蕊

鲜花，可以艳丽，却断无果实。没有爱惜的保护，是粗粝和逼人的威迫，是强权而不是心心相印。

爱惜常常发生。在我们不经意的时候，打湿眼帘。

爱惜好比一只竹篮。随着人类的进步，它越编越大了，盛着人自身，盛着绿色，盛着地球上所有的物种，盛着天空和海洋。

在印度河上游

Zai Yin Du He Shang You

三十年前，我在西藏当兵。在我们营区不远处，有一条大河，名叫狮泉河。第一眼看到狮泉河，瞬间被震撼。

它的河床不很宽，闲散地躺在布满红柳的沙砾滩上，好似大战后失了血有几分苍白的蟒蛇。它的河水也不很急，泛着细碎的粼花，仿佛那受伤的蟒，正在呻吟着休养生息，以图再战。

使我惊讶的是它的纯粹，水的一种至高无上的状态。当你看到一小支蒸馏水的时候，会惊讶它的透彻和洁净。看到一瓶蒸馏水的时候，会叹息它的清爽和工艺。当你注视着一条滚滚而来的大河，在傍晚和黎明探视它，排除阳光闪烁的金斑干扰，你如同与一条通体透明的龙对视。洞穿它每一个旋涡的脏腑，分辨出每一块卵石的纹路。那

一刻，你会感到水的至清无瑕，是一种巨大的压迫与净化。

狮泉河水是高峰上万古不化的寒冰融化而成。那时候，还没有矿泉水太空水这样雅而商业的称呼，我们直呼它为冰川水。

在寒冷而不结冰的日子，狮泉河是温顺而峻削的，如一把银闪闪的藏刀，锋利地切割着高原峡谷，蜿蜒向远。我查了地图，知道它流经国界之后，就成了大名鼎鼎的印度河，最终汇入印度洋。

我不知道它为什么叫狮泉河。问过很多人，都说，顾名思义，可能是狮子像泉水一样地跑过来，或者是河水像狮子一样地跑过来吧？

不论谁像谁，那狮子一定有着雪白的长长的鬃毛，跑动起来，好似雪雾掠过山巅。它愤怒的时候，吼声会引发连绵的雪崩。

在高原上阳光最充沛的日子，我们接到赴狮泉河畔抗洪的通知。我看看天，天是那种雪域特有的毛蓝色，如同五四后革命女生新做的旗袍，干爽平整，没有一丝乌云。太阳把亿万金针，肆无忌惮地从高空镖射而下。我感到光芒从军装罩衣的缝隙刺进棉袄深处，使僵硬的

老棉花里蕴藏的冷气，渐渐发酵酥胀。

这样的天，怎么会发洪水呢？瞎指挥吧？新兵的我，不知天高地厚地说。

老兵拎着铁锹，一路小跑说你那是平原的皇历。在高原，越是有太阳，越是发洪水。水是阳光的孩子！快走吧！

我这才豁然大悟。在阿里，通行一条特殊规律——如果连续出现几个晴空万里的日子，你要到狮泉河防洪。

古话说，水至清则无鱼。狮泉河的清，无与伦比。结冰时，水深丈余，洁净得连一个气泡都没有，好似一方横卧雪原的翡翠柱。河底的每一粒沙子泥土可以清楚数到，但它不可思议地有鱼，且多。狮泉河的鱼，头很大，脑子却很傻，把曲别针弯直，挂上一块羊肉，它就上钩了。可能因它固守了百万年的遗传密码里，从来没有被人下饵陷害的经验，所以不防。

当兵的人，洗被子是个大工程。除了费力，主要是缺乏工具。每

人只有一个小脸盆，洗件军衣就爆满，泡沫横飞。若把被子塞进去，活似大象进了茶壶，涌得皂水四溢，泛滥成灾。我提议，单是洗，就在脸盆里凑合了。透水的时候，到狮泉河去。让河水这个天大的盆，把我们的军被冲刷一净。

我们的营地距狮泉河不过百余米，不一会儿就到了。当我们兴高采烈地把军被放到狮泉河里时，立即发现大失算。狮泉河绝不是一个温顺的女仆，它躁动着，在虚怀若谷水波不兴的表面下，掩藏着湍烈的暗流。军被一入水，瞬间被水流展开，好像一堵绿色堤坝，斜着立在水里，堵住了狂放不羁的冰川之水舒展的手臂。

我们用手揪着军被，指头感到了巨大的冲击力，好像拽着一只大风筝，随时都会凌空而去。河水愤怒地冲撞着巨帘，军被膨成可怕的弧形，好像暴风中就要绷裂的船帆。河水幸灾乐祸地激起旋涡，戏耍地兜着我们的军被绕圈子，好像那是它抽打的一只只翠绿陀螺。我们感到越来越大的吸引力，狮泉河在粗暴地邀请军被和它的主人，一道

共赴水中央。

姑娘们，快松手！要不，会被卷进狮泉河的！远处有人看到了我们的危急，大声叫道。

我们置之不理。真是开玩笑！一松手，被子就被龙王借走了，今晚盖什么？此刻已完全不幻想狮泉河免费帮我们漂洗被子了，最要紧的是在急流中把军事财产抢救回来。于是拼命捏住仅剩在手中的被子角，好似那是网绳。被子像大鱼，不安分地甩动着。手被泡得发白，指甲因为用力和寒冷，已变得青紫，渐渐失去知觉。骨节因为负重和要命的扭转，已肿胀如镯。

眼看单凭手的力道，无法和内力深厚的河水抗衡。随着时间推移，手指渐酥，气力越来越淡，眼看就挽不住了，被角一丝丝地从指缝拔出，马上就会飘逸而去。不知谁喊了一句“看我的！”，眼瞧着她的被子像被施了魔法，嗖地就脱离了险境，朝岸上卷了去。我赶忙一眼瞟去，学习先进经验。原来那女孩跳进了岸边的浅水，把军被缠

在了腰上。下半身水淋淋，但终于控制住了局势，狮泉河再猖獗，一时也卷不动百八十斤重的人，被子就虎口脱险了。

我们都忙不迭地照此办理，不一会儿，一一化险为夷。站在岸边，抱着被子，一任狮泉河水从被角和裤角流淌不息。

赶来援救的老兵们说，我们这些汉子，都不敢让狮泉河帮着洗衣服，知它暴烈无比。你们这些女娃啊，怎么比男人还懒！

我们把被子挽进脸盆，嘻嘻哈哈地往回走。刚开始所有的脚印都是湿的，且淋漓模糊，巨大无比。走过红柳滩，沙包舔走了一些水分，脚印就只剩下半截，好像一种奇怪的小兽在奔跑。大家都说，今天的被子洗得真干净！仔细端详，军被的绿色，已被激流抽打出一缕缕白痕。

狮泉河结冰，如梦如幻。

那是一日清晨，我们按照惯例，到狮泉河边出操。走着走着，就觉得异样。狮泉河寂静无声，好像已不复存在。平日的狮泉河大智若

愚，也不好喧哗，但仍有一种男低音似的轻啸，在山谷中贴着巨石回荡。我们熟悉它，就像倾听高原的呼吸，此刻，怎么一夜之间就无端沉寂了呢？！

走到河边，大惊失色。狮泉河在骤然而至的严寒中，瞬间凝固。高高的水浪腾到空中，卷起优美的弧度，僵硬如铁。周围簇拥着迸溅的水珠，若即若离，与主浪以极细的冰丝相连，好像逃婚的孤女最后回眸家园。狮泉河被酷寒在午夜杀死，然而它英勇地保持了奔腾的身姿，一如坚守到最后一分钟的勇士。它坚守了一条大河无往不胜的气概，只是已粉身碎骨了无声息。

我们被骇住了。无论从黄河长江还是更冷的东北来的兵，都说从未看见过这种奔腾中凝固的奇观。我怯怯地走过去，轻轻地抚摸着波浪。它冷硬尖锐，千姿百态的曲线，流畅无比，滑润若骨。浪尖绝非平日所见那般柔软，简直可说是很锋利的，如短剑一般直指前方，切割着严寒，触之锵然有声。不一会儿，手指就像五根中空钢管，把脏

腑的热气偷漏给了冰浪。那朵汲走了我体温的浪花，姿容不改，只是花心沾了一点点雾气，显出晶莹的朦胧。

是的，平原上的人，难得有机会抚摸到如此坚实的浪花，它钢筋铁骨，铮铮作响。平日我们在海边探着手指，沾了一手水，自以为抚摸浪花的时候，浪花其实早已冷漠地却步抽身了。我们摸到它蜕下的壳，至多只能算是它的背影甚至残骸了。

狮泉河的支流，是一条条自雪山而下的小溪。在温暖的季节，它们匍匐在石缝里，并没有一定的河道，肆意流窜着，好像撒欢的野鼠。下乡巡回医疗的救护车，常常会陷到这样的水流里，前进不得，后退不得，引擎徒劳地轰鸣着，在山谷中发出空旷的回声。

姑娘们，你们到远处的岸上歇着吧。同行的老医生边挽着袖子边向我们挥手说。看来得下水推车了。

我们不走。为什么要赶我们走呢？多一个人不是多一份力量吗？我们不解，也跟着挽袖子。

狮泉河是不喜欢女人的。所以，你们必须得走。老医生不容置疑地命令。

没办法啊，当兵就是这个样子，每个老兵都好像是你的再生父母，你必得服从。

我们几个女孩，愤愤地向远处走去。脚都酸了，认为足够远了（高原是很容易疲乏的），刚要停下来，一直用眼光监视我们的老医生，大声喊，不行，太近了。还得走。走得越远越好！

我们只好沿着小溪向上游走去，走几步，停一停，直到老医生不再用声音的鞭子驱赶我们。这时回过头去，只见人已小得像苍穹下的一颗绿豆。

他们怎么推车呢？我们呆呆地看着流动的河水，天渐渐地黑下来，河水变得更加冷蓝了。

喔，原来男人们是把衣服脱了，下河推车……我们几个女孩，谁也不再说话，只是把手伸进黄昏的河水，感受到手指的麻木，一寸寸

地从指甲向胳膊根处蔓延，以这种愚蠢的行为，和战友同甘共苦。也许，我们的体温，会使冰冷的狮泉河水提高一点温度，当它流到下方的时候，会使推车的人，少受些微的寒冷？

我在西藏阿里军分区工作了十一年，狮泉河流经我的整个青年时代，它清澈澄净，洗涤着我的灵魂。

在这个物欲喧嚣的世界上，我怀念那种单纯的水。单纯而有力量，是很高的境界。复杂常常使人望而生畏，很多种因素混合在一起，叫人摸不着底细，以浑浊佯作高深。我不知道狮泉河是不是世界上海拔最高的河，但我想它的透明和宁静，该是在地球上名列前茅的。我默默地站在它的一侧，凝视着它的时候，我会感到一种伟大的包容和冲决一切的勇气。

人的精神是从哪里来的？我以为很大一部分，甚至关键性的启示，是从大自然而来。人在年轻的时候，能够和自然如此贴近，远离城市，孤独地走进自然的怀抱，你会在一个大的恐怖之后，感到大的

欣慰。你会感到一种力量，从你脚下的大地和你头上的天空，从你身边的每一棵草和每一滴水，涌进你的头发、睫毛、关节和口唇……你就强壮和智慧起来。

读书也会使我们接触这些道理，但是我们记不住它。大自然是温和而权威的老师，它羚羊挂角不露声色地把伟大的关于生命和宇宙的真理，灌输给我们。

你在城市里，有形形色色的传媒，有四通八达的因特网，有权威的红头文件和名不见经传的小道消息，摩肩接踵，你几乎以为你无所不能，你了解整个世界。但是，且慢！在人群中，你可能了解地球，但你永远无法真正逼近“什么是宇宙？”这样终极的拷问。

你必得一个人和日月星辰对话，和江河湖海晤谈，和每一棵树握手，和每一株草耳鬓厮磨，你才会顿悟宇宙之大，生命之微，时间之贵，死亡之近。

我以为在很年轻的时候，有机缘迫近这番道理，是一大幸运。你

可以比较地眼界开远，比较地心胸阔大，比较地不拘一格，比较地宠辱不惊。

人是自然之子。无论上山下乡在历史上作如何评价，它把无数城市青年驱赶放逐到自然与社会的最原始状态，使这些人在饱尝痛苦的同时，深刻地感受到了自然的博大与森严。

喜马拉雅山不炸通

Xi Ma La Ya Shan Bu Zha Tong

电影《不见不散》中葛优说：“这是喜马拉雅山脉，这是中国的青藏高原，这是尼泊尔。山脉的南坡缓缓地伸向印度洋，受印度洋暖湿气流的影响，尼泊尔王国气候湿润，四季如春。而山脉的北麓陡升，终年积雪，再加上深陷大陆的中部，远离太平洋，所以自然气候十分恶劣。”

徐帆说：“你这又扯哪去了？”

葛优说：“如果我们把喜马拉雅山炸开一道五十公里的口子，世界屋脊还留着，把印度洋的暖风引到我们这里来，试想一想，那我们美丽青藏高原从此摘掉落后的帽子不算，还得变出多少个鱼米之乡！”

人们把这段谈话，当作幽默。不过，当你在天空飞跃，清晰地认

识到喜马拉雅山这座屏障，将山的南麓和北麓分割成完全不同的世界时，炸开喜马拉雅山的念头就会蠢蠢欲动。

印度洋的暖湿气团生成后，在西南季风的吹动下，向北面推动时，高耸的喜马拉雅山成了极难逾越的天然屏障。

急于北进的暖湿气团不甘心，四处游动，终于找到一个豁口，那就是——雅鲁藏布大峡谷的尾口。

暖湿气团蜂拥而入，可惜在进入蜿蜒曲折的大峡谷之后，逐渐失去它所向披靡的势头。水汽通道在顺手造就了藏东南的绿洲之后，后劲松懈，还没走到藏北就偃旗息鼓了。

如果真能炸出一个大口子，使得这条通道输送的水汽更多、更畅快，减少途中的损失，不是就有可能改变西藏的气候吗？更多的暖湿气流长驱直入，进入藏西北，青藏高原会变作江南。

科学家们模拟了有关实验，结果是否定的。就算炸开五十公里的口子，在最佳气候条件下，中国三江源地区，降水增加只有 20% ～

25%。

退一万步讲，就算真的计划要炸喜马拉雅山，如何才能顺利完成这个任务呢？依靠炸药手榴弹地雷什么的常规技术，绝无可能。用原子弹吗？核武器目前还没有用于开山凿洞的记录。

要知道，喜马拉雅山脉有如庞然大物坚不可摧，主峰珠穆朗玛一半在尼泊尔境内。哪怕是咱炸自己这一侧，也要得到尼泊尔，甚至更多国家的同意。核武器将严重破坏环境。邻国也不能答应啊。

如此说来，把喜马拉雅山炸个洞，改变雅鲁藏布江中、下游干旱及沙漠化严重局面，实际上只是一个科学幻想。如果真把喜马拉雅山炸通了，破坏了原有的生态平衡，不知会发生怎样的变局，很可能是灾难。自然界自有规律，人类不可妄动。

在尼泊尔，结识了一位精明强干的小伙子。到过中国，会说中文，爱笑爱思索。

我说，你觉得中国和尼泊尔有什么不同。

他说，中国很大，尼泊尔很小。中国现在有了很大的发展，尼泊尔呢，还比较落后。

我说，你说得很好，不过，咱们就不讲这些政治经济的情况，单说说感觉上有什么不同？

他笑了，露出极为整齐和雪白的牙，说，是节奏啊。尼泊尔节奏很慢很慢，几千年我们就一直是这样的节奏，尼泊尔人都习惯了。中国的节奏现在很快，而且越来越快。我的朋友从中国来，说一下子不习惯尼泊尔这种慢节奏，但是几天过去，静静待下来，就觉得这种节奏很舒服，适合人的身体，还有大自然。您看，凡是自然的东西，都是缓慢的。太阳一点点升起，一点点落下。花一朵朵地开，一瓣瓣地落下。稻谷成熟，菩提树变老，都慢得很啊。那些急骤发生的自然变化，多是灾难。比如火山喷发，比如飓风和暴雨，比如山崩地裂加上海啸……身体也是慢的。一个孩子要长大，是很慢的。一个人睡觉，也是很慢的，要很久很久，从日落到日出，人才能休息过来……

还有呢？我问。

他认真地想了一下，说，是耐心啊。是脾气啊。中国的人，现在情绪上都比较紧张，不耐烦。尼泊尔人基本上不发脾气，慢慢来，就算有很严重的事儿，也不着急。

不知道再问什么，我也学尼泊尔人，只是微笑和无所事事地张望。

自然界的喜马拉雅山是不能炸通的，但人心的喜马拉雅，可否有习习的风持久地吹拂？

Chapter 伍

•

爱

和我，

都是自由的

安全感更要从自己来。

相信自己，不要把命运寄托在别人身上，

这样即便出了差错，

也不会乱了分寸，

病急乱投医，

不会一错再错。

修补爱情

Xiu Bu Ai Qing

东西用得久了，便会磨损。小到一双鞋子，大到整个天空。于是诞生了修补这个行当。从业人员从街头古朴的老鞋匠，到谁都未曾谋面的一位叫作女娲的神仙。

只有珍贵的东西，才需要修补。我们不会修补一次性的筷子和菲薄的面巾纸，但若损坏的是一双象牙筷子和一幅名贵字画，又是家传的珍宝和友人的馈赠，那就大不一样了。你会焦灼地打探哪里有技艺高超的工匠，为了让它们最大限度地恢复原貌，不惜殚精竭虑。

我们修补，是因为我们怀有深情。在那破损的物件的皱褶里，掩藏着岁月的经纬和激情的图案。那是情感之手留下的独一无二的指纹，只属于特定的人和特定的刹那。

考古人员修复文物，所费的精力，绝对大于再造一件新品。比如一个陶罐，掉了耳朵，破了边沿，漏了帮底，假若它是新出厂的，肯定扔在垃圾箱里，但在修复者眼里，它们是不可替代的唯一。于是绞尽脑汁，将它复原到美轮美奂。陶罐里盛着凝固的历史和永恒的时间。

修补是一个工程，需要大耐心、大勇气、大智慧。耐心是为了对付那旷日持久的精雕细刻，勇气是为了在漫长的修复过程中，坚定自己的信念和抵御他人的不屑。智慧是为了使原先的破损处，变得更加牢靠而美观。

人们常常担心修补过的器物，是否还有价值。也许在外观上会遗有痕迹，但在内在品质上，修补处该更具有强韧的优势。听一位师傅说，锔过的碗，假如再摔于地，哪怕别处都碎成指甲盖大的碗碴，但被锔钉箍过的瓷片，依旧牢牢地拢在一起。

爱情是我们一生中最需精心保养的器皿，它具备可资修补的一切要素。爱是珍贵的，爱是久远的，爱是有历史的，爱是渗透了情感

的，爱是无价之宝。

爱情的修理工，不能假手他人，只能是我们自己。当我们签下爱情契约的时候，也随手填写了它的保修单。我们既是爱情的制造者，也是它的使用者和维修者。这种三合一的身份，使人自豪幸福，也使人尴尬操劳。爱情系统一旦出了故障，我们无法怨天尤人，只有痛定思痛地查找短路，更换原件，改善各种环境和条件……

古书上说，假如宝玉有了裂纹，可用锦缎包裹，肌肤相亲，昼夜不离身，如此三年。那美玉得了人的体温滋养，就会渐渐弥合，直至天衣无缝，成为人间至宝。

不知这法子补玉是否灵验？若以此法修补爱情，将它放进两颗胸膛，以血脉灌溉，以精神哺育，以意志坚持，以柔情陶冶，它定会枯木逢春，重新郁郁葱葱。

爱最怕什么

Ai Zui Pa Shen Me

写过一篇“爱怕什么”，朋友又要我写一篇“爱最怕什么”，好像原本同时撒种育了一畦小白菜，突然接到命令，要从中挖出最大的一棵，不由得犯了踌躇。赶紧把自己的文字重温了一遍（说来惭愧，以前怎么写的，已记不周全）。

若已在那篇短文中说过了爱最怕什么，现在要做的事就是咬紧牙关坚持初衷，不可出尔反尔。可惜，没有。在那厢，我掰着手指头列举了若干项爱所害怕的事物，遗憾，始终没有说过一个“最”字。

只有现撰了。

我想，爱最怕的是“不真诚”。当然，我们首先要肯定，这个“爱”是真的，不是假的，也不是半真半假的。这是一个大前提。没有这个大

前提，一切将无从讨论。假的爱，不是爱，是情感的盘剥和诈骗。

与万事相比，爱是极其需要真诚的一件事情。不单是从道德从伦理的角度来讲爱需要真诚，即使单纯从技术的角度来说，真诚的重要性也首当其冲。

爱是全身心地投入与契合，在这种人类无与伦比的亲密关系中，容不得丝毫的虚伪与欺骗。哪怕再高明的演员，也无法在如此近距离的耳鬓厮磨中，将真相掩盖得风雨如磐。一个眼神、一个手势、一声叹息、一个背影……都是上好的奸细，可以把爱与不爱的信息，通通出卖给对方。更不消说，沉溺爱河中的人，如同长了顺风耳通天眼，还有神鬼莫测的第六感为虎作伥……所以，爱是一场独特的双人考试，考试中不容作弊。你可以看对方的卷子，但自己的卷子要自己答。爱就是爱，不爱就是不爱。爱是最需要实话实说的。不爱了还强装爱，爱着却要强作不爱，都是人间的大辛苦、大困难之事。难为了自己，伤害了对方，机关算尽，又很难达到目的。现代人，你何苦做这般赔本的勾当！

当爱不存在的时候，唯有真诚，是尊严和力量最后的栖息地。有人以为伪装的爱，是一剂情感的白药创可贴，虽说解决不了根本的问题，但尚可暂时止血止痛。殊不知，它是爱情的浓硫酸，不但彻底毁了爱的容，更是对他人凶狠的侵犯。

当真诚被动摇的时候，爱将无所附丽。培养爱情从练习真诚开始。保养爱情从维系真诚着手。真诚是爱的风向标，当一对相爱的人，不再坦诚相见、直抒胸臆，爱的台风球就亮起来了。

人们常常以为爱中的人，格外脆弱，其实不然。无论真实坏到怎样凶险的程度，只要有清醒的脑和灵巧的手，我们就有办法。单单损失了爱，还不是最凄惨的事情。如果在失去爱的同时，你还失去了对世界和人心真实的把握，才是更悲苦的事情。盲人瞎马，夜临深渊，便成了情感和智慧的双料赤贫。

我不敢说有了真诚就一定有爱情，但我敢说没有了真诚就一定丢掉了爱情。从这个意义上讲，爱惜真诚吧，它是我们爱的保单。

幸福的镜片

Xing Fu De Jing Pian

现今家庭，有些简直成了情绪火葬场。一位女友说，先生在外面笑眯眯，人都赞脾气好，可回到家里，满脸晦气，令人沮丧。女友恼火地抗议，你不要金玉其外，轮到自家人时，却像八大山人笔下的鱼鹰，白眼球多，黑眼球少。先生立即反驳道，人又不是仪器，不可能总调整在最佳状态。发愁的时候，懊恼的时候，垂头丧气的时候，你让我到哪里撒火？和领导吵吗？不敢抗上。和同事争吗？来日方长，得罪不起。在公共汽车上和不相干的人口角吗？人家招你惹你了？那不是伤及无辜，太不“五讲四美”了吗？女友说，我是你亲人，却经常看你黑脸，你这不是残害忠良吗？先生说，家是最隐蔽、最放松的场所，一个人若是在家里都不能扒下面具，赤裸裸做人，那才是大悲

哀。我阴沉着脸，并非对你恶意，只是情绪病了。你装聋作哑好了，不必同我一般见识。有什么不中听的话，并非针对你，只是宣泄自己的郁闷。如果你爱我，就请原谅我的种种真实……

女友困惑地说，人怎么能把家庭当作消化情绪的垃圾场？这样下去，谈何幸福？！

我倒以为幸福的家庭，不妨成为回收情绪垃圾的炼炉。将成员的种种不快以至愤慨、忧愁、苦恼、悲凉……都虚怀若谷地包容下来，然后紧闭炉门，不再泄漏。让那炉中真火慢慢熬炼，直到怨气焚化成白色无害的灰烬，如烟散去，不见踪影。

这事说起来简单，实施的时候，却很易失控。人在家居，心不设防，就像没打过麻疹疫苗的小儿，对情绪缺少抵抗力。一旦心境恶劣，极易传染他人。又因至爱亲朋，血脉相通，结果一人发火，污染全体，大家受难。很多原本是外界的小风波，最后演变成家庭的全武行。

好的家庭要有丝网般的过滤功能。快乐的幸福的消息，如高屋建

瓴，肥水快流，多拉快跑，让佳音火速进入所有成员的耳鼓。忧郁的不幸的消息，只要不关急务，便遮掩它，蹒跚它，让时间冲刷它的苦涩，让风霜漂白它触目惊心的严酷。

好的家庭是会变形的镜片，能发生奇妙的折射。凸透使视物变大，凹透让东西变小。如果是愉快的源泉，哪怕只是夫妻间的一个手势，孩子捧出的一杯清水，远方朋友的一个问候，陌生人的一个祝福……都应透过放大镜，使它纤毫毕现，华光四射。让一朵杜鹃，蔓延出一片火红的山谷。让一个口哨，轰响成一部辉煌的乐章。从一片面包，憧憬出今后日子的和美丰足。携一缕春风，扩展成融融暖意，铺满整个家庭空间。

如果是苦难和灾异，比如亲朋远逝，祸起萧墙，泰山压顶，骤雨狂风……降临的种种天灾人祸，经了家庭镜片的折射，都应竭力缩小它的规模——淡化压力的强度，软化尖锐的硬度，衰减振荡的烈度，压缩波及的范围，控制哀痛的伤害，截短作用的时间……让家人在家

的庇护下，惊魂甫定，休养生息，疗治创口，积聚新力，重新鼓起生活的勇气。

这是否澳洲鸵鸟的战术，一厢情愿？我想明晰的镜片和浑黄的沙砾有原则区别。无论喜讯还是噩耗，通过家庭镜片的折射，它们未曾消失，依然存在，改变的只是外界事物作用于我们的感觉。

放大欢乐，缩小痛苦，这就是幸福家庭的奇妙镜片功能。

婚姻断想

Hun Yin Duan Xiang

“婚姻”两个字，很有趣。右边是表声的字符“昏”和“因”，左边都是“女”字旁。我们的古人造字是很讲究的，为什么对于所有人都同等重要的一件事，不是用“人”字旁呢？也许他们把深意蕴含其中——婚姻对女人来说，有更加密切的关系。所以，这个有关婚姻的研究机构，设在妇联，是很有根据和远见的。

一位心理学家说过——婚姻关系是人类所有关系中，最为亲密和最为紧密的关系……我初次听到此话，先是惊奇，然后有些不以为然。我想，母子关系、父子关系，甚至祖孙关系，难道不是更为亲密和紧密的关系吗？我们不是都有这样的经验，母亲的怀抱和父亲的臂膀，是我们永久依傍的港湾？！

那位心理学家接着说，爱一个和自己有血缘关系的个体，这在某些动物，完全可以做到，近乎是一种本能。比如一只母鹿在饿狮袭来的时候，宁愿牺牲自己，也要保护仔鹿的生命……动物界重复过无数次这般可歌可泣的场景，想来谁都不会怀疑的。但是爱一个和自己没有丝毫血缘关系的个体，直至结成相濡以沫、生死相依的关系，这只在人类社会中才存在。

它在习俗和法律上被称为——婚姻。因此，婚姻是一个创举，是一种进化，是一门艺术，在它中间，包藏着人类所有品质和关系的总和。它的基础应该是爱。

婚姻实质上是一个中性的词。也就是说，它可以分为好的婚姻和不好的婚姻。高贵与卑鄙、真诚与虚伪、宽宥与刻薄、奉献与索取、提携与拖累、升华与堕落……凡此种种人类精神世界的状态，都可以在婚姻中找到它们的模型。试想一下，两个性别、背景、教养、性格、职业、爱好等都不同的人，走到一间屋檐下，四目相对朝夕以共，那确

是一种肝胆相照"图穷匕首见"的赤裸裸的真实。矛盾终将暴露，摩擦必然产生，理解和退让是润滑油，共勉和并进是婚姻的理想状态。在婚姻中，人们将被迫学习交流和谅解，在这种缩小了的世界中，模拟整个人生的风云。

研究婚姻是一个大题目，尤其是对准备走进婚姻的青年人来说，更应该是必修课。但在现实中，却是一个相对薄弱环节。中国的古话说，男大当婚，女大当嫁。好像只要年纪到了，去婚嫁就是了，至于婚嫁之后的事，男女青年自会料理。在我们的文化中，把对于婚姻的了解和把握，看成一种瓜熟蒂落水到渠成的事情。只要岁数到了，自然无师自通。这种看法，带有原始社会的遗风，把婚姻的内核几乎等同于性的本能。但是人类进化到了今天，婚姻关系绝不仅仅是性的结合，而远远有了更为深邃宽广的内容。如果说，单纯的生理机能还可待自然法则来开启，但是婚姻的社会性，却是必须学习才能掌握。可惜我们的学校里，从中学到大学，是不许谈恋爱的。既然连前奏都在禁止

之列，那么主题就更是不登大雅之堂了。这就出现了一个悖论——我们期待着更多的高质量的婚姻，但是即将走入婚姻家庭的成员，却是对此重大事件云山雾罩不甚了了……他们和她们，或者是道听途说半遮半掩地自学成才，或者是两眼一抹黑仓促上阵，或者是花拳绣腿知其一不知其二更不知其三。更可怕的是有些人自以为掌握了驭妻驭夫的婚姻秘诀，其实是以讹传讹的腐朽观念……这种婚姻的愚民政策，导致了很多惨淡经营、得过且过的低质量婚姻。无知导致了很多悲剧上演。由此可见婚姻教育极为重要，需未雨绸缪，从尚未走进婚姻的年轻人抓起，才可事半功倍。

这正是婚姻研究机构的使命和责任。

每一个孩子都是从小处在父母的某种婚姻状态之中的。他们不但是这种关系的目击者、承受者，而且还是学习者和传递者。所以，我们常常听到这样的故事：一个从小生活在离异家庭中的孩子，长大了，非常渴望真情和幸福。但是，当他走进婚姻之后，如同中了魔

法，竟然亦步亦趋地重复了父母失败的婚姻，他不乏勇气和追求，屡战屡败，然而终是重蹈覆辙，难以自拔。我们在唏嘘这种人间悲剧的背后，也不由得深深地反思——某些失败婚姻的模式，也同某种病症一般，具有传染和遗传的特质吗？

在婚姻中，有很多未知的领域需要探索和研究，任重而道远。

当一个新世纪来临的时候，人们常常许下许多愿望。愿家庭都快乐幸福，是全世界所有踏进和准备踏进婚姻的人的共同期望。让我们为这个理想而努力。

一见钟情还是按图索骥

Yi Jian Zhong Qing Hai Shi An Tu Suo Ji

我收到出版社寄来的一封厚厚的特快专递，签了名，撕开信封，才发现淡蓝色的特快专递信封里面，还藏着另外一封特快专递。

我先看的是出版社的信函。他们说：毕老师，这是一位读者的来信，写明了是转给您的，我们就没有打开，不知是何内容。我们虽然用的是最快的速度，辗转中恐怕也耽误了时间，请您原谅……

我常常收到读者来信，但用双重特快专递发来的信，实不多见。

不知这封信里写的是什么，我很好奇。

以下是这封信的内容。

尊敬的毕老师：

我不知道这封信能不能到达您的手中。我在街上买过您的书，看了以后，觉得自己的故事比您书中所写到的所有的故事都要更精彩。我很想给您写一封信，可是我不知道您的地址，就算是知道了，我想，您可能常常收到很多读者来信，也许看也不看就送到字纸篓儿里了（但愿我这是以小人之心，度君子之腹）。即便您有时会看看信，但我的信混迹其中，您很可能就忽略掉了。我决心采取一个其他的方式让您读到我的信，这样我就写了一封信给您的那本书的责任编辑，很恳切地求她把我的信转给您。我相信当您看到这些文字的时候，我的信已经成功地转送到您手中了。

其实，我想问您的问题很简单，这就是——世界上到底有没有一见钟情这种东西呢？如果有，它是不是最美好的爱情？如果一个人得不到一见钟情，是不是人生就不够完满呢？比如灰姑娘和王子的爱情，肯定是一见钟情的，还有《西厢记》《牡丹亭》什么的，都是这种类

型的，才成了千古绝唱。

好了，不说别人的事和古人外国人的事了，说我自己的事。

我是一个很美丽的女孩，可惜我不愿让您在大马路上把我认出来，否则的话，我应该把自己的照片寄一张给您，这样您就不会暗自笑话我是自恋或是吹牛了。我的外形真的很不错，几乎称得上是“国色天香”了。其实，我也不懂这个词到底是什么意思，总之男人们常常这样形容我，在这里借用一下就是了。

我的自夸到此为止，言归正传。在十八岁之前，我基本上是一个单纯的女孩。上了大学之后，才渐渐地变得复杂起来。我知道了我的美丽是我的骄傲，上课的时候，连七八十岁的老教授也会多看我几眼，就更不消说那些年轻的讲师和男同学了。

能上大学的女孩很多，美丽的女孩也很多。但能上大学又美丽的女孩就不是太多了。现在不到处都在讨论资源开发吗？坦率地说，我觉得自己就是一个很好的资源，要善待自己，把自己的资源充分利用

起来，我要把自己好好地嫁出去。好比一个抓到了一手好牌的人，我为什么不能大赢特赢呢？

我本来准备大学毕业后，再慎重处理自己嫁人的问题，没想到猝不及防地就被丘比特的毒箭射中了。

您一定要说，爱神之箭怎么能叫毒箭呢？因为它毒汁四溢，让我遍体鳞伤。

那天我到食堂打饭，很长的队，好不容易排到跟前了，不想我的饭卡突然找不到了。大师傅很不耐烦地催我，后面的同学熙熙攘攘一个劲儿地往前挤。正在尴尬万分的时候，一个很有磁性的声音，在我后脑的上方响起：你先拿我的饭卡买饭吧。我回头一看，一个高大英俊的男生正微笑地看着我，他的牙齿像米饭一样雪白。特别是他的整个身体，散发出一种独特的香气，真的，在饭厅数十种菜肴和煎炸烧烤之中，他的气味是那样芬芳清新。我一下子就被击中了，简直就像是被施了魔法，乖乖地拿了他的饭卡。那天的中午饭，顺理成章是我

们在一起吃的。因为我要还他的饭钱，所以我留下了他的住址。他是新来的研究生。我还记得那顿饭我们要的都是鱼香肉丝，那种甜兮兮的青椒气味，我一辈子都不会忘记。

我们飞快地坠入了爱河。他对我说，很想租一间房子，和我住在一起。不然如果一天没有八小时以上看到我抚摸到我，他什么课都听不进去。

我的计划被他的计划打破，我对自己说，为了他的早日成才，也为了我的将来，就答应他吧。就这样，我们共筑了一间精致的爱巢，住了进去。

您一定不相信，我看起来是那种很时尚、很前卫的女孩，其实骨子里是很保守的。我把自己的贞节一直保持到了我们住进小屋的那一刻。我以为他看到鲜红的血迹会很高兴，不料他皱了一下眉说，真没想到。我很奇怪，说你不高兴吗？他说，不是不高兴，是觉得自己的责任太大了。那一刻，我突然萌生了不好的预感，觉得他是一个害怕

负责的男人。

不过这种不祥的念头很快就消失了。我天天沉浸在芬芳的气味当中，非常幸福。我对他说，你知道自己有一种特别的气味吗？他很诚实地说，不知道。你可能是太喜欢我了，才生出幻觉。我当然不能承认幻觉这个说法，好像我的神经不正常了，我就请最好的朋友到我家来闻一闻。好友像猎狗一样地在我们的小巢里走来走去，最后她万分认真地对我说，除了男人的汗臭，并无其他味道。你以为你找到的是一头香獐或是麝香牛吗？你是情人眼里出西施，其实他和其他男人别无二致。

朋友走了，我也一笑了之。别人闻不到他的奇特，这最好了。要是人人都像我似的一见钟情，我的未来还不保险了呢！我们就这样幸福地过了 109 天，比水浒的 108 将还多一天，没想到那天晚上他吃完了我为他包的鸡肉馄饨之后，对我说，对不起，我不爱你了。我明天就会搬出这间房子。不过，请你放心，房租我已经交到月底了，你还可以安心住着，不必慌张。

我大吃一惊，说你怎么可以这样？他很震惊地说，我怎么就不可以这样？既然我们可以一见钟情，我也能和别人一见钟情。我爱上了另外的一个女孩。我说你不要脸。他说，你不要出口伤人。我们本来就是同居，合则聚不合则散，你我都是自由人。我说，那你以前的山盟海誓呢？他说，你怎么可以相信那些！什么冬雷阵阵夏雨雪，现在全球大一统，咱们这里是夏天，南半球就是冬天，当然可以夏雨雪了。所以，没有不变的东西，要与时俱进嘛！我真的很想像电影里那样，狠狠地抽他一大嘴巴，但是极度的衰弱辖制了我，完全呆若木鸡，根本就抬不起臂膀，眼睁睁地看着他收拾完了自己的东西，扬长而去。

我想问问您的就是：世界上有一见钟情这种东西吗？它是甘霖还是毒药？我相信一见钟情，可一见钟情的结果居然这样残酷。我以后还有能力爱一个人吗？它将是怎样的方式呢？

萧箐

×年×月×日

毕老师说：

很多人以为自己的故事很独特，其实很多常常是每天都在全世界各地重复上演的 MTV。这样说的意思一点儿都不是小瞧了萧箐的痛苦。我们的痛苦并不是因为独特太引人注目，而是因为它来自我们最深在的情感。无论起因多么平凡，都有可能引爆精神地层的断裂。

关于一见钟情，实在是一个古老的话题。如果把恋爱做一个最简单的分类——那就是一见钟情或是日久生情。

少女少男们期望一见钟情，那样更烂漫、更突如其来、更匪夷所思。文学艺术家们也比较喜欢一见钟情，那样人物集中故事紧凑，冲突剧烈矛盾尖锐。比如一对男女谈了几年的恋爱才定下终身，这几年当中，男人没有出过一次差，女人没有生过一次病，双方的父母也都认为是天造地设，一起投赞成票。你说这个爱情美满不美满呢？大家一定觉得很美满，可这个故事就没法写了，写了也没人看了。因为艺术的规律是“文似看山不喜平”，你得一波三折而不能一马平川。

青年人获取婚恋经验，一部分来自父母和周围的长辈，这本是一条很好的途径，可惜我们的传统中，要么是正襟危坐，把这些知识列为不登大雅之堂的隐秘，要么把民间地下的情色渲染成了代用品，缺少中肯的情爱指导。于是青少年们关于爱情的学习，特别是女孩子，很多来自神话传说和言情故事。文学并不是生活的百科全书，很多时候它是写作者的一厢情愿。所以，关于一见钟情的描写充斥在爱情小说中，常常会使人误以为那是爱情的常态，甚至是唯一的状态。而实际上，一见钟情不过是爱情千姿百态中的一种。

爱情开始的时候，我们的体内发生了怎样的化学变化，这是科学家们至今尚未得出答案的悬疑。爱情可以从任何时间的任何地方开始，也可以在任何地方的任何时间结束。你很难说哪一种方式最好，就像我们至今无法认定哪一种花草是地球上最美的生物。放眼人海，你更是可以看到不同开端的爱情和婚姻，都有成功的金婚、银婚和失败的塑料婚、一次性筷子婚（这两个词是我发明的，表示短暂和垃圾

之意。乱造词汇，请原谅）。比如父母之命媒妁之言的包办婚姻，那结局有跳井上吊的，也有白头偕老的。比如花前月下青梅竹马的情投意合，结局有红杏出墙也有风雨与共。

现在我们回到困扰主人公的关键问题上来。你相信世界上有没有一见钟情这种爱情方式呢？

我是又相信又不相信。为什么这样说呢？你要说没有吧，我曾亲耳听到若干青年男女描述他和她一见钟情时的感受。在某一特定的时刻，看到某一特定的异性怦然心动，异样感受像飓风一样袭来。心跳加速，口舌发紧，周围的空气不再被吸入肺里，而是变成了一种滚烫的喷香的米酒，流溢在唇齿之间，让人心旌摇动，进入微醺的状态，眼睛好像吃多了深海鱼油一样闪闪发亮，嘴唇变得鲜红欲滴……

这种状态是确实存在的，有些人就此沉入爱的海洋不可自拔。其中有些人一生美满，有些人在结婚后再也找不到神奇的触电的感觉了，绚烂归于平淡之后，开始了冷战，甚至导致了家庭暴力，最后不

得不黯然分手。

对于这个复杂的转折，心理学家给出了自己的解释。其实，世界上完全丧失前兆的一见钟情是没有的。人们对于自己伴侣的设计，有着奥妙的先入为主的轨迹。它不但存在于我们的理智当中，也潜伏在不曾察觉的潜意识当中。也许你从来没有在纸上列出过你对这个问题的答案，但这并不证明你是彻头彻尾的一张白纸，并不等于你对与什么样的人共度一生，完全没有过自己独特的思考和认真的设计。也许从父母的言谈身教中，也许从邻里的街谈巷议中，也许从社会的规范评说中，也许从文学作品的潜移默化中……总之，纯粹的爱情白纸是没有的，在看似空无一物的卷宗中，有铅笔用虚线打下的草稿。在某个特定的时辰，某一个特定的形象恰好嵌入了这个无形的标准之中，一见钟情就以迅雷不及掩耳之势把它变成了工笔重彩描绘的现实。所谓的一见钟情，不过是按图索骥。因为不知道萧箐的身世和家庭背景，这里就无法做更深的探索了。

还想谈谈嗅觉的意义。我是医生出身，对人的生理如何微妙地影响了人的心理很有感触。萧箐的故事里，嗅觉起了非常重要的作用，她是被气味所吸引，然后坠入爱河。据科学家研究，主管嗅觉的脑细胞是十分古老的，动物们就是凭着独特的气味来分辨是同类还是敌人，当然，也包括了择偶。在我们每个人的双眼之间、头骨内部与脑底结构中，生长着五百万个以上的嗅觉细胞。这些细胞和脑部正中央的下丘脑相紧密联系。而下丘脑控制着人的恐惧和悲欢等种种情感，当然了，它也支配着情欲。因此，味道有时在不知不觉中会强烈地扰动着我们关于爱情的判断。

爱情当然不仅仅是生理层面的变化，但当一见钟情这种非常类似化学反应的情况发生的时候，我们对此要有着更理智一些的了解和把握，这样对我们的幸福会更有帮助。

我有一个大胆的猜测，其实女人们涂抹香水，是为了减少一见钟情的机会，让自己和对方都有更多的平稳心态来用于选择。因为浓郁

的香水遮盖了原本属于个人的气味，机器化大生产的千篇一律的香水让骚动沉静下来，就不会被某种特殊的体味撩动得忘情。

萧箐还提到了负责任和爱的能力方面，这些都是更重要的核心问题了。我们将在以后的篇幅里再做讨论。

为什么总是遇人不淑

Wei Shen Me Zong Shi Yu Ren Bu Shu

她到心理诊室来的那天，天气很冷，她穿着很短的裙子，腿长得并不好看，透过薄薄的丝袜，可以看到曲张的静脉。鞋跟很高，大脚趾紧绷着，几乎和小腿扳成一条直线。

她坐下后第一句话是——我为什么总是遇人不淑？

我说，为什么用“总是”这个词？

她叹了一口气说，我已经离过两次婚了。这一回，马上也要离了。

我也叹了口气说，我听出你很难过，很想改变。你不知道自己什么地方出了毛病。你需要稳定和温暖，是这样的吗？

她一下子握着我的手，柔弱无骨。连声说，是的是的！我不是爱

离婚的女人，世界上有一些女人，不把离婚当回事儿，我要真是那样，也就不痛苦了。我是想好好过日子的女人，我在这方面下的功夫，比一般女人大多了。可我怎么就找不到爱我的男人？好男人都到哪里去了呢？

看着她绝望的神色，我说，你能告诉我，你是怎样遇到你的三位曾经的丈夫？

她滔滔不绝地打开了话匣子。

我从小是一个害羞的女孩，我总怕别人欺负我，个子小又胆小的女孩，多半都会这样的吧？当我知道男女之事以后，我想，一定要找个子高大的男生，这样，谁欺负我，他就会站出来保护我。第一位丈夫是我同学，个子高高，好似篮球运动员。我们俩的学习成绩都不怎么样，谁也用不着瞧不起谁。知根知底的，优缺点都一目了然，按说应该特踏实吧？所以，一有了工作，我们就结婚了。他当上了老板的保镖，一天跟着出入那些不三不四的场所，认识了一位洗头的小姐。

我现在特恨“小姐”这个词。那算什么小姐啊？简直就是一个只能看小人书的打工妹。要是有点身份的小姐，起码傍一个“大款”“中款”吧，这小姐，苍蝇也是肉，连个保镖也不放过。后来，他俩被我在自己的家里，逮了个正着……我当时害怕极了，比那两个狗男女吓得还厉害。他们倒是比我镇静，我丈夫撂下一句话——你既然看见了，你就看着办吧！我呆呆地坐在家里，特别可惜我那精心布置的床，被糟蹋得乱七八糟的……别看我这个人个子小，可受不了这种窝囊气，我二话没说，离婚！

离了以后，我很快就从打击中恢复过来了，非要争一口气，要让我的前夫看看,你算个什么东西！你只能往底层里找,我呢？哼！这回找的不但个子要高过你，身份钱财都要比你强！话虽是这样说，但有钱财有身份的男人，大姑娘随便挑，干吗非得娶我这么个一没学历二没个头三没好工作的二婚女子啊？我分析了一下自己的优势劣势，我长得不错，还因为从小就胆小，所以刚跟我接触的人，都以为我挺温

柔的。许多男人啊，最看中的就是女人温柔。不信你到报纸上的征婚广告看看，有一个算一个，都是寻求温柔贤淑女子的。扬长避短吧，我就在这方面下功夫。学着做一个贤妻良母呗，没什么难的。只要说话声音轻一点动作慢一点，对小孩子特别疼爱就大功告成了。当然了，还得练着记住一些童话故事……因为我要找的那种身份的男人，基本上都是带一个小孩的，你要是能对他的孩子好，他自然会给你加分。我报了社会上的各种学习班，比如“家长学校”“烹饪班”什么的。小姐妹都笑我，说你连个“月娃子”都没养下呢，自己连整虾都舍不得买，只吃虾皮，上这种班，不是跳级吗？我不理她们，也不告诉她们我的真实想法。万一要是失败了，多丢人啊。把这些都操练得差不多了以后，我就开始物色对象了。

从哪儿物色？当然是从征婚广告上了。这法子说起来挺笨的，其实多快好省。你买一堆报纸刊物，仔细研究，条件一目了然，一上午浏览个百八十男人的基本情况，不是难事。看得多了，也能增长经验，

什么人是真心的，什么人是闹着玩的，甚至想占便宜的，估计个差不多。虽说里面有骗人的，但我也不是傻子，能分辨出个大致。感觉不好的，再不理他就是了。我特别重视身高这个条件，1.79 米以下的，免谈。

你猜得不错，我前夫就是 1.79 米。怎么我也得找一个比他高的，高 1 厘米也是高。按说我这些条件加在一起，也挺苛刻的。可我还真是找到了一个愿意见面的。个高，有钱，有一份体面的工作，有一个很可爱的孩子……一切的一切，都同我预计的一模一样。我给他做很可口的饭菜，亲吻他的孩子……

你问我这样做，是不是很勉强？说实话，有一点儿。但我知道这是为自己以后的幸福投资，也就一一地做了。这样接触了几次之后，是他催着结婚的。他说他太累了，需要一个安静的小潭。我说，我各方面的条件都不如你，你怎么会看上我呢？他说，前妻跟着别人走了，他下决心要找一个各方面都不如自己的人，只要对他好，对孩子好，

就成了。钱挣多少是多呢？他挣的钱够用的了，我的钱不多，这没关系……这些理由挺充分的，是不是？我信服了，觉得苍天有眼，我的准备都派上用场了，熬出头了。

我们很快就结了婚。婚礼是到国外旅行了一趟，几乎没通知朋友。我的第二任丈夫说，他不想大事铺张，只想安安稳稳地过日子。我倒是很想风光一把，特别是让我的前夫知道知道，他离开了我，我却过得更好了。但新丈夫说低调处理好，我也就依了他。我还要保持一个贤惠的形象嘛。也许，我当时强烈要求大事操办一番，事情就会是另外的结局了？毕竟他是一个好面子的人……

结婚以后，我的本色就慢慢露出来了，我不可能老忍着吧？他的孩子做得不对的，我也不能老哄着，是不是？爆发是因为我替他去开孩子的家长会。老师劈头盖脸的一顿训，我回来当然要转述给他的父亲。也许我的表情不够沉痛，也许我的忧虑不够发自内心，本来嘛，又不是我的亲生孩子，我能做到如此，已经很不错了。说着说着，我

的第二任丈夫就开始生气，说我不是真心爱孩子，有点幸灾乐祸……最后说我是一只披着羊皮的狼……我太冤枉了，我怎么会是狼？我是打算当一只忠诚的看家狗啊。我们开始了争吵。夫妻吵架这事，是不能开头的。开了头，就有瘾，会越吵越来劲。正在这时候，他的前妻回来了。他们是怎么开始来往的，我不知道。有一天吵架之后他对我说，我们还是离婚吧。我要和前妻复婚。她表示悔改，我原谅她了。我已经不相信女人，但对孩子来讲，毕竟还是他的亲妈。至于你，可以给你一部分钱作为补偿……

我走了。没要他的钱。我不是为了钱，才和他结合的。我努力做了，可他是把我作为一个替代品，我上当了。他结婚的时候不肯通知朋友，说明他自己就对这次婚姻没信心，不看重。

这一次，我真的垮了。后来，我很快有了第三次婚姻。要说我的第二任丈夫，什么都没给我留下，这不对。他把一个观念留给了我，就是找一个条件不如自己的人。这样，你就操持着主动，你可以不要

他，他却要巴结着你……我再找丈夫的时候，什么条件都放弃了，只问一条，个儿要超过 1.82 米。

是的。我也涨了价码了。您可以想到，在这种倒霉的时候，我能有什么好运气？他是一个好吃懒做的人，就靠我的那点收入养活他。等把我吃光了，他就出去找别的女人。我说那就离婚，他觍着脸说，离婚干什么？凑合着过吧。我这是为你着想。像你这种女人，再离婚，谁还敢要你？丧门星！

我真的蒙了。不知道哪里出了问题。我不是一个坏女人，我也没有害过人。可命运为什么对我如此不公？俗话说，事不过三，我为什么三次婚姻都如此不幸？有时我想，好人和坏人总是有一定比例的吧？这世界上总还是好人多吧？我就是在马路上随便拦住一个人，嫁给他，也不至于次次都输得这么惨吧？到底是什么地方出了毛病？

她一口气说了这么久，目光始终不对着我的脸，只是紧张忧郁地注视着我的手。好像我的手里，捏着根还阳救命的仙草。

我缓缓地说，出毛病的地方，其实你自己是知道的啊。

她大吃一惊，说，您别开玩笑。我要是知道，还能一次次地陷到这么惨吗？我不会跟自己作对的！

我说，你的三任丈夫，都有一个共同点。你也反复多次提到，你找丈夫有一个雷打不动的条件……

她真是个聪明女子，马上说道，您是说我对身高的要求吗？这有什么错的呢？您到征婚广告上看看，基本上都有这一条。人之常情啊。

我说，我很理解你。但我想问，你在对男人身高的要求后面，寄托的是什么呢？

她想想说，我想……如果男方的个子高，以后生个孩子，个子也会高的。这不是优生优育的规律嘛！

我说，你想得挺长远。这很好。可我一直没听到你有要孩子的打算。再者，对一桩婚姻来说，孩子并不是先决条件啊。请再想想，高个子后面的期待——是什么？

她低下头想。当她再抬起头的时候，我看到了泪水。她说，我想要的是一份家庭的安全感。

我说，对极了。婚姻是要给人以安全感的。但最主要的安全感是从哪里来呢？从男人的头发？从男人的眼睛？从男人的籍贯？从男人的誓言？

她沉思了半晌，说，要从男人对爱情的忠诚来说，和个子无关。

小个子的男人，也一样能做个好丈夫的。

我握着她的手说，好。你讲对了一小半，还有一大半。

她说，婚姻的安全感更要从自己来。相信自己，不要把命运寄托在别人身上。这样，即便出了差错，也不会乱了分寸，病急乱投医，不会一错再错了。只要自己安全了，婚姻就安全了。

我送她出门的时候，紧紧地握着她的手。她的指尖依旧很凉，但已经有一种坚定的力量，蕴含在指掌之中了。

Chapter 陆

我们
终将上岸，
阳光万里

女性应该多有几个朋友，

至少也要有一个你可以

面对她哭泣的女人

……交往多年、

知根知底、

善解人意的朋友。

倾听灰姑娘

Qing Ting Hui Gu Niang

一位女友在国外做心理医生。回得国来，与我闲谈，说起她向许多心理疾患久治不愈的美国人，竭力推荐中国的一种疗法。

我说：“是某种中药吧？中医对许多莫名其妙的病症，颇有奇异的效果。”

她抿嘴一笑说：“不是。这疗法，不用口服不必注射，像我们这个年纪的中国人，操作起来都是极娴熟的。”

没想到，不知不觉中还有绝技在身，我忙问到底是怎样的疗法。

“就是谈心啊。当年我们俩不是结成对子，常常在操场边的葡萄架下，谈天到深夜吗？各自的家庭、心里的一闪念，还有苦恼和希望，都漫无边际地聊个够……直到现在，我的鼻子在大洋彼岸，在睡

梦中，还时时会闻到篮球架旁的沙枣花香，那是一种无法形容的沁人心脾的醉气……”

我说：“谈心这件事，现在的声名可不大好。过去许多人把谈心得来的材料，当成子弹，打了小汇报，酿出了无数冤案。人们如今都牢记老祖宗的教导，逢人只说三分话，未敢全抛一片心，哪里还有掏心掏肺的聊天？

“倘若是男人嘛，还有一个放松的机会，那就是三五知己喝醉了酒，吐出几分真言。女人就只好憋在肚里，让那些心里话横冲直撞，直到把自己的神经撞出洞来。再说，这也是社会的一种进步，我们好不容易得到了隐私权，岂能拱手相让？”

女友笑起来说：“隐私权是一种权利，你愿意用就用，不愿用就不用，自由在你手里啊。好比离婚这种权利，对和和美美的夫妻来说，就可以闲置在那里。再者，人家逼迫你说出隐私，和你自愿地倾诉心曲，实在是两回事。

“其实越是隐私，对人心理的压力就越大，就越要有正常的宣泄渠道。随着社会物质文明的进步，人们对自己的生理健康越来越关注。哪怕微风吹落了草帽，也要赶快吞几片感冒药预防。但人们对自己的心理关怀太不够了，它就像一个衣衫褴褛的灰姑娘，躲在角落里。可这个灰姑娘是会发脾气的，一旦疯狂起来，将给我们带来巨大的痛苦。”

她忽然转换了话题说：“假如你和你的先生吵了架，你怎么办？”

我说：“那我就不理他。”

她问：“你和别人谈起吗？”

“一般不说。家丑不可外扬啊。”我叹一口气。

她说：“你跟我说了心里话，我也跟你说。在美国，假如我突然和我的先生吵了架，我会马上就去找我的心理医生。”

我说：“你自己不就是医生吗，还要找别人干什么？”

她笑笑说：“心理医生也和别的医生一样，自己是不能给自己看

病的。夫妻吵架表面上看来都是因为极小的事情，但下面常常潜伏着由来已久的情感危机。

“假如我们不想分手，就一定要把这股暗流找出来，清醒地对待它、排解它。但心理医生在美国收费十分昂贵。”

我说：“主意虽好，只是咱们连小康尚未达到，第三世界消费不起。有没有自力更生、白手起家的法子？”

女友说：“有啊，这就是谈心。其实心理医生也是和病人谈心聊天，只不过更专业、更精彩一些。女性应该多有几个朋友，至少也要有一个你可以面对她哭泣的女人。

“我指的不是那种萍水相逢，或生意场上、权力上因为利害关系结成的伙伴，而是交往多年，知根知底、善解人意的朋友。

“你说起了一片叶子，她就知道风从哪里来。哪怕你婚后爱上了另一个男人，你也用不着分辩自己不是一个坏女人，要商讨的只是应该怎样办……她真诚而善良，绝不会让你的故事流传。精心的信任和

感情，就是不花钱的心理医生。友谊是一种像水一样互相流动的物质。这一次你给予了我，下一次我给予你。”

我说：“明白你的意思了，让我们倾听对方心中的灰姑娘。”

分手的时候，她对我说：“肝胆相照、温暖亲切的谈心遵循着一条美好的定律。那就是——和朋友分享：快乐是传染的，起码可以加倍；痛苦是隔绝的，至少可以减半。”

女孩，请与我同行

Nü Hai Qing Yu Wo Tong Xing

那天，说好晚上九点到广播电台，直播一个呼唤真情的节目。都怪我临走时又刷了刷碗，出门比预定时间晚了五分钟。大城市里似乎活动着一条诡谲的规律，假如你晚了半步，就像跌入了黑暗的潜流，步步晚下去，所有的事物都开始和你作对。

我家门口是交通要道，平日打的，易如反掌。但此刻仿佛全北京的人都拥挤在出租汽车上，奔驰而来的汽车没有一辆亮出“空驶”的红灯。时间在焦急的等待中转瞬即逝，我急得头上热气腾腾。

顾不得往日的矜持，我跳到马路中央拦车。可惜每一辆迎面驶来的出租汽车的窗玻璃上都黑压压地涂满了人，任凭我将手臂摇得像风雨中的旗杆，车群还是拐着弯呼啸而过。

我想，也许我站的地方不理想，就向路口逼近，最后简直戳到了红绿灯底下了。

现在，是最后的时限了。假如我再搭不上车，直播室里将留下一幅焦灼的空白。我无法设想那边即将到来的慌乱情景，只是疯狂地向每一辆的士招手。

突然，一辆红色的夏利出租车从天而降，稳稳地停在了我的身旁。司机是一个快活的小伙子，他露出一口白牙微笑着问我：“您到哪里去？”

我伸手拉开车门，上了车报出地名。猛然一个尖锐的女声撕破了我们的耳鼓：“你怎么问她不问我？是我先看到你的，是我先挥手的。这是我拦的车，该我上的……”

我们都愣了，看着这从一旁杀出的女孩。她穿着一身银粉色的连衣裙，夜风吹起裙裾，像套着一柄漂亮而精致的阳伞。

略一思索，就明白了眼前的事态。女孩刚来到人行道上挥手拦

车，车就停了。她以为这是她的功劳。

来不及同她做太多的解释，甚至不想分辩究竟是谁先举起的手（其实很简单，只要问一问司机就真相大白）。我只是想，既然我们在同一方向拦车，大目标就是一致的。于是问她："小姐，您到哪里？"

她不屑于理我，对着司机报出了她的目的地。司机轻松地说："我正不知道怎么回答您呢，这下好了，你俩顺路，您先到，那位女士后到。谁也不耽误……"

我敞着车门对她说："小姐，谁拦的车已经无所谓了，要紧的是我们赶快上路。对不起，我的确有急事，来不及再拦别的车了。既然我的路远，车费就由我来付。小姐，快上车吧，请与我同行。"美丽的小姐掏出高雅的钱夹，也是娇艳的粉红色，对司机说："钱，我有的是。我从没习惯同别人坐一辆出租车。你请她下去，我多付你钱。"

我突然感到异乎寻常的寒冷，在这春意荡漾的夜晚。

那一瞬，我漠然缄口无言。要是司机撵我下车，我只有乖乖地下

去。就是过后义愤填膺地举报车号，司机也完全可以不认账，说他是先看到粉红色小姐后看到的我，这便是死无对证的事。况且按照我待人处世息事宁人的习惯，也绝不会打上门去告谁。

在那个时刻，甚至连广播电台的直播都茫然地离我远去。在人与人之间如此隔膜的今日，温情的呼吁是多么苍白微弱。

我抱着肘，怕冷似的等待着，等待一个陌生人的裁决。

司机对小姐说："我当然愿意多挣点儿钱啦。您忙吗？"

小姐嫣然一笑说："我不忙。就是晚饭后遛遛弯儿。"她很自信地看着司机，对自己的魅力毫不怀疑。

我已经做好了下车的准备，听见司机对小姐说："既然您不忙，那我就先送这位女士了。您再打别的车好吗？"

说着，他发动了引擎，夏利像一颗红色的保龄球，沿着笔直的长安街驶去。

女孩粉红色的身影，像一瓣飘落的樱花，渐渐淡薄。

我很想同司机说点儿什么，可是说什么呢？感谢的话吗？颂扬的话吗？在这车水马龙的都市里，似乎都被霓虹灯的闪烁淹没了。

“像这样的事多吗？”我终于说了。

“什么事？”他转动着方向盘，目视前方。

“就是同一方向行驶的乘客，却不愿搭乘。”

“多。挺多。其实同方向搭乘，既省了钱，又省了油，还省了时间，不消说还减轻了城市的交通污染。可是，有许多人就是不愿搭乘。不过一般人不愿合着坐，不坐就是了。像今天这位小姐，公然用钱来逞强的人，也不多。”司机一边说着，一边灵巧地避让着车流。

我轻轻地叹了一口气，问他也是问自己：“人哪，为什么要这样喜好孤独？”

正巧前面是一盏红灯，司机拨弄着一个用作装饰的金“福”字，平静地说：“因为他们有时间，因为他们有钱。”

绿灯像猫头鹰的眼一般亮了。他一踩油门，车又箭矢般前进。一

路上，我们再无交谈。

到达北京人民广播电台，离预定的直播时间还有五分钟。

我急急地把一张整币递给他，甩上车门就往楼里跑，那一道道直播间的手续颇为费时。

司机在后面喊："我还没找您钱呢！"

我头也不回地说："不用找了。别在意，那不是奖你的，是我没时间了。如果你不忙，待会儿请打开收音机，会听到在节目里说起你……"

我不知道司机是不是听到了我的话，更不知道那朵粉红色的樱花，坐着另一辆出租汽车兜风的时候，听到了我的呼唤没有。

我在说——女孩，请与我同行。

谁是你的闺密

Shui Shi Ni De Gui Mi

某天，我看到工作人员正在清理一堆小山似的硬币，好像是哪个孩子当场砸碎了他的宝贝扑满。我很奇怪，心理机构不是超市银行，似乎不应该收集如此多的硬币。助手们都很尽职，平常绝不会在业务场所处理私事，看来这些硬币和工作有关。我实在想不明白：硬币和心理咨询有何关系？

助手看我纳闷，就说，这是一个孩子交来的预约咨询费用。我一时愣怔，心想，孩子的钱，是不是应该减免？助手看我不说话，以为我是在斟酌钱的数量，就说，这是那个孩子所有的钱，我打算自己帮她补足。

我问，钱的事，咱们再说。我想知道孩子是跟着谁来的。

按照惯例，孩子的问题，都是父母发现后焦虑不安地领来求助。

助手说，这孩子是自己来的，用压岁钱来付费，父母根本不知道她要来看心理医生。助手说着，把她的登记表递过来。

工工整整的字迹填写着：张小锦，女，十三岁，本市 ×× 中学初一年级学生……

见到张小锦的时候，我吃了一惊。本以为这么敢作敢为挺有主意的孩子一定人高马大，却不料她十分瘦小，穿橙色校服蜷在沙发中，好像一粒小小的黄米。

我说，你遇到了什么事情，需要我们的帮助？

瘦小的张小锦说起话来嗓门挺大，音调喑哑，有点像张柏芝，仿佛轻巧的身躯里藏着一根摔裂的长笛。张小锦咬牙切齿道：我请你帮助我——除掉我妈的朋友！

我着实被吓了一跳。这个开头，有点像黑帮买凶杀人。我说，你很恨你妈妈的朋友？

张小锦说，那当然！请你千万不要将我的话告诉任何人。你要发誓，永远不能说。

这可让我大大地为难了。就算她是一个孩子，如果她图谋杀人，我也要向有关机构报告。如果我拒绝了张小锦的要求，她很可能就拒绝和我说知心话了，帮助便无从谈起。我避开话锋，慢吞吞地回答，你能告诉我，你说的“除掉妈妈的朋友”是什么意思？

“除掉”通常是血腥的。警匪影片中将要杀死某个人的时候，匪徒们会窃窃私语，吐出这个词。张小锦回答说，我的“除掉”就是让这个朋友离开我家！不要和我妈没完没了说个不停，让我妈多拿出一点时间来陪我，遇事别老听这个朋友的，也和我聊聊天，也听听我的想法……

原来是这样！在张小锦的词典里，“除掉”并不是杀死，只是离开。我稍稍松了一口气，说，张小锦，看来你妈妈和你交流不够，你对此很有意见啊。

张小锦遇到了知音，直起身板说，对啊！我妈有什么心事，只和朋友说，不和我说。我们家的事，是和她朋友关系密切啊，还是和我密切啊？

张小锦黑亮的眼珠凝神盯着我，目光中带出急切和哀伤。

我立即表态，你们家的事，当然是和你关系最密切了。

这让张小锦很受用，她说，对啊！那个朋友一天到晚老缠着我妈，让我妈离婚，破坏我们家的和睦！说着，她长长的睫毛湿润了。我递过去几张纸巾，张小锦执拗不接，只是不停地眨巴眼睛，希望眼帘把泪水吸干，睫毛就聚成几把纤巧的小刷子。

看来张小锦家充满了矛盾和危机，她妈妈的朋友也许正是罪魁祸首。我说，小锦，是妈妈的朋友让你们家庭变得不幸福了？

张小锦一个劲儿地点头，正是！

我说，妈妈的坏朋友具体是个怎样的人？

张小锦突然有点踌躇，说，其实这人也不算太坏，逢年过节都会

给我买礼物，是我妈的闺密。

晕！我一直以为妈妈的朋友是个男人，甚至怀疑他就是破坏张小锦家的第三者。现在才知道，朋友是个女的！有一瞬间，闪过张小锦的妈妈是不是个双性恋的念头。要不然，怎么两个女人之间的关系会引发张小锦这样大的恼怒！

咨询师的脑海就像一台高速运转的电子计算机，来访者的任何一句谈话，都会在咨询师脑海中引发涟漪。一千种可能性像漂流瓶在波涛中起伏，你不知道哪一只瓶内藏着来访者心中的魔兽。也许你以为是症结所在，穷追不舍，紧紧跟踪，结果不过是一朵七彩泡沫。也许你忽视的只言片语，却潜藏着最重要的破解全局的咒语。这一次，我的方向差了。

我想起了老师的教导：你不能以自己的主观猜测代替事实的真相。你永远不能跑到来访者的前面去，你只能跟随……跟随……还是跟随。

我调整了心态，对张小锦说，你妈妈和女友之间的关系，让你嫉妒。

张小锦不解地重复，嫉妒？我好像没有想到这一点。

我说，以前没想到不要紧，现在开始想也来得及。

张小锦偏着脑袋想了一会儿说，好吧，你说我嫉妒，我承认。人家都说女儿是妈妈的小棉袄，可我妈妈硬是把我当成了破大衣，心里有话都不跟我讲。

我说，你妈妈的心里话是什么呢？

这一次，张小锦反常地沉默了，很久很久。如果我不是一个训练有素的心理师，也许我就睡着了。我等待着张小锦，我知道这些话对她一定非常重要，讲出口又非常困难。

终于啊终于，张小锦说，哼！他们都以为我不知道，他们合伙儿来骗我。我也愿意装出一副傻相，让他们以为我不知道。他们自以为知道一切，其实我在暗里比他们知道得更多！

简直就是一个绕口令！我彻头彻尾被这个有着破碎长笛一样沙哑嗓音的女生弄糊涂了。我要澄清，在她的词典里，“他们”——是谁？

是我爸爸、我妈妈，还有那个和我爸爸相好的女人。当然，还有我妈妈的闺密……张小锦的话匣子终于打开了。原来，张小锦的爸爸有了外遇，和另外一个女子暧昧，被放学回来的张小锦撞见了。

从此，张小锦见了爸爸不理不睬，爸爸反倒对张小锦格外好。张小锦决定不把这件事告诉妈妈，因为那样家就很可能破碎。张小锦知道那些父母离婚的同学基本上都很自卑。张小锦心想，只要妈妈不发现这件事，家庭就能保全。她一次又一次地帮着爸爸遮掩，让妈妈蒙在鼓里。然而，妈妈还是察觉到了某种蛛丝马迹，开始敏感而多疑。张小锦很怕出事，就故意胡闹，分散妈妈的注意力，实在没法子了就生病。无论妈妈多么在意爸爸的一举一动，只要张小锦一发烧，妈妈就把所有的注意力都放到了张小锦身上，无暇他顾，爸爸的危机就化解了。可

爸爸不知悔改，变本加厉。张小锦就是再用十八般武艺转移妈妈的注意力，妈妈还是越来越接近真相了。妈妈对自己的好朋友痛哭一场和盘托出。这位闺密是个刚烈女子，疾恶如仇。她不断和妈妈分析爸爸的新动向，号召妈妈奋起抗击。妈妈很痛苦，和闺密无话不谈，最近已经到了商议如何去法院告道德败坏的爸爸，讨论分割财产和张小锦的归属……张小锦用大量的精力偷听她们的谈话，惊恐万分。好比外敌入侵，妈妈的闺密是主战派，张小锦是主和派。张小锦要维护家园，当务之急就是除掉闺密！她走投无路，不知道跟谁商量。跟同学不能说，要维持幸福家庭的假象；跟亲戚不能说，爸爸妈妈都是好面子的人，张小锦不愿亲人们知道家中正在爆发内乱；跟老师也不能说，她害怕老师从此把她归入需要特别关心爱护的群体。百般无奈的张小锦想到了心理医生，就把所有的私房钱都拿出来做了咨询费。

听完了这一切，我把张小锦抱在怀里，她像一只深秋冷雨后的蝴蝶，每一根发丝都在极细微地颤抖。不知道在这具小小的躯体里隐藏

了多少苦恼与愤怒！她还是个孩子啊，却肩负起了成人世界的纷争，为了自己的家庭，咽下了多少委屈、辛酸的苦果！

许久后，我说，小锦，设想一个奇迹。假如你妈妈的闺密突然消失了，你们家就能平静吗？

张小锦认真想了一会儿，说，可能会平静几天吧。但我妈妈已经起了疑心，她会穷追到底，我爸爸迟早得露馅。

我说，这么说，闺密并不是事情的症结……

张小锦是个聪明孩子，马上领悟过来，说，事情的根本是我爸妈自己！

我说，你同意我请你的爸爸妈妈到这里来咱们一同讨论你们家的情况吗？

张小锦害怕地抱着双肩说，他们会离婚吗？

我说，不知道，咱们一块儿努力吧。只是有一条，这一次，你不能装作什么都不知道，你要把你所知道的一切和感受都说出来，包括

你对父亲第三者的印象，还有你对闺密的看法。你要表达你对父母的期待和对一个完整的家的爱。

张小锦说，天哪！在爸爸妈妈眼里，我一直是个善解人意的乖乖女，这下子，我岂不是变成了刺探情报两面三刀的小间谍？！不干！不干！

我说，这是否比你失去爸爸妈妈和家庭瓦解更可怕？

张小锦捂着眼睛说，好吧。我知道什么事最可怕。

我们和张小锦的爸爸妈妈取得了联系，他们一同来到咨询室。

经过多次的家庭讨论，这其中有很多激战和眼泪，张小锦的爸爸终于决定珍惜家庭，和第三者一刀两断。妈妈也说看在小锦一番苦心上，给爸爸一个痛改前非的机会。

结束最后一次咨询，张小锦离开的时候悄悄地对我说，现在，我也有了一个闺密，给我出了个好主意。

我说，谁呀？她说，就是你啊！

红与黑的少女

Hong Yu Hei De Shao Nü

来访者进门的时候，带了一股寒气，虽然正是夏末秋初的日子，气候还很炎热。

女孩，十七八岁的样子，浑身上下只有两种颜色——红与黑。这两种美丽的颜色，在她身上搭配起来，却显得恐怖。黑色的上衣黑色的裙，黑色的鞋子黑色的袜，仿佛一滴细长的墨迹洇开，连空气也被染黑。苍黄的脸上有两团夸张的胭脂，嘴唇红得仿佛渗出血珠。该黑的地方却不黑，头发干涩枯黄，全无这个年纪女孩青丝应有的光泽。眼珠也是昏黄的，裹着血丝。

“我等了您很久……很久……”她低声说自己的名字叫飞茹。

我歉意地点点头，因为预约的人多，很多人从春排到了秋。我说：

“对不起。”

飞茹说：“没有什么对不起的，这个世界上对不起我的人太多了，您这算什么呢！”

飞茹是一个敏感而倔强的女生，我们开始了谈话。她说：“您看到过我这样的女孩吗？”

我一时不知如何回答好，就说：“没有。每一个人都是特殊的，所以我从来没有看到过两个思想上完全相同的人，就算是双胞胎，也不一样。”

这话基本上是无懈可击的，但飞茹不满意，说：“我指的不是思想上，我知道这个世界上绝没有和我一样遭遇的女孩——打扮上，纯黑的。”

我老老实实地回答：“我见过浑身上下都穿黑衣服的女孩，通常她们都是很酷的。”

飞茹说：“我跟她们不一样。她们多是在装酷，我是真的……残

酷。”说到这里，她深深地低下了头。

我陷入了困惑。谈话进行了半天，我还不知道她是为什么而来。主动权似乎一直掌握在飞茹手里，让人跟着她的情绪打转。我赶快调整心态，回到自己内心的澄清中去。这女孩子似乎有种魔力，让人不由自主地关切她，好像她的全身都散发着一个信息——“救救我！”可她又被一种顽强的自尊包裹着，如玻璃般脆弱。

我问她：“你等了我这么久，为了什么？”

飞茹说：“为了找一个人看我跳舞。我不知道找谁，我在这个大千世界找了很久，最后我选中了您。”

我几乎怀疑这个女生的精神是否正常，要知道，付了咨询费，只是为了找一个人看跳舞，匪夷所思。再加上心理咨询室实在也不是一个表演舞蹈的好地方，窄小，到处都是沙发腿，真要旋转起来，会碰得鼻青脸肿。我当过多年的临床医生，判断她并非精神病患者，而是内心淤积着强大的苦闷。

我说："你是个专业的舞蹈演员吗？"

飞茹说："不是。"

我又说："但这个表演对你来说，非常重要。为了这个表演，你等了很久很久。"

飞茹频频点头："我和很多人说过我要找到看我表演的人，他们都以为我是在说胡话，甚至怀疑我不正常。我没有病，甚至可以说是很坚强。要是一般人遇到我那样的遭遇，不疯了才怪呢！"

我迅速地搜索记忆，当一个临床心理医生，记性要好。刚才在谈到自己的时候，她用了一个词，叫作"残酷"，很少有正当花季的女生这样形容自己，在她一身黑色的包装之下，隐藏着怎样的深渊和惨烈？现在又说到"疯了"，她到底发生了什么？

贸然追问，肯定是不明智的，不能跨越到来访者前面去，需要耐心地追随。照目前这种情况，我觉得最好的方法是尊重飞茹的选择：看她跳舞。

我说：“谢谢你让我看舞蹈，需要很大的地方吗？我们可以把沙发搬开。”

飞茹打量着四周，说：“把沙发靠边，茶几推到窗子下面，地方就差不多够用了。”于是我们两个嗨哟嗨哟地干起活来，木质的沙发腿在地板上摩擦出粗糙的声音，我猜外面的工作人员一定从门扇上的“猫眼”镜向里面窥视着。诊所有规定，如果心理咨询室内有异常响动，其他人要随时注意观察，以免发生意外。趁着飞茹埋头搬茶几的空子，我扭头对门扇做了一个微笑的表情，表示一切尚好，不必紧张。虽然看不到门那边的人影，但我知道他们一定不放心地研究着，不知道我到底要干什么。其实，我也不知道下面会发生什么事情，只是相信飞茹会带领着我一步步潜入她封闭已久的内心。

场地收拾出来了，诸物靠边，室内中央腾出一块不小的地方，飞茹只要不跳出芭蕾舞中“倒踢紫金冠”那样的高难度动作，应该不会磕着碰着了。

我说："飞茹，可以开始了吗？"

飞茹说："行了，地方够用了。"她突然变得羞涩起来，好像一个非常幼小的孩子，难为情地说，"您真的愿意看我跳舞吗？"

我非常认真地向她保证："真的，非常愿意。"

她用布满红丝的眼珠盯着我说："您说的是真话吗？"

我也毫不退缩地直视着她说："是真话。"

飞茹说："好吧，那我就开始跳了。"

一团乌云开始旋转，所到之处，如同乌黑的柏油倾泻在地，沉重，黏腻。说实话，她跳得并不好，一点也不轻盈，也不优美，甚至是笨拙和僵硬的，但我一直目不转睛地看着，我知道这不是纯粹的艺术欣赏，而是一个痛苦的灵魂在用特殊的方式倾诉。

飞茹疲倦了，动作变得踉跄和挣扎。我想要搀扶她，被她拒绝。不知过了多久，她虚弱地跌倒在沙发上，满头大汗。我从窗台的茶几上找到纸巾盒，抽出一大把纸巾让她擦汗。

待飞茹满头的汗水渐渐消散，这一次的治疗到了结束的时候，飞茹说：“谢谢您看我跳舞，我好像松快一些了。”

飞茹离开之后，工作人员对我说：“听到心理室里乱哄哄地响，我们都闹不清发生了什么事，以为打起来了。”

我说：“治疗在进展中，放心好了。”

到了第二周约定的时间，飞茹又来了。这一次，工作人员提前就把沙发腾开了，飞茹有点意外，但看得出她有点高兴。很快她就开始新的舞蹈，跳得非常投入，整个身体好像就在这舞蹈中渐渐苏醒，手脚的配合慢慢协调起来，脸上的肌肉也不再那样僵硬，有了一丝丝微笑的模样。也许，那还不能算作微笑，只能说是有了一丁点儿的亮色，让人心里稍安。

每次飞茹都会准时来，在地中央跳舞。我要做的就是在一旁看她旋转，不敢有片刻的松懈。虽然我还猜不透她为什么要像穿上了魔鞋一样跳个不停，但是，我不能性急。现在，看飞茹跳舞，就是一切。

若干次之后，飞茹的舞姿有了进步，她却不再一心一意地跳舞了，说："您能抱抱我吗？"

我说："这对你非常重要吗？"

她紧张地说："您不愿意吗？"

我说："没有，我只是好奇。"

飞茹说："因为从来没有人抱过我。"

我半信半疑，心想就算飞茹如此阴郁，年岁还小，没有男朋友拥抱过她，但父母总会抱过她吧？亲戚总会抱过她吧？女友总会抱过她吧？当我和她拥抱的时候，才相信她说的是真话。飞茹完全不会拥抱，她的重心向后仰着，好像时刻在逃避什么，身体仿佛一副棺材板，没有任何温度。我从心里涌出痛惜之情，不知道在这具小小的单薄身体中，隐藏着怎样的冰冷。我轻轻地拍打着她，如同拍打一个婴儿。她的身体一点点地暖和起来、柔软起来，变得像树叶一样可以随风摇曳了。

下一次飞茹到来的时候，看到挤在墙角处的沙发，平静地说："您和我一道把它复位吧。我不再跳舞了，也不再拥抱了。这一次，我要把我的故事告诉您。"

那真是一个极其可怕的故事。飞茹的爸爸妈妈一直不和，妈妈和别的男人好，被爸爸发现了。飞茹的爸爸是一个很内向的男子，他报复的手段就是隐忍。飞茹从小就感觉到家里的气氛不正常，可她不知道这是为了什么，总以为是自己不乖，就拼命讨爸爸妈妈的欢心。学校组织舞蹈表演，选上了飞茹，她高兴地告诉爸爸妈妈，六一到学校看她跳舞，爸爸妈妈都答应了。过节那天，老师用胭脂给她脸上涂了两个红蛋蛋，在她的嘴上抹了口红。当她兴高采烈地回家，打算一手一个地拉着爸爸妈妈看她演出的时候，见到的是两具穿着黑衣的尸体。爸爸在水里下了毒，骗妈妈喝下，看到她死了后，再把剩下的毒水都喝了。

飞茹当场就昏过去了，被人救起后，变得很少说话。从那以后，

她只穿黑色的衣服，在脸上涂红，还涂着鲜艳欲滴的口红。飞茹靠着一袭黑衣保持着和父母的精神联系和认同，她以这样的方式，既思念着父母，又对抗着被遗弃的命运。她未完成的愿望，就是那一场精心准备的舞蹈，谁来欣赏？她无法挣扎而出，找不到自己存在的价值和重新生活的方向。

对飞茹的治疗，是一个极为漫长的过程，我们共同走了很远的路。终于，飞茹换下了黑色的衣服，褪去了夸张的妆容，慢慢回归正常的状态。

最后分别的时候到了，穿着清爽的牛仔裤和洁白的衬衣的飞茹对我说："那时候，每一次舞蹈和拥抱之后，我的身心就会有一点放松。我很佩服'体会'这个词，身体里储藏着很多记忆，身体释放了，心灵也就慢慢松弛了。这一次，我和您就握手告别。"

娘间谍

Niang Jian Die

我和她的相识，有点意思。我称她“娘间谍”——是她自己告诉我这个绰号的。我从小就很惊叹间谍的手段和意志力。

那天上班时分，传达室打来电话说，有一个女人，说是你的亲戚，找上门来，你见不见？我说，是什么亲戚呢？师傅说，她支支吾吾地说不清楚，我们觉得很可疑。你直接问她吧，检验一下，要是假冒伪劣，我们就打发她走。

师傅说着把话筒递给了那女人。于是，我听到一个低低的声音，耳语一般地说，毕作家，我不是你亲戚，可是我有重要的事情要对你说……啊，你怎么不记得我了呢？真是贵人多忘事啊，表姑全家还让我问你好呢！你赶快跟传达室的师傅说一下，让我上楼吧。他们可真

够负责的了，不见鬼子不拉弦……师傅，您来听本人说吧……后半截的声音明显放大，看来是专门讲给旁人听的。于是，我乖乖地对传达室同志说，她是我亲戚，请让她进来。谢谢啦！

几分钟后，她走进门来。个子不高，衣着普通，五官也是平淡而无奇的那种，没有丝毫特色，叫人疑惑刚才那番精彩的表演，是否出自这张平凡的面庞。

她不客气地坐下，喝茶。说，一个作家，又好找又不好找。说好找吧，是啊，报上有你的名字，实实在在的一个人，电脑这么发达了，找个人，按说不难。可是，具体打听起来，报社啊编辑部啊，又都不肯告诉你，好像我是个坏人似的……

我说，真是很抱歉。

她笑起来说，你道的什么歉呢？又不是你让他们不告诉我的。再说，这也难不住我，我在家里专门搞侦破，我女儿送我一个外号，叫——“娘间谍”。

我目瞪口呆。半晌说，看来，你们家冷战气氛挺浓的啊。

她收敛了笑容说，要不，我还不找你来呢！你能不能帮帮我？我说，到底出了什么事？

她说，我就这一个女儿。我丈夫和我都是高工，就像优良品种的公鸡母鸡就生了一个鸡蛋，你说，我能不精心孵化吗？从小我就特在意女儿的一言一行。小孩子要是发烧，三等的父母是用体温表，水银柱蹿得老高了，才知道大事不好。二等的家长是用手摸，哟！这么烫啊！方发觉孩子有病了。我是一等的母亲，我只要用眼角这么一扫，孩子眼珠似有水汽，颧骨尖上泛红，鼻孔扇着，那孩子准是发烧了，我这眼啊，比什么体温表都灵。

女儿小的时候，特听我的话。甭管她在外面玩得多开心，只要我在窗台上这么一喊，她腾腾地拔腿就往家跑。有一回，跑得太快，膝盖上磕掉了那么大一块皮，血顺裤腿流，脚腕子都染红了。邻居说，看把你家孩子急的，不过是吃个饭，又不是救火，慢点不行？我说，

她干别的摔了，我心疼；往家跑碰了，我不心疼。听父母的话，就得从小训练，就跟那半个月之内的小狗似的，你教出来了，它就一辈子听你的，要是让它自由惯了，大了就扳不过来了。

左邻右舍都知道我有一个说一不二的女儿，我也挺满意的。现今都是一个孩子，我们今后就指着她了。让她永远和父母一条心，就是自己最好的养老保险。

我忍不住打断她说，你这不是控制一个人吗？

她说，你说得对啊，不愧是作家，马上抓到了要害。要说我这个控制，还和一般的层次不一样，我做得不留痕迹。控制最基本的要素，就是掌握信息。叶利钦凭什么掌握着核按钮？不就是他知道的信息比别人多吗？对儿女，你知道了他的信息，你就掌握了他的思想。你想让他和谁来往，不想让他和谁来往，不就是手到擒来的事了吗？比如她常和哪些同学联系，我并不直接问她，那样，她就会反感。年轻人一逆反，完了，你让他朝东他朝西，满拧。我使的是阴柔功夫。我也

不偷看她的日记，那多没水平，一下子就被发现了。现在的孩子，狡猾着呢。我呀，买了一架有重拨功能的电话机。她不是爱打电话吗？等她打完了，我趁她不在，啪啪一按，那个电话号码就重新显示出来了。我用小本记下来，等到没人的时候，再慢慢打过去，把对方的底细探来。这当然需要一点技巧，不过，难不倒我。

我点点头，不是夸奖这等手段，是想起了她刚在传达室对我的摆布。

她误解成赞同，越发兴致勃勃。

女儿慢慢长大了，上了大学，开始交男朋友，这可是一道紧要关口啊！我首先求一个门当户对，若是找个下岗女工的儿子，我们以后指靠谁呢？所以，我特别注重调查和她交往的男孩子的身世，一发现贫寒子弟，就把事态消灭在萌芽状态。我说，这能办得到吗？恋爱的通常规律是——压迫越重，反抗越凶。她说，我不会用那种正面冲突的蠢办法。我一不指责自己的女儿，那样伤了自家人的和气，二不和

女儿的男友直接交涉，那样往往火上浇油。我啊，绕开这些，迂回找到男方的家长，向他们显示我家优越的地位，当然，这要做得很随意，叫他们自惭形秽。述说女儿是个娇娇小姐，请他们多多包涵，让他们先为自己儿子日后的“气管炎”捏一把汗。最后，做一副可怜相，告知我和老伴浑身是病，一个女婿半个儿，后半辈子就指望他们的儿子了……她说到这里，得意地笑了。

我按捺住自己的不平，问道，后来呢?

她说，后来，哈哈，就散伙了呗。这一招，百试百灵。我总结出了一个经验，下层劳动人民，自尊心特别强，神经也就特脆弱。你只要影射他们高攀，他们就受不了了。不用我急，他们就给自己的小子施加压力，我就可以稳操胜券坐享其成了。

我说，你一天这般苦心琢磨，累不累啊?

她很实在地说,累啊！怎么能不累啊！别的不说,单是侦察女儿是不是又恋爱了，就费了我不少的精力。后来，我发现了一个好办法，

说出来，你可不要见笑啊。女儿是个懒丫头，平日换下的衣服都掖在洗衣机里，凑够了一锅，才一齐洗。我就趁她走后，把她的内裤找出来，仔细地闻一闻。她只要一进入谈恋爱，裤子就有特殊的味道，可能是荷尔蒙吧，反正我能识别出来。她不动心的时候，是一种味道；动了真情，是另一种味道……那味儿一出现，我就开始行动了……近来她好像察觉了，叫我“娘间谍”，不理我了。你说我该怎么办？

天哪！我大骇，一时间什么话都对答不出。在所见到的母亲当中，她真是最不可思议的。

我连喝了两杯水之后，才把自己的情绪稳定住。我对她讲了很多话，具体是些什么，因为在激动中，已记得不很清楚了。那天，她走时说，谢谢你啦！我明白了，女儿不是我的私有财产，我侵犯了我女儿的隐私权。我会改的，虽然这很难。我送她下楼，传达室的师傅说，亲戚们好久没见，你们谈挺长时间啊。

我叹口气说，是啊，我很惦念她的女儿啊。

分手时，“娘间谍”对我说，你要是有工夫，就把我对你说过的话，写出来吧。因为我得罪了不少人，也没法儿一一道歉了。还有我的女儿，有的事，我也不好意思对她说，你写成文章，我就在里面向大家赔不是了。

“娘间谍”走了，很快隐没在大街的人流中，无法分辨。

Chapter 柒

在市井中
放风，
和情绪握手

我相信

凡有人类生存的日子，

我们就要和忧郁为朋，

虽然我们不喜欢，

但我们必须学会

与忧郁共舞

校门口的红跑车

Xiao Men Kou De Hong Pao Che

女人们对自己的情感经历，大体上可分为三种。一种是讲，逢人就讲，对熟悉她和不很熟悉她的人，甚至车船旅途中的萍客，都可以倾诉。另一种是不讲，埋得深深的，不少人把它像一种致命的病菌一样，带进坟墓。第三种是通常不讲，但在某一特别的场合和时间下，会对人讲。那种时刻，如果我恰巧成为听众的话，常常生出感动。因为我知道，此时一定有什么特别的情形，痛彻地触动了她的内心。我也要感激她对我的信任和这一份特别的缘分。

那一夜，月亮非常亮。据说是六十三年以来，月亮最亮的一个晚上。女孩对我说。

我是师范院校的学生。读师范的女生，基本上都是家境贫寒的，

长相通常也不很好。这样说，我的女同学们，可能会不服气，但我说的是实话，包括我自己，相貌平平。大约读大二的时候，我们可以做家教了。其实那时，我们和普通大学生所上的课，并没有大的区别，还没有学到教学教法什么的，也不一定就能当好如今独生子女的小先生。师范院校的牌子挺能唬人的，再说我们也特需要钱来补贴，所以，同学们就自己组织起家教“一条龙”服务，每天派出代表，在大街上支个桌子，上书“家教”两字，等着上门求助的家长，接了活后再分给大家。谁领到了活儿，会从自己的收入当中，抽一部分给守株待兔的同学——我们称他们为“教提”。

有一天，教提对我说，给你分一个大款的女儿，你教不教？我说，钱多不多？他说，官价。我说，你还不跟大款讲讲价？他苦笑着说，讲了，不成。人家门儿清。我说，好吧，官价就官价。他说，那明天下午四点，范先生驾车到大门接你。

第二天，我提前五分钟到了学校门口。没人，我正好把自己的服

装最后检视一遍。牛仔裤，白 T 恤——挺得体的，既朴素又充满了活力，而且这是我最好的衣服了。

四点整，一辆我叫不出来名字的红跑车飞驰过来，停在我面前，一位潇洒的中年男人含笑问道：您是黎小姐吗？

我姓李，他讲话有口音，我也就不计较了，点点头。我说，您是范先生吗？他说，正是。咱们接上头了，快请上车吧，我女儿正在家等你呢。

我上了车，坐在他身边，车风驰电掣地跑起来。我从来没有坐过如此豪华的车，那感觉真是好极了。他的技术非常娴熟，身上散发着清爽的烟草和皮革混合的气味，好像是猎人加渔夫。总之，很男人。

他一边开车一边说，女儿的英语基础不是很好，尤其是胆小，不敢会话。口语的声音弱极了，希望我不要在意。我的目光注视着窗外飞速闪动的街景，不停地点头……心想，同样的建筑，你挤在公共汽车上看，和坐在这样高贵的车里看，感受竟有那么大的差别啊。

很快到了一片“高尚”（我对这个词挺不以为然的，住宅也不是品质，凭什么分高尚和卑下呢）社区，在一栋欧式小楼面前停下，他为我打开车门时说，我的女儿英语考试成绩每提高一分，我就奖给你一百块钱。

我充满迷惘地问他，你女儿的英语成绩，和我有何相干呢？我是来教历史的。

那一瞬，我们大眼瞪小眼，然后异口同声地说：对不起，错了。他赶紧带上我，驱车重回校门口，接上那位教英语的黎同学回家，而我找到已经等得很不耐烦的范先生。

说实话，那天我对范先生的女儿很是心不在焉。这位范先生虽说也是殷实人家，但哪能与那一位范先生相比呢？我心里称那位先入为主的为——范一先生。

晚上，我失眠了。范一先生的味道，总在我的鼻孔里萦绕。我想，住在那栋小楼里的女人，该是怎样的福气呢？不过，想来素质也不是

怎样的好吧？不然，她的女儿为什么那么胆小？要是我有这样的先生和家业，会多么地幸福啊……

想归想。这年纪的女生，谁没有一肚子的幻想呢？天一亮，我就恢复正常了，谁叫咱是灰姑娘呢！下午四点之前，我又到了校门口，范二先生说好了再来接我。可能是因为头天迟到的缘故，我到得格外早。

走近校门，我的心咚咚跳起来——又看到了那辆非凡的红色跑车。我悄悄站在一旁，因为和我没关系。他是来接英语系的黎同学的，这很好理解。

没想到，那辆红跑车，如水鸟一样无声地滑到了我面前，范一先生温柔地笑着说，李小姐，你好。

我说，您到得很早啊。

范一说，昨天我正点到时，你已经到了。所以我想你今天还会到得早，果然不错。我喜欢守时的人，咱们走吧。

他说着，打开了车门。

我说，范先生，昨天错了。

他笑笑说，昨天错了，今天就不能再错。我已将黎同学炒了，重新雇用你。

我很吃惊，说，你怎么会知道今天我们能见面？

他说，不要这么惊奇。你惊奇的样子，可爱极了。对一个商人来说，这点信息有什么难呢？历史系，一个姓氏和“黎”近似的有着魔鬼身材的女生，现正做着家教……就这样啊。

我扶着车门说，我不是英语系的。

他说，你的大学只要是考上的，就可以教我女儿的英语……上车吧，我女儿已经在等了。

在车上，所有昨天的感觉都复活了。正当我沉浸在速度的快感之中时，范一先生打断了我的美好感受。他说，看来你对自己太不在意了。

我说，此话怎么讲？

他说，你穿着和昨天一模一样的衣服。有你这样魔鬼身材的女孩，应该善待自己才是。

我说，一个穷学生，是无法善待自己的。

他说，我也当过穷学生，你的处境我体会。但是，别忘了，你有资源啊。

我说，我有什么资源啊？芸芸众生而已。

他说，你的身材非常好，我昨天一眼就被吸引了。一个人，长相好，其实相对来讲比较容易。一张脸，才有多大的面积？对比匀称不算难。就是有些小的瑕疵，比如眼睛不够大，鼻梁不够挺直，做做整容也不难，巴掌大的地方，就那么几组零件，好安排。可一个人的身材，波及全身所有的结构，头颅过大过小都不成，脖子不长不行，脊柱要挺拔，胸腰的比例要适宜，腿更是重中之重，要是短了，纵使闭月羞花也白搭……你呢，刚刚好，所有的搭配都天造地设，你要懂得

珍惜啊。而且我提醒你，女性的身材，是很脆弱的结构。上了年纪，就不一样了。锻炼出来的、节食出来的，和天然的，是不一样的……好了，我们到了。

又是那座小洋楼，但我无心观赏它的精致了。我的心被范一先生的逻辑催动，变得不安分了。这就像一个穷人，守着自己的几亩薄田苦熬。有一天，突然有人对你说，你田里长的那些草，都是人参啊！你还能心平气和吗？

不过，那天我还是抖擞起精神，辅导范一先生的女儿。我对女主人的羡慕和嫉妒，都不存在了。这是一个没有女主人的家庭，因此那女孩十分孤独内向。她的英语其实不是很差，只是因为不敢说，成绩才糟。

范一对我很满意，约定以后天天接我来做家教。我说，都是这辆车吗？

他说，你很在意这辆车吗？

我说，不是在意，是它美丽。

他说，我能理解。美丽的东西，人们都想和它在一起。好吧，即使我不能来，我也会派我的司机，开着这辆车来。

我和范一先生的女儿交了朋友，她的胆子渐渐大起来。嘴一敢张开，成绩就突飞猛进。

校门口每天准时出现的红色跑车，让我大出风头。有时候下午有课，我就编谎话请假，总之从未误了范一那边。期末，那女孩的英语成绩提高了二十五分，范一递给了我两千五百块钱。

我就接过来了。心安理得。

后来，他开始给我买衣服，我不要，他说，我是不忍暴殄天物啊。我就收了……直到有一天，他很神秘地拿出一个纸袋，说是托人特地从国外带回来的时装，送给我。那套衣服漂亮得让人心酸，让人觉得自己以前穿过的都是垃圾。你能今天在我家就把这套衣服穿起来，让我看看吗？你知道，我也很爱美丽的东西啊。范一说。

我本不想答应，但我怕范一不高兴。工钱和奖金，都是我必需的，还有这套华贵的衣服。

我把卫生间里面门上的小疙瘩按死，开始换衣服。正当我把旧衣服脱下，新衣服还没上身的时候，门无声无息地开了。

我想看看自己的眼光，对你的三围的估计准不准。范一说。

我呼救反抗……偌大的房间里，只有我们两人，女孩到同学家去了。暴行之后，范一扔下一笔钱，说，我是很公平的。你们做家教，是按小时收钱，明码标价。我也是，你的每一公分胸围，我付一笔钱。你的腰围比臀围每少一公分，我付一笔钱。我可以告诉你，我从来没有给过任何一个小姐这么多钱。你真是魔鬼身材啊。

我很想到公安局告他，可我怕舆论。每天招摇的红跑车，让我气馁。我也很想把钱扔到他脸上，然后扬长而去。那是电影里常常出现的镜头，但是，我做不到。我缺钱。我已经付出了高昂的代价，我要为自己保存一点物质补偿。我想，一个人是不是记得住那些惨痛的教

训，不在于片刻的决绝，更在于深刻的反省吧。

我再也没有见过范一。有时候，在镜子面前欣赏自己优美的身材的时候，我会想起范一的话。我承认这是一种资源，但是，所有的资源，都需要保护。越是美好的资源，越要珍惜。女人，最该捍卫的，不就是我们的尊严吗？！

在明月的照耀下，我看到她脸上的清泪。

去学女儿拳

Qu Xue Nü Er Quan

家庭暴力的“暴”字，不知古文学怎样讲，我从字形上，总是联想到男人对女人的凶恶。上书一个“日”字，为阳中至盛。下面一个“水”字，属阴中至柔。男人若凌驾于女人之上，没有平等，没有仁爱，暴力就随之滋长，疯狂蔓延。

我认识一位贤惠的女人，只因一点小事，被丈夫打得鼻青脸肿。那汉子一米八的个头，会使漂亮的左勾拳，呼呼生风，蒜钵大的拳头打在女人侧腰部，伤了肾，血尿持续了很久。

她让我帮拿个主意，我说离婚离婚！她说，孩子呢？我说看着父亲施暴，母亲被欺侮，孩子的心灵就正常吗？关于孩子问题我们反复商量，总算达成共识，完整并不是在一切情况下永远最好，真理比父

亲更重要。

为了搞清楚离婚这件事，女人自学了法律专业的课程，由于是带着问题学，毕业的时候，不但成绩优异，在婚姻法方面，简直就是专家了。我再也没资格提什么建议或意见，女人已洞若观火。

艰难的问题是房子，远比孩子复杂得多。单位不会给女人栖身之所，只能从现有的单元中分割一屋。一想要是离了婚，仍和那样的男人共居一方走廊，共进一间厨房，共使一个厕所，共用一把大门的钥匙……女人不寒而栗。

日子就这么一日日熬着，一月月拖着。我问，他还打你吗？女人长叹一口气，你知道杀人的人，一看见别人露出的脖子，手就发痒。打人也像杀人一样，有个戒。开了戒，就上了瘾，他经常用左拳在空气中挥出一道道风……

我看着她，说不出话。许久，我说，我能帮你的，就是家门永远向你敞开。无论半夜还是黎明，你随时都可以进来。

她说，我最怕的不是跑出家门之后，而是在家门里面。打的时候，我恐惧极了。蜷成一团挨打，除了刚开始，感觉不到疼。只是想，我就要被打死，大脑很快就麻木了。只记得抱着头，我不能被打傻，那样谁给我的孩子做饭呢？

我说，你这时赶快说点顺从的话给他听，好汉不吃眼前亏。抓紧时间抽冷子往外跑，大声地喊“救命啊”！

她说，你没有挨过打，你不知道，那种形势下，无论女人说什么，男人都会越打越起劲，打人打疯了，根本不把女人当人。

凶残的家庭暴力！

我以为家庭暴力最卑劣、最残酷的特征是——在家庭内部，赤裸裸地完全凭借体力上的优势，人性泯灭，野性膨胀。肆意倚强欺弱，野蛮血腥践踏他人权利。或者说，暴力的施行者，根本就没有进化到文明人类，是两脚之兽。

由于妇女和儿童在体力上的弱势，他们常常是家庭暴力最广泛、

最惨重的受害者。

朋友还在度日如年地过着，我不知道怎样帮她。一天，突然在报上看到一条招生广告，新开武术班，教授自由散打、擒拿格斗，还有拳理拳经十八般武艺……

我马上拿起了电话，既然没有房子离婚，既然没有庇护所栖身，既然生命被人威胁，既然权利横遭践踏，女人应该学会自卫，让我们去学女儿拳！当暴力降临的时候，为我们赢得宝贵的时间，以求正义和法律的保护。

致被强暴的女人

Zhi Bei Qiang Bao De Nü Ren

在我的书案上，摆着一封女人的来信。当我撕开它的时候，心境像往日一般平和。在阅读的过程中，那些纸片像火焰一样抖动起来，炙痛了我的双眼。

这是一个五十二岁的女人，十年前她被一个男人强暴未遂，但心理留下了重创。这些年间，以泪洗面，两次自杀，以致精神分裂。她的家庭也受到种种伤害，悲惨已极……

倾听这样一位凄苦姐妹的呼救，我仰天长叹沉思良久。

对于那个肇事者，法律和纪律已经做出了应有的裁决。阅读了有关的文件，我以为它们是公正的。

我知道这位女人，还远远不是遭受此种凌辱的最甚者，更有许多

悲愤的灵魂，在暗中哭泣。她们流出的不是眼泪而是心头的鲜血。

作为女人，我们从小就有一种深深的恐惧，那就是被人强暴。这恐惧像空气一样追随着我们，直到女人们垂下苍白头颅的那一天。

假如被人强暴，女人啊，我们该如何面对厄运？

在中国古老的烈女集锦里，所有的女人在被强暴后，都以自身寻死告终。被强暴就是失却了贞节，这奇耻大辱唯有女人以生命相抵，才可在人间留下一份清白。

斗转星移，今天的时代不同了。没有人要求被强暴的女人以死而谢天下，但女人们在这自天而降的灾变之后，依然辗转于无尽的苦难之中。

对于腐败一定要严加鞭挞，对于罪犯一定要施以峻法。我对这种丑恶的性侵犯的男人，报以刻骨铭心的仇恨。

即使将其中的罪大恶极者凌迟，被强暴的女人依然是被强暴过，这是一个无法改写的事实。

女人们，我们该怎么办？

不要怨天尤人，不要自暴自弃。

不要在流言面前退缩，不要在众人面前低下高昂的头颅。

我们无罪，我们无辜。

不要像一盘旧磁带，总去回首那屈辱惨淡的一瞬。不要像痛失孩子的祥林嫂，逢人便悲切地复诵苦难。

不要靠旁人的叹息以安慰自己受伤的心灵，不要以暴烈的自戕来证实性格的刚正。

不要为这一朵阴云，从此暗淡了原属于我们的明媚的天空。不要为这一束荆棘，从此不再求索开满鲜花的草原。

强暴可以玷污我们的身体，强暴不可折服我们的意志。

强暴可以使我们一时万念俱灰，强暴却不能使一个坚强的女性自此一蹶不振。强暴是一场悲哀的天灾人祸，有经验的老农蹲在田埂上，哭泣一阵，歇息一阵，拍拍身上的泥土，擦擦手中的农具，向远

处望上一眼，他们又继续耕耘了。

假如我们被强暴，在做完惩治凶犯的一切工作之后，拭干泪水，让我们重新开始。

丢掉有关那一刻所有的记忆，让我们像新生的婴儿一般坦荡。烧毁目睹我们灾难的旧衣服，让痛苦的往事一同化为飞烟。取清凉的山泉自头顶浇下，洗涤我们每一根如丝的长发。挑选一件更美丽的裙衫，穿上它快步行走在如织的人流中。

对生活中美好的事物，被强暴过的女人依旧可以发出真诚的微笑。

对生活中黑暗的角落，被强暴过的女人依旧可以发出强烈的谴责。

女人被强暴，是生命的记录上一处被他人涂抹的墨迹。轻轻擦去就是了，我们的生命依然晶莹如玉，洁白无瑕。强暴是发生于刹那间的地震，我们需要久久地修复。但女性生命的绿色，必将覆盖惨淡的

废墟。

让我们振作起来，面对强暴以及所有人为的灾难，这世上没有任何一种力量，可以强暴女性不屈的精神。

轰毁你心中的魔

Hong Hui Ni Xin Zhong De Mo

魔鬼有张床。它守候在路边，把每一个过路的人，揪到它的魔床上。魔床的尺寸是现成的，路人的身材比魔床长，它就把那人的头或是脚锯下来。那人的个子矮小，魔鬼就把路人的脖子和肚子像拉面一样抻长……只有极少的人天生符合魔床的尺寸，不长不短地躺在魔床上，其余的人总要被魔鬼折磨，身心俱残。

一个女生向我诉说：我被甩了，心中苦痛万分。他是我的学长，曾每天都捧着我的脸说，你是天下最可爱的女孩。可说不爱就不爱了，做得那么绝，一去不回头。我是很理性的女孩，当他说我是天下最可爱的女孩的时候，我知道我姿色平平，担不起这份美誉，但我知道那是出自他真心。那些话像火，我的耳朵还在风中发烫，人却大变了。

我久久追在他后面，不是要赖着他，只是希望他拿出响当当、硬邦邦的说法，给我一个交代，也给他自己一个交代。

由于这个变故，我不再相信自己，也不相信他人。我怀疑我的智商，一定是自己的判断力出了问题。如此至亲至密，说翻脸就翻脸，让我还能信谁？

女生叫箫凉，箫凉说到这里，眼泪把围巾的颜色一片片变深。失恋的故事，我已听过成百上千，每一次，不敢丝毫等闲视之。我知道有股红的血从她心中坠落。

我对箫凉说，这问题对你，已不单单是失恋，而是最基本的信念被动摇了，所以你沮丧、孤独、自卑还有愤怒的莫名其妙……

箫凉说，对啊，他欠我太多的理由。

我说，人是追求理由的动物。其实，所有的理由都是来自我们心底的魔床——那就是我们对一些问题的看法和观念。它潜移默化地时刻评价着我们的言行和世界万物。相符了，就皆大欢喜，以为正确合

理。不相符，就郁郁寡欢，怨天尤人。

这种魔床，有一个最通俗最简单的名字，就叫作“应该”。有的人心里摆得少些，有三个五个“应该”。有的人心里摆得多些，几十个上百个也说不准，如果能透视到他的内心，也许拥挤得像个卖床垫的家具城。

魔床上都刻着怎样的字呢？

箫凉的魔床上就写着“人应该是可爱的”。我知道很多女生特别喜欢这个“应该”。热恋中的情人，更是三句话不离“可爱”。这张魔床导致的直接后果，就是我们以为自己的存在价值，决定于他人的评价。如果别人觉得我们是可爱的，我们就欢欣鼓舞；如果什么人不爱我们了，就天地变色，日月无光。很多失恋的青年，在这个问题上百思不得其解，苦苦搜索“给个理由先”。如果没有理由，你不能不爱我。如果你说的理由不能说服我，那么就只有一个理由，就是我已不再可爱，一定是我有了什么过错……很多失恋的男女青年，不是被

失恋本身，而是被他们自己心底的魔床，锯得七零八落。残缺的自尊心在魔床之上火烧火燎，好像街头的羊肉串。

要说这张魔床的生产日期，实在是年代久远，也许生命有多少年，它就相伴了多少年。最初着手制造这张魔床的人，也许正是我们的父母。当我们还是婴儿的时候，那样弱小，只能全然依赖亲人的抚育。如果父母不喜欢我们，不照料我们，在我们小小的心里，无法思索这复杂的变化，最简单的方式，我们就以为是自己的过错。必是我们不够可爱，才惹来了嫌弃和疏远。特别是大人们的口头禅“你怎么这么不乖？如果你再这样，我就不喜欢你了……”凡此种种，都会在我们幼小的心底，留下深深的印记。那张可怕的魔床蓝图，就这样一笔笔地勾画出来了。

有人会说，啊，原来这“应该如何如何”的责任不在我，而在我的父母。其实，床是谁造的，这问题固然重要，但还不是最重要的。心理学家弗洛伊德说过，一个孩子，就是在最慈爱的父母那里长大，他的内心也会留有很多创伤（大意。原谅我一时没有找到原文，但意

思绝对不错）。我们长大之后，要搜索自己的内心，看看它藏有多少张这样的魔床，然后亲手将它轰毁。

一位男青年说，我很用功，我的成绩很好。可是我不善辞令，人多的场合，一说话就脸红。我用了很大的力量克服，奋勇竞选学生会的部长，结果惨遭败北。前景黑暗，这可不是个好兆头，看来我一生都会是失败者。于是，他变得落落寡合，自贬自怜，头发很长了也不梳理，邋遢着独往独来的，好似一个旧时的落魄文人。大家觉得他很怪，更少有人搭理他了。

他内心的魔床就是：我应该是全能的。我不但要学习好，而且样样都要好。我每次都应该成功，否则就一蹶不振。挫折被放在这张魔床上反复比量，自己把自己裁剪得七零八落。一次的失败就成了永远的颓势，局部的不完美就泛滥成了整体的否定。

一个不美丽的大学女生每天顾影自怜。上课不敢坐在阶梯教室的前排，心想老师一定只愿看到“养眼”的女孩。有个男生向她表示好

感，她想我不美丽，他一定不是真心。如果我投入感情，肯定会被他欺骗，当作话柄流传。于是，她斩钉截铁地拒绝了他，以为这是决断和明智。找工作的时候，她的简历写得很好，每每被约见面试，但每一次都铩羽而归。她以为是自己的服饰不够新潮、化妆不够到位，省吃俭用买了高级白领套装外带昂贵的化妆品，可惜还是屡遭淘汰……她耷拉着脸，嘴边已经出现了在饱经沧桑的失意女子脸上才可看到的像小括弧般的竖形皱纹。

如果允许我们走进她枯燥的内心，我想那里一定摆着一张逼仄的小床。床上写着：女孩应该倾国倾城。应该有白皙的皮肤，应该有挺秀的身躯，应该有玲珑的曲线，应该有精妙绝伦的五官……如果没有，她就注定得不到幸福，所有的努力都会白搭，就算碰巧有一个好的开头，也不会有好的结尾。如果有男生追求长相不漂亮的女孩，一定是个陷阱，背后必有狼子野心，切切不可上当……

很容易推算，当一个人内心有了这样的暗示，她的面容是愁苦和

畏惧的，她的举止是局促和紧张的，她的声音是怯懦和微弱的，她的眼神是低垂和飘忽的……她在情感和事业上成功的概率极低，到了手的幸福不敢接纳，尚未到手的机遇不敢追求，她的整个形象都散射着这样的信息——我不美丽，所以，我不配有好运气！

讲完了暗淡的故事，擦拭了委屈的泪水，我希望她能找到那张魔床，用通红的火把将它焚毁。谁说不美丽的女子就没有幸福？谁说不美丽的女子就没有事业？谁说命运是个好色的登徒子？谁说天下的男人都是以貌取人的低能儿？

心中的魔床有大有小，有的甚至金光闪闪，颇有迷惑人的能量。我见过一家证券公司的老总，真是事业有成高大英俊，名牌大学洋文凭，还有志同道合的妻子，活泼聪颖的孩子……一句话，简直人所有的他都有，可他寝食不安，内心的忧郁焦虑非凡人所能想象，不知是什么灼烤着他的内心。

我总觉得这一切不长久。人无远虑，必有近忧。水至清则无鱼，

谦受益满招损。我今天赚钱，日后可能赔钱。妻子可能背叛，孩子可能出车祸。我也许会突然暴病，世界可能会发生地震火灾飓风，即使风调雨顺，也必会有人祸，比如“9・11”……我无法安心，恐惧追赶着我的脚后跟，惶恐将我包围。他眉头紧皱着说。

我说，你极度不安全。你总在未雨绸缪，你总在防微杜渐。你觉得周围潜伏着很多危险，它们如同空气看不着摸不到但却无所不在无所不能。

他说，是啊，你说得不错。

我说，在你内心，可有一张魔床？

他说，什么魔床？我内心只有深不可测的恐惧。

我说，那张魔床上写着：人不应该有幸福，只应该有灾难。幸福是不真实的，只有灾难才是永恒。人不应该只生活在今天，明天和将来才是最重要的。

他连连说，正是这样。今天的一切都不足信，唯有对将来的忧患

才是真实的。

我说，每个人都有过去现在和将来。对我们来说，无论过去发生过什么，都已逝去。无论你对将来有多少设想，都还没有发生，我们活在当下。

由于幼年的遭遇，他是个缺乏安全感的人。惊惧射杀了他对于幸福的感知和欣赏。只有销毁了那魔床，他才能晒到金色的夕阳，听到妻儿的欢歌笑语，才能从容镇定地面对风云。即使风雨真的袭来，也依然轻裘缓带、玉树临风。

说穿了，魔床并不可怕，当它不由分说就宰割着你的意志和行为之时，面对残缺，我们只有悲楚绝望。但当我们撕去了魔床上的铭文，打碎了那些陈腐的“应该”，魔力就在一瞬间倒塌。随着魔床轰塌，代之以我们清新明朗的心态。魔由心生。时时检点自己的心灵宝库，可以储藏勇气，可以储藏智慧，可以储藏经验和教训，可以储藏期望和安慰，只是不要储藏“应该”。

切开忧郁的洋葱

Qie Kai You Yu De Yang Cong

忧郁是一只近在咫尺的洋葱，散发着独特而辛辣的味道，剥开它紧密黏黏的鳞片时，我们会泪流满面。

一位为联合国工作的朋友告诉我，她到过战火中的难民营，抱起一个小小的孩子。她紧紧地搂着这幼小的身躯，亲吻她枯燥的脸颊。朋友是一位博爱的母亲，很喜爱儿童，温暖的怀抱曾揽过无数孩子，但这一次，她大大地惊骇了。那个婴孩软得像被火烤过的葱管，萎弱而空虚。完全不知道贴近抚育她的人，没有任何欢喜的回应，只是被动地僵直地向后反张着肢体，好似一块就要从墙上脱落的白瓷砖。

朋友很着急，找来难民营的负责人，询问这孩子是不是有病或是饥寒交迫，为什么表现得如此冷漠？那负责人回答说，因为有联合国

的经费救助，孩子的吃和穿都没有问题，也没有病。她是一个孤儿，父母双亡。孩子缺少的是爱，从小到大，从没有人抱过她。

因她不知“抱”为何物，所以不会反应。

朋友谈起这段往事，感慨地说，不知这孩子长大之后，将如何走过人生？

不知道。没有人回答。寂静。但有一点可以预见，她的性格中必定藏有深深的忧郁。

我们都认识忧郁。每一个人，在一生的某个时刻，都曾和忧郁狭路相逢。

自然界的风花雪月，人生的悲欢离合，从宋玉的悲秋之赋到李清照的绿肥红瘦的喟叹，从游子的枯藤老树昏鸦到弱女的耿耿秋灯凄凉，忧郁如同一只老狗，忠实而疲倦地追随着人们的脚后跟，挥之不去。随着现代社会的发达，忧郁更成了传染的通病。“忧郁症”已经如同感冒病毒一般在都市悄悄蔓延流行。

忧郁像雾，难以形容。它是一种情感的陷落，是一种低潮的感觉状态。它的症状虽多，灰色是统一的韵调。冷漠，丧失兴趣，缺乏胃口，退缩，嗜睡，无法集中注意力，对自己不满，缺乏自信……不敢爱，不敢说，不敢愤怒，不敢决策……每一片落叶都敲碎心房，每一声鸟鸣都溅起泪滴，每一束眼光都蕴满孤独，每一个脚步都狐疑不定……

一个女大学生给我写信，说她被无尽的忧郁就要淹没了。因为自己是杀人凶手，那个被杀的人就是她的妈妈。她说自己从三岁起双手就沾满了母亲的鲜血，因为在那一天，妈妈为了给她买一支过生日的糖葫芦，横穿马路，倒在车轮下……

“为此，我怎能不忧郁？忧郁必将伴我一生！”信的结尾处如此写着，每一个字，都被泪水洇得像风中摇曳的蓝菊。

说来这女孩子的忧郁，还属于忧郁中比较谈得清的那种，因为缘于客观的、重要人物的失落而引起，在某种程度上，是我们不得不面对的痛苦反应。更有那说不清道不明的忧郁，树蚕一样噬咬着我们的

心，并用重重叠叠的愁丝，将我们裹得筋骨蜷缩。

忧郁这种负面情感的源头，是个体对于失落的反应。由于丧失，所以我们忧郁。由于无法失而复得，所以我们忧郁。由于从此成为永诀，所以我们忧郁。由于生命的一去不返，所以我们忧郁。

从这种意义上讲，忧郁几乎是人类这种渺小的动物，面对宇宙苍穹时，与生俱来的恐惧，所以我们无法从根本上消除忧郁。我相信凡有人类生存的日子，我们就要和忧郁为朋，虽然我们不喜欢，但我们必须学会与忧郁共舞。

正因为这种本质上的忧郁，所以我们才要在有限的生存岁月中，挑战忧郁，让我们自己生活得更自由、更欢愉、更勃勃生气。

失落引发忧郁。当我们分析忧郁的时候，首先面对的是失落。细细想来，失落似可分为不同性质的两大类。一是目前发生的真实与外在的失落，可以被我们确认并加以处理的。比如失去父母，失去朋友，失去恋人，失去工作，失去金钱，失去股票，失去房产，失去自信，

等等，惨虽惨矣，好歹失在明处，有目共睹。

二是源自自我发展的早期便被剥夺，或严重的失望经验，导致内在的深刻失落感觉。这话说起来很拗口，其实就是失在暗地，失得糊涂，失得迷惘，失在生命入口端的混沌处。你确切无疑地丢失了，却不知遗落在哪一地驿站。

这可怕的第二种失落，常常是潜意识的，表明在我们的儿童期，有着不同程度的缺憾和损失。因为我们未曾得到醇厚的爱，或因这爱的偏颇，使我们的内心发展受阻。因为幼小，我们无法辨析周围复杂的社会，导致丧失了对他人的信任，并在这失望中开始攻击自己。如同联合国那位朋友所抱起的女婴，她已不知人间有爱，她已不会回报爱与关切。在这种凄楚中长大的孩子，常常自我谴责与轻贱，认为自己不可爱，无价值，难以形成完整高尚的尊严感。

过度的被保护和溺爱，也是一种失落。这种孩子失落的是独立与思考，他们只有满足的经验，却丧失了被要求负责的勇气，丧失了学

会接受考验和失败的能力，丧失了容纳失望的胸怀。一句话，他们在百般呵护下，残障了自我的成长性和控制力的发展。他们的脑海深处永远藏着一个软骨的啼哭的婴孩，因为愤怒自己的无力，并把这种无能感储入内心，因而导致无以名状的忧郁。

人的一生，必须忍受种种失落。就算你早年未曾失父失母失学失恋，就算你一帆风顺平步青云，你也必得遭遇青春逝去韶华不再的岁月流淌，你也必得纳入体力下降记忆衰退的健康轨道，你也必有红颜易老退休离职的那一天，你也必得遵循生老病死新陈代谢的铁律。到了那一刻，你是否有足够的弹性，抵御忧郁？

还有一种更潜在的忧郁，是因为我们为自己立下了不可到达的高标准，产生了难以满足的沮丧感。这种源自认定自我罪恶的忧郁症状，是与外界无关的，全需我们自我省察，挣脱束缚。

忧郁的人往往是孤独的，因为他们的自卑与自怜。忧郁的人往往互相吸引，因为他们的气味相投。忧郁的人往往结为夫妻，多半不得

善终，因为无法自救亦无力救人。忧郁的人往往易于崩溃，因为他们哀伤更因为他们羸弱绝望。

难民营的婴儿，不知你长大后，能否正视自己的童年？失却的不可复来，接受历史就是智慧。记忆中双手沾着血迹的女大学生，你把那串猩红的糖葫芦永远抛掉吧，你的每一道指纹都是洁白的，你无罪。母亲在天国向你微笑。

不要嘲笑忧郁，忧郁是一种面对失落的正常。不要否认我们的忧郁，忧郁会使我们成长。不要长久地被忧郁围困，忧郁会使我们萎缩。不要被忧郁吓倒，摆脱了忧郁的我们，会更加柔韧刚强。

图书在版编目（CIP）数据

我，爱这缓慢向上的勇气 / 毕淑敏著. -- 北京：北京联合出版公司，2025. 3. -- (把自己养成一朵特别的花). --ISBN 978-7-5596-8038-9

Ⅰ. I267

中国国家版本馆CIP数据核字第20241VY708号

我，爱这缓慢向上的勇气

毕淑敏 著

出 品 人：赵红仕
出版监制：刘　凯
选题策划：晴海国际文化 · 朴写书房
策划编辑：李　莉　暖　晴
责任编辑：翦　鑫
封面设计：创研设
版式设计：邬果丹
内文排版：晴海国际文化

关注联合低音

北京联合出版公司出版
（北京市西城区德外大街83号楼9层　100088）
北京联合天畅文化传播公司发行
北京美图印务有限公司印刷　新华书店经销
字数 220 千字　880 毫米 × 1230 毫米　1/32　9 印张
2025 年 3 月第 1 版　2025 年 3 月第 1 次印刷
ISBN 978-7-5596-8038-9
定价：56.00 元

ISBN 978-7-5596-8038-9

9 787559 680389 >